科学出版社"十四五"普通高等教育研究生规划教材
创新型现代农林院校研究生系列教材

水产动物高级组织胚胎学

主　编　陈晓武（上海海洋大学）

副主编　申亚伟（河南师范大学）

　　　　钟　蕾（湖南农业大学）

参　编　（按姓氏拼音排序）

　　　　曹谨玲（山西农业大学）

　　　　范兰芬（华南农业大学）

　　　　桂　朗（上海海洋大学）

　　　　刘巧玲（湖南农业大学）

　　　　马玉彬（中国海洋大学）

　　　　秦艳杰（大连海洋大学）

　　　　王　慧（山东农业大学）

　　　　张士璀（中国海洋大学）

　　　　张志峰（中国海洋大学）

科学出版社

北　京

内 容 简 介

本书为科学出版社"十四五"普通高等教育研究生规划教材暨创新型现代农林院校研究生系列教材。全书分为鱼类组织胚胎学和其他水生生物组织胚胎学两大部分。第一篇全面介绍了鱼类的器官和组织，包括消化道和消化腺、呼吸系统、排泄系统、生殖系统、免疫系统、内分泌系统、循环系统、神经系统和感觉系统、被覆系统及鱼类胚胎发育等内容。第二篇介绍了甲壳动物、棘皮动物、脊索动物和贝类组织胚胎学的内容。

本书既可作为高等农业院校水产养殖专业的研究生或高年级本科生教材，也可供生命科学相关专业的师生或科研工作者参考。

图书在版编目（CIP）数据

水产动物高级组织胚胎学 / 陈晓武主编. —北京：科学出版社，2024.3
科学出版社"十四五"普通高等教育研究生规划教材　创新型现代农林院校研究生系列教材
ISBN 978-7-03-076662-5

Ⅰ. ①水… Ⅱ. ①陈… Ⅲ. ①水产动物－动物胚胎学－组织（动物学）－研究生－教材 Ⅳ. ① S917.4

中国国家版本馆CIP数据核字（2023）第197291号

责任编辑：王玉时　赵萌萌 / 责任校对：严　娜
责任印制：张　伟 / 封面设计：无极书装

科 学 出 版 社 出版
北京东黄城根北街 16 号
邮政编码：100717
http://www.sciencep.com

北京中石油彩色印刷有限责任公司印刷
科学出版社发行　各地新华书店经销

*

2024年3月第 一 版　开本：787×1092　1/16
2024年3月第一次印刷　印张：13 1/4
字数：356 000
定价：79.00元
（如有印装质量问题，我社负责调换）

序　言

水产动物组织胚胎学是水产专业研究的重要内容，其对揭示鱼类生理生态、发育的规律有不可替代的价值。

《水产动物高级组织胚胎学》的编写团队由从事水产动物组织胚胎学研究的资深专家组成。他们在该领域有着丰富的教学经验和深厚的学术积淀，结合自身多年的科研成果，综合了近年来国内外在该领域的最新发现和新观点，精心编写了该书。同时，该书列入科学出版社"十四五"普通高等教育研究生规划教材暨创新型现代农林院校研究生系列教材。

这本书的问世满足了高等农业院校水产养殖专业学生的学习需求，同时也为生命科学相关专业的师生或科研工作者提供了宝贵的学习和研究资源。

与已出版的其他水产组织胚胎学教材不同，该书专注于中国主要水产养殖品种的研究。该书主要分为两部分：首先深入探讨了鱼类组织胚胎学，详尽地介绍了鱼类的器官和组织，包括各个系统和鱼类胚胎发育的内容；然后简述了其他水生生物组织胚胎学，包括甲壳动物、棘皮动物、脊索动物和贝类组织胚胎学，以满足不同学科领域的需求。

水生动物与哺乳动物有显著的差异，具有高度的物种多样性和复杂的生活环境适应能力。它们可能栖息于淡水、盐水，甚至是深海这样的极端环境中。环境的多样性导致了其胚胎发育和组织适应性的变化。例如，水生动物从水中获取氧气，演化出了鳃、皮肤和其他特殊的呼吸器官。此外，许多水生动物经历了复杂的变态过程并具有独特的生活史，这使得研究特定的胚胎阶段和组织变得更为困难。考虑到这些因素，作者在编写内容时，强调了水生动物组织和形态学的多样性，以及受到多变水生环境影响的生物学特性。

最后，衷心希望这本书能够激发读者对水生生物组织胚胎学的兴趣，并能对有志于这方面研究的科研工作者有所裨益。在此，向所有参与编写的老师表示衷心的感谢，他们的辛勤劳动使这本书得以问世！同时，也要向科学出版社的编辑表示感谢，他们的支持和帮助使得出版工作得以顺利进行！

2023 年 9 月 23 日

前 言

党的二十大报告强调科教兴国战略,并将科教兴国战略、人才强国战略、创新驱动发展战略摆在一起,将教育、科技、人才整合到一起进行系统谋划,共同服务于创新型国家建设。这是对社会发展动力的科学判断,更是面对激烈国际竞争引领未来的历史选择。深入实施科教兴国战略,既要把握好教育、科技、人才之间的有机联系,又要讲究协同配合、系统集成,共同塑造发展的新动能新优势。教材是高校教育教学的基础和关键,也是教师传播知识的重要工具和学生学习的依据。因此,教材的建设至关重要。

组织学是研究组织与器官微观结构、发育和功能的科学,其名称来源于希腊语词汇histós(组织、结构)和logos(词汇、科学)。细胞学的发展始于16世纪末第一台复合显微镜的发明。在20世纪初期,组织学作为一门独立的科学学科从解剖学中独立出来。从那时起,由于新型显微镜(透射电子显微镜和扫描电子显微镜)和染色技术(组织化学、免疫组织化学、荧光技术)的发展,我们对组织和器官的微观结构和功能有了深刻的理解。胚胎学是指有机体的形成、早期发育和发展的生物学。胚胎的发育就是组织不断分化和生长的过程。组织胚胎学是医学、畜牧和水产专业中重要的专业课程。

本书是科学出版社"十四五"普通高等教育研究生规划教材暨创新型现代农林院校研究生系列教材,编者力争体现水产动物组织胚胎学中最新的理论和方法,反映水产动物组织胚胎学最新的研究成果。本书尽量满足水产相关专业研究生和本科生学习、科研所需,所选内容以鱼、虾、贝等水生生物为主,体现水产专业课程的特色。

本书各章的编写分工如下:陈晓武编写鱼类的器官和组织、消化道、内分泌系统、循环系统、神经系统和感觉系统,以及贝类组织胚胎学;马玉彬编写组织胚胎学研究方法与技术;曹谨玲编写鱼类消化腺;刘巧玲编写鱼类呼吸系统;秦艳杰编写鱼类排泄系统;桂朗编写鱼类生殖系统;申亚伟编写鱼类免疫系统;钟蕾编写鱼类被覆系统;范兰芬编写鱼类胚胎发育;张志峰编写甲壳动物组织胚胎学;张士璀编写脊索动物组织胚胎学;王慧编写棘皮动物组织胚胎学。

水产动物组织形态结构多样,文献的描述和数据都可能仅适合某特定物种或群体。本书编者所述内容大多来自文献,在描述时难免有模糊或误解之处。编写教材的目的是让人们了解本学科的一些基础知识,更希望能做到抛砖引玉。生物总是充满变化,我们可能更需要探索那些例外和未知的领域,再来改写教科书。

在书稿撰写过程中,我们得到了上海海洋大学和其他各参编学校的大力支持,在此表示衷心感谢。

本书在撰写过程中虽经过多次修改,但限于编者水平有限,疏漏之处在所难免,请广大读者批评指正。

编 者
2024年1月

目　　录

绪论　组织胚胎学研究方法与技术 ... 001
　第一节　形态学基本方法 ... 001
　第二节　免疫组织化学技术 ... 004
　第三节　核酸原位杂交技术 ... 005
　第四节　细胞化学计量技术 ... 006
　第五节　组织和细胞培养技术 ... 006
　第六节　光学显微镜 ... 007
　第七节　电子显微镜 ... 009

第一篇　鱼类组织胚胎学

第一章　鱼类的器官和组织 ... 016
　第一节　鱼类形态与解剖结构 ... 016
　第二节　鱼类的基本组织 ... 019

第二章　消化道 ... 026
　第一节　口咽腔 ... 027
　第二节　食道和胃 ... 027
　第三节　幽门盲囊和肠 ... 030

第三章　消化腺 ... 033
　第一节　肝脏 ... 033
　第二节　胰腺 ... 036

第四章　呼吸系统 ... 042
　第一节　鳃 ... 042
　第二节　其他辅助呼吸器官 ... 045

第五章　排泄系统 ... 049
　第一节　前肾 ... 049
　第二节　中肾 ... 051
　第三节　肾脏的功能 ... 055

第六章　生殖系统 ... 058
　第一节　雌性生殖系统 ... 059
　第二节　雄性生殖系统 ... 066

第七章　免疫系统 ... 074
　第一节　免疫器官 ... 075
　第二节　淋巴组织 ... 078

第三节　黏膜相关淋巴组织 ⋯⋯⋯⋯⋯⋯⋯⋯⋯⋯⋯⋯⋯⋯⋯⋯⋯⋯⋯⋯⋯⋯⋯⋯⋯⋯⋯⋯⋯⋯⋯⋯⋯⋯ 079
　　第四节　免疫系统的特殊细胞 ⋯⋯⋯⋯⋯⋯⋯⋯⋯⋯⋯⋯⋯⋯⋯⋯⋯⋯⋯⋯⋯⋯⋯⋯⋯⋯⋯⋯⋯⋯⋯ 081

第八章　内分泌系统 ⋯⋯⋯⋯⋯⋯⋯⋯⋯⋯⋯⋯⋯⋯⋯⋯⋯⋯⋯⋯⋯⋯⋯⋯⋯⋯⋯⋯⋯⋯⋯⋯⋯⋯⋯⋯⋯⋯⋯ 083
　　第一节　下丘脑和脑垂体 ⋯⋯⋯⋯⋯⋯⋯⋯⋯⋯⋯⋯⋯⋯⋯⋯⋯⋯⋯⋯⋯⋯⋯⋯⋯⋯⋯⋯⋯⋯⋯⋯⋯⋯⋯ 083
　　第二节　尾垂体 ⋯⋯ 086
　　第三节　肾间组织和嗜铬组织 ⋯⋯⋯⋯⋯⋯⋯⋯⋯⋯⋯⋯⋯⋯⋯⋯⋯⋯⋯⋯⋯⋯⋯⋯⋯⋯⋯⋯⋯⋯⋯ 086
　　第四节　甲状腺 ⋯⋯ 087
　　第五节　胰岛 ⋯⋯ 087
　　第六节　其他内分泌器官 ⋯⋯⋯⋯⋯⋯⋯⋯⋯⋯⋯⋯⋯⋯⋯⋯⋯⋯⋯⋯⋯⋯⋯⋯⋯⋯⋯⋯⋯⋯⋯⋯⋯⋯⋯ 088

第九章　循环系统 ⋯⋯⋯ 091
　　第一节　心脏 ⋯⋯ 091
　　第二节　血管 ⋯⋯ 095
　　第三节　血液 ⋯⋯ 096

第十章　神经系统和感觉系统 ⋯⋯⋯⋯⋯⋯⋯⋯⋯⋯⋯⋯⋯⋯⋯⋯⋯⋯⋯⋯⋯⋯⋯⋯⋯⋯⋯⋯⋯⋯⋯⋯⋯⋯ 099
　　第一节　神经系统 ⋯⋯⋯⋯⋯⋯⋯⋯⋯⋯⋯⋯⋯⋯⋯⋯⋯⋯⋯⋯⋯⋯⋯⋯⋯⋯⋯⋯⋯⋯⋯⋯⋯⋯⋯⋯⋯⋯⋯ 099
　　第二节　感觉系统 ⋯⋯⋯⋯⋯⋯⋯⋯⋯⋯⋯⋯⋯⋯⋯⋯⋯⋯⋯⋯⋯⋯⋯⋯⋯⋯⋯⋯⋯⋯⋯⋯⋯⋯⋯⋯⋯⋯⋯ 102

第十一章　被覆系统 ⋯⋯⋯⋯⋯⋯⋯⋯⋯⋯⋯⋯⋯⋯⋯⋯⋯⋯⋯⋯⋯⋯⋯⋯⋯⋯⋯⋯⋯⋯⋯⋯⋯⋯⋯⋯⋯⋯⋯ 111
　　第一节　皮肤 ⋯⋯ 111
　　第二节　鳞和鳍 ⋯⋯ 117

第十二章　鱼类胚胎发育 ⋯⋯⋯⋯⋯⋯⋯⋯⋯⋯⋯⋯⋯⋯⋯⋯⋯⋯⋯⋯⋯⋯⋯⋯⋯⋯⋯⋯⋯⋯⋯⋯⋯⋯⋯⋯ 121
　　第一节　鱼类个体发育 ⋯⋯⋯⋯⋯⋯⋯⋯⋯⋯⋯⋯⋯⋯⋯⋯⋯⋯⋯⋯⋯⋯⋯⋯⋯⋯⋯⋯⋯⋯⋯⋯⋯⋯⋯⋯ 121
　　第二节　生殖细胞 ⋯⋯⋯⋯⋯⋯⋯⋯⋯⋯⋯⋯⋯⋯⋯⋯⋯⋯⋯⋯⋯⋯⋯⋯⋯⋯⋯⋯⋯⋯⋯⋯⋯⋯⋯⋯⋯⋯⋯ 121
　　第三节　排卵和受精 ⋯⋯⋯⋯⋯⋯⋯⋯⋯⋯⋯⋯⋯⋯⋯⋯⋯⋯⋯⋯⋯⋯⋯⋯⋯⋯⋯⋯⋯⋯⋯⋯⋯⋯⋯⋯⋯ 125
　　第四节　早期胚胎发育 ⋯⋯⋯⋯⋯⋯⋯⋯⋯⋯⋯⋯⋯⋯⋯⋯⋯⋯⋯⋯⋯⋯⋯⋯⋯⋯⋯⋯⋯⋯⋯⋯⋯⋯⋯⋯ 127

第二篇　其他水生生物组织胚胎学

第十三章　甲壳动物组织胚胎学 ⋯⋯⋯⋯⋯⋯⋯⋯⋯⋯⋯⋯⋯⋯⋯⋯⋯⋯⋯⋯⋯⋯⋯⋯⋯⋯⋯⋯⋯⋯⋯⋯ 136
　　第一节　甲壳动物解剖与形态学概述 ⋯⋯⋯⋯⋯⋯⋯⋯⋯⋯⋯⋯⋯⋯⋯⋯⋯⋯⋯⋯⋯⋯⋯⋯⋯⋯⋯ 136
　　第二节　虾组织学和胚胎发育 ⋯⋯⋯⋯⋯⋯⋯⋯⋯⋯⋯⋯⋯⋯⋯⋯⋯⋯⋯⋯⋯⋯⋯⋯⋯⋯⋯⋯⋯⋯⋯ 142

第十四章　棘皮动物组织胚胎学 ⋯⋯⋯⋯⋯⋯⋯⋯⋯⋯⋯⋯⋯⋯⋯⋯⋯⋯⋯⋯⋯⋯⋯⋯⋯⋯⋯⋯⋯⋯⋯⋯ 156
　　第一节　棘皮动物解剖 ⋯⋯⋯⋯⋯⋯⋯⋯⋯⋯⋯⋯⋯⋯⋯⋯⋯⋯⋯⋯⋯⋯⋯⋯⋯⋯⋯⋯⋯⋯⋯⋯⋯⋯⋯⋯ 156
　　第二节　棘皮动物组织学 ⋯⋯⋯⋯⋯⋯⋯⋯⋯⋯⋯⋯⋯⋯⋯⋯⋯⋯⋯⋯⋯⋯⋯⋯⋯⋯⋯⋯⋯⋯⋯⋯⋯⋯⋯ 157
　　第三节　棘皮动物胚胎发育 ⋯⋯⋯⋯⋯⋯⋯⋯⋯⋯⋯⋯⋯⋯⋯⋯⋯⋯⋯⋯⋯⋯⋯⋯⋯⋯⋯⋯⋯⋯⋯⋯⋯ 167

第十五章　脊索动物组织胚胎学 ⋯⋯⋯⋯⋯⋯⋯⋯⋯⋯⋯⋯⋯⋯⋯⋯⋯⋯⋯⋯⋯⋯⋯⋯⋯⋯⋯⋯⋯⋯⋯⋯ 171
　　第一节　脊索动物的解剖学与形态学概述 ⋯⋯⋯⋯⋯⋯⋯⋯⋯⋯⋯⋯⋯⋯⋯⋯⋯⋯⋯⋯⋯⋯⋯⋯ 171
　　第二节　文昌鱼生殖和胚胎发育 ⋯⋯⋯⋯⋯⋯⋯⋯⋯⋯⋯⋯⋯⋯⋯⋯⋯⋯⋯⋯⋯⋯⋯⋯⋯⋯⋯⋯⋯⋯ 183

第十六章　贝类组织胚胎学 ⋯⋯⋯⋯⋯⋯⋯⋯⋯⋯⋯⋯⋯⋯⋯⋯⋯⋯⋯⋯⋯⋯⋯⋯⋯⋯⋯⋯⋯⋯⋯⋯⋯⋯⋯ 193
　　第一节　外部形态和皮肤 ⋯⋯⋯⋯⋯⋯⋯⋯⋯⋯⋯⋯⋯⋯⋯⋯⋯⋯⋯⋯⋯⋯⋯⋯⋯⋯⋯⋯⋯⋯⋯⋯⋯⋯⋯ 193
　　第二节　内部器官 ⋯⋯⋯⋯⋯⋯⋯⋯⋯⋯⋯⋯⋯⋯⋯⋯⋯⋯⋯⋯⋯⋯⋯⋯⋯⋯⋯⋯⋯⋯⋯⋯⋯⋯⋯⋯⋯⋯⋯ 195

主要参考文献 ⋯⋯ 203

绪 论
组织胚胎学研究方法与技术

组织学与胚胎学的研究方法和技术种类繁多，随着现代生物技术的发展而不断更新。熟悉了解组织学与胚胎学的研究工具和方法，是理解和掌握组织胚胎学这门课程的前提，下面就最常用的一些研究方法和技术做简要介绍。

第一节 形态学基本方法

一、组织固定和切片制作

利用光学显微镜观察组织切片是最常用的形态学研究方法。组织不能直接在显微镜下进行观察，需要制备成能使光线透过的组织学切片。石蜡切片术（paraffin sectioning）是最常用的技术，其基本程序包括取材与固定、脱水与包埋、切片与染色、封片等主要步骤。

1. 取材与固定 用蛋白质凝固剂（单一固定剂如10%甲醛、95%乙醇、5%冰醋酸等，混合固定剂如Bouin氏液、Carnoy氏液、Zenker氏液等）固定新鲜的组织块（一般以不超过 0.5cm³ 大小为宜），目的在于保持组织细胞在生活状态下的形态结构。

2. 脱水与包埋 组织经固定后，要通过浓度逐渐上升的乙醇将其所含的水分脱除。因乙醇不溶于包埋剂石蜡，故需要用二甲苯置换出组织块中的乙醇。然后将组织块放在熔化的石蜡中，使石蜡液浸入组织细胞内，冷却后组织块便具有石蜡的硬度。除石蜡外，其他包埋剂还有火棉胶、树脂和塑料等。

3. 切片与染色 将包有组织的蜡块用切片机切成 5~10μm 的切片，贴于载玻片上，此切片称石蜡切片，切片经二甲苯脱蜡后染色。最常用的染色方法是苏木精（hematoxylin）和伊红（eosin）染色，简称HE染色。苏木精带正荷，在碱性溶液中呈蓝色，脱氧核糖核酸（DNA）两条链上的磷酸基团向外，带负电荷，呈酸性，很容易与带正电荷的苏木精碱性染料以离子键结合而被染色，所以细胞核内的染色质及细胞质内的核糖体被染成蓝色。伊红是一种化学合成的酸性染料，在水中离解成带负电荷的阴离子，与蛋白质的氨基中带正电荷的阳离子结合使胞质染色，细胞质及细胞外基质被染成不同程度的粉红色。细胞或者细胞间质中的成分易于被碱性染料和酸性染料着色的现象分别称为嗜碱性（basophilia）和嗜酸性（acidophilia）（图0-1），而对碱性染料和酸性染料亲和力都比较弱的现象称为中性（neutrophilia）。

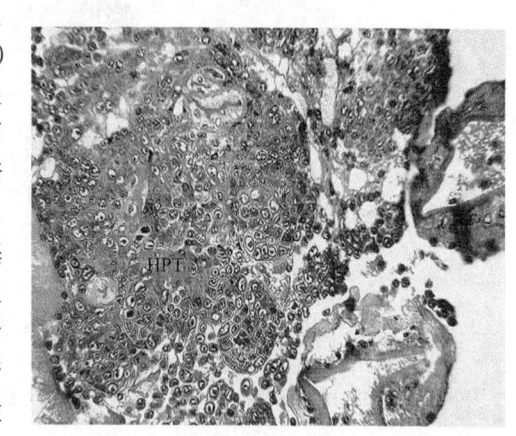

图0-1 中国明对虾造血组织（HE染色）
HPT. 造血组织

4. 封片　　切片经脱水、透明，再滴加中性树胶并覆以盖玻片进行封固（mounting）后，便可在显微镜下进行观察。

二、组织化学技术

组织化学技术是应用化学和物理反应的原理和技术与组织学相结合产生的，能在组织切片上定性、定位地显示某些物质的存在与否及分布状态。其基本原理是在切片上加上某种试剂，与组织中的待检物质发生化学反应，其终产物为有色沉淀物或重金属沉淀，以便用显微镜观察。

1. 糖类显示法　　常用过碘酸希夫反应（periodic acid-Schiff reaction，PAS反应）显示聚糖和糖蛋白的糖链。糖被强氧化剂过碘酸氧化后，形成多醛；后者再与无色的品红硫酸复合物（希夫试剂）结合形成紫红色的反应产物，故PAS反应阳性部位即表示多糖存在的部位（图0-2）。

2. 酶类显示法　　各种酶对其相应底物水解、氧化产生的反应物与捕获剂发生反应时，可形成有颜色的终产物。一般以终产物显色的深浅程度来判断酶活性的有无与强弱（图0-3）。

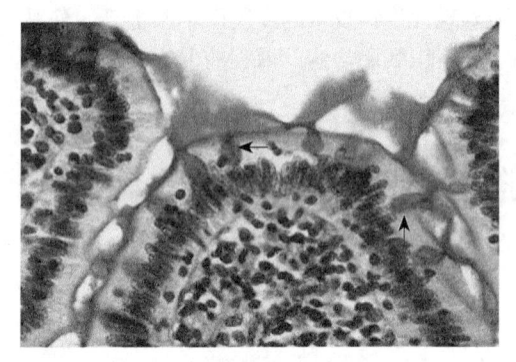

图0-2　小肠绒毛顶部细胞形态
箭头示上皮中杯状细胞的黏原颗粒呈紫红色（PAS反应）

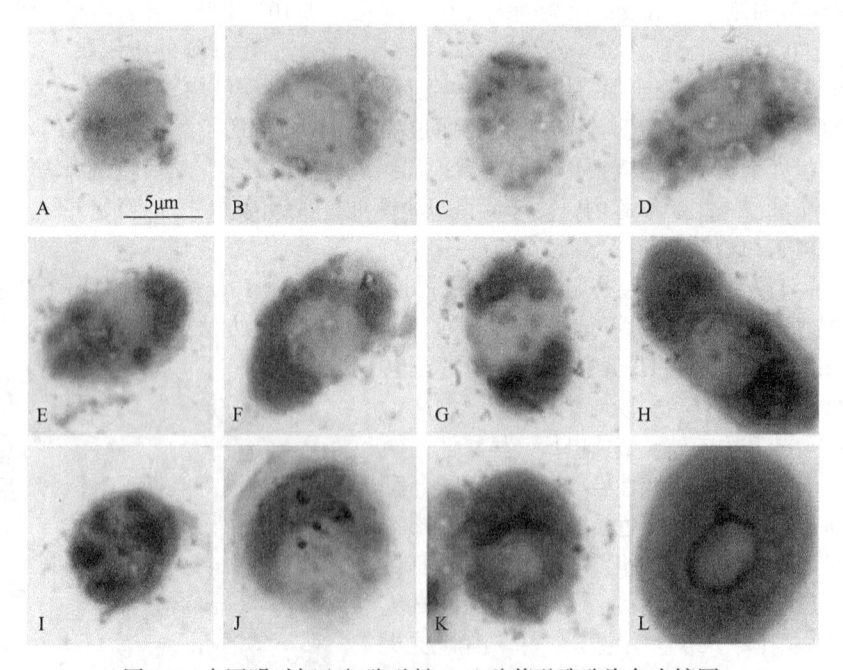

图0-3　中国明对虾血细胞酸性α-乙酸萘酚酯酶染色光镜图
A. 低酶活性透明细胞；B，C. 低酶活性的小颗粒细胞；D，E. 中酶活性的小颗粒细胞；
F～H. 高酶活性的小颗粒细胞；I，J. 中酶活性的大颗粒细胞；K，L. 高酶活性的大颗粒细胞

3. 脂类显示法　　标本可用甲醛固定，冷冻切片。用油红O、尼罗蓝、苏丹类脂溶性染料（如苏丹Ⅲ、苏丹黑B）染色，使脂类（脂肪、类脂）呈相应染料的颜色。

4. 核酸显示法 常用福尔根反应（Feulgen reaction）显示DNA：切片经稀盐酸处理，使DNA水解、醛基暴露，再用希夫试剂处理，形成紫红色反应产物。可用吖啶橙（acridine orange）同时显示细胞的DNA和RNA，DNA显黄绿色荧光，而RNA显橘红色荧光。也可用甲基绿-派洛宁反应同时显示DNA和RNA，甲基绿与细胞核内的DNA结合呈蓝绿色，派洛宁与核仁及细胞质内的RNA结合呈红色。

5. 其他制片方法 除组织切片法外，还包括不经包埋、切片等步骤制作切片的方法。例如，将血液、精液、分离细胞、脱落细胞等直接涂在载玻片上，称涂片（smear）（图0-4）；将肠系膜、疏松结缔组织等柔软组织拉展成薄片后贴在载玻片上，称铺片（stretched preparation）（图0-5）；将骨、牙等坚硬的组织打磨成薄片，称磨片（ground section）（图0-6）。

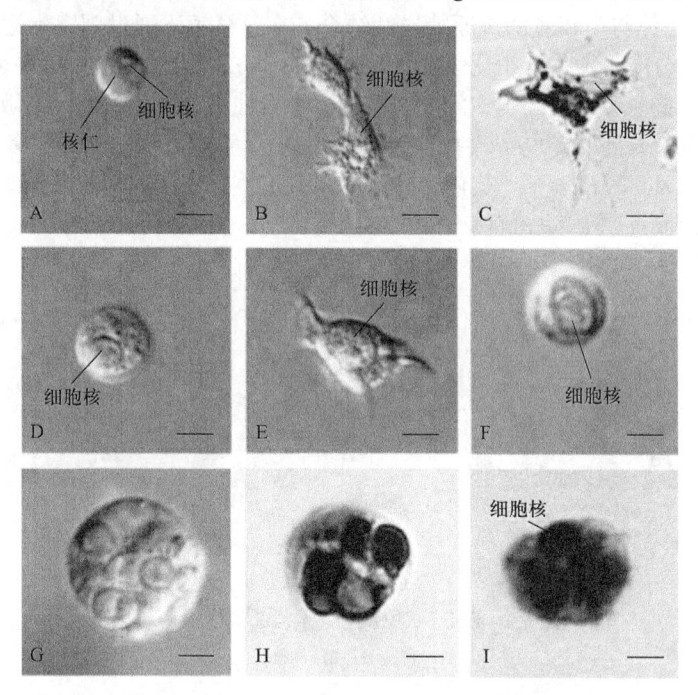

图0-4 菲律宾蛤仔血细胞涂片光镜图
A. 血小板；B～D. 颗粒细胞；E, F. 透明细胞；G～I. 浆液细胞。C, H. 中性红染色；I. 甲苯胺蓝染色。
A, F图标尺=2μm；B, H图标尺=4μm；C图标尺=6μm；D, E图标尺=3μm；G, I图标尺=2.5μm

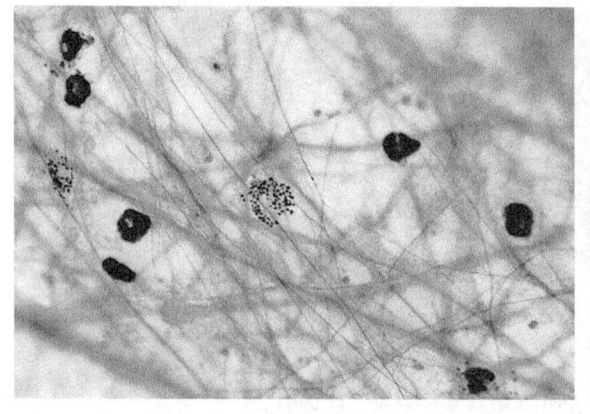

图0-5 疏松结缔组织铺片光镜图

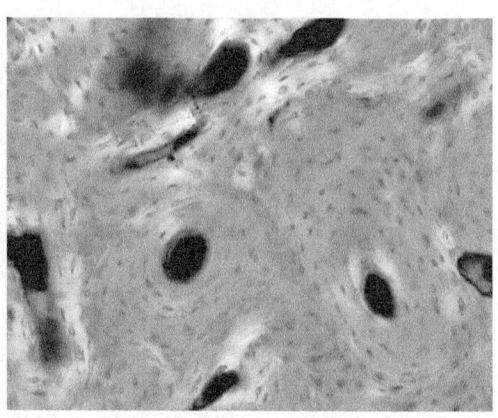

图0-6 骨磨片光镜图

第二节 免疫组织化学技术

免疫组织化学技术（immunohistochemistry technique）是根据抗原和抗体特异性结合的原理，利用已标记的特异性抗体，与组织、细胞内的特异性抗原（蛋白质和多肽等）结合，检测组织、细胞中抗原性物质存在和分布的一种技术，也称为免疫细胞化学技术（immunocytochemistry technique）。这种方法特异性强，敏感度高。多肽和蛋白质具有抗原性，若将人或动物的某种肽或蛋白质作为抗原注入另一种动物，可使其体内产生针对该抗原的特异性抗体（免疫球蛋白）。将抗体与标记物结合即成为标记抗体。用标记抗体处理样品（组织切片或培养细胞），抗体将与相应的抗原特异性结合，在显微镜下通过观察标记物了解待测多肽或蛋白质的存在与分布。免疫组织化学技术染色的基本方法分为直接法和间接法（图0-7）。直接法用标记抗体直接与组织或细胞中的抗原结合，特异性强，操作简便，但敏感度较差，只能检测一种抗原。间接法不标记特异性抗体（第一抗体），而将其作为抗原制备第二抗体，并标记第二抗体。染色时，顺次以第一抗体和标记的第二抗体处理标本，如组织或者细胞中有相应抗原存在，则会形成抗原＋第一抗体＋标记抗体复合物，从而呈现显色效果。其优点在于敏感度高，目前应用广泛。

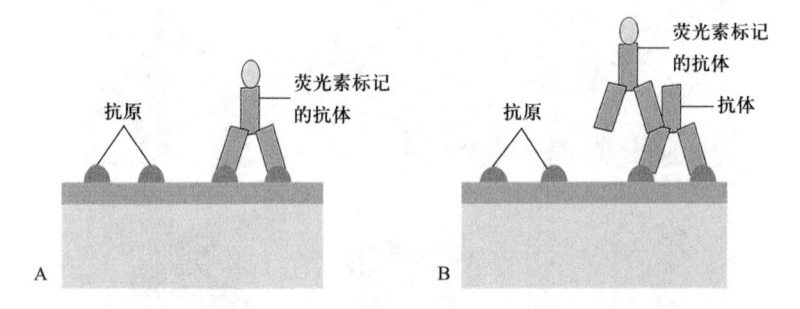

图0-7 免疫组织化学技术
A. 直接法；B. 间接法

常用的标记物有辣根过氧化物酶（图0-8）、碱性磷酸酶和荧光素。用荧光素标记抗体处理样品，并于荧光显微镜下观察，称免疫荧光细胞化学技术。用胶体金标记抗体处理样品，可以在电镜下观察，称免疫胶体金技术。

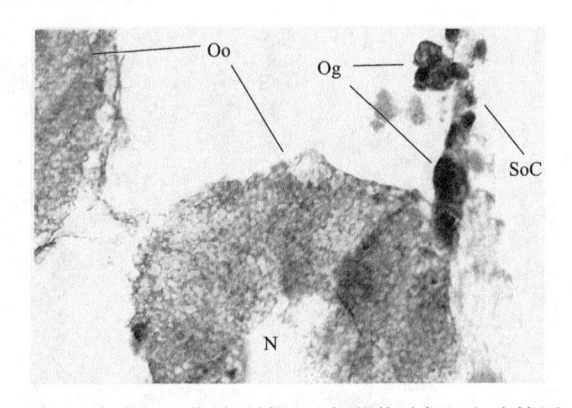

图0-8 免疫组织化学（辣根过氧化物酶标记）光镜图
仿刺参生长期卵巢Vasa蛋白表达（黄棕色为阳性信号）；Oo. 卵母细胞；Og. 卵原细胞；N. 细胞核；SoC. 体细胞

在同一张组织切片或细胞学切片上，先后利用不同标记的抗体对两种或多种抗原进行反应，利用荧光显微镜进行观察，称双重或多重免疫组织化学技术（图0-9，图0-10）。

图0-9　三重免疫组织化学技术染色步骤

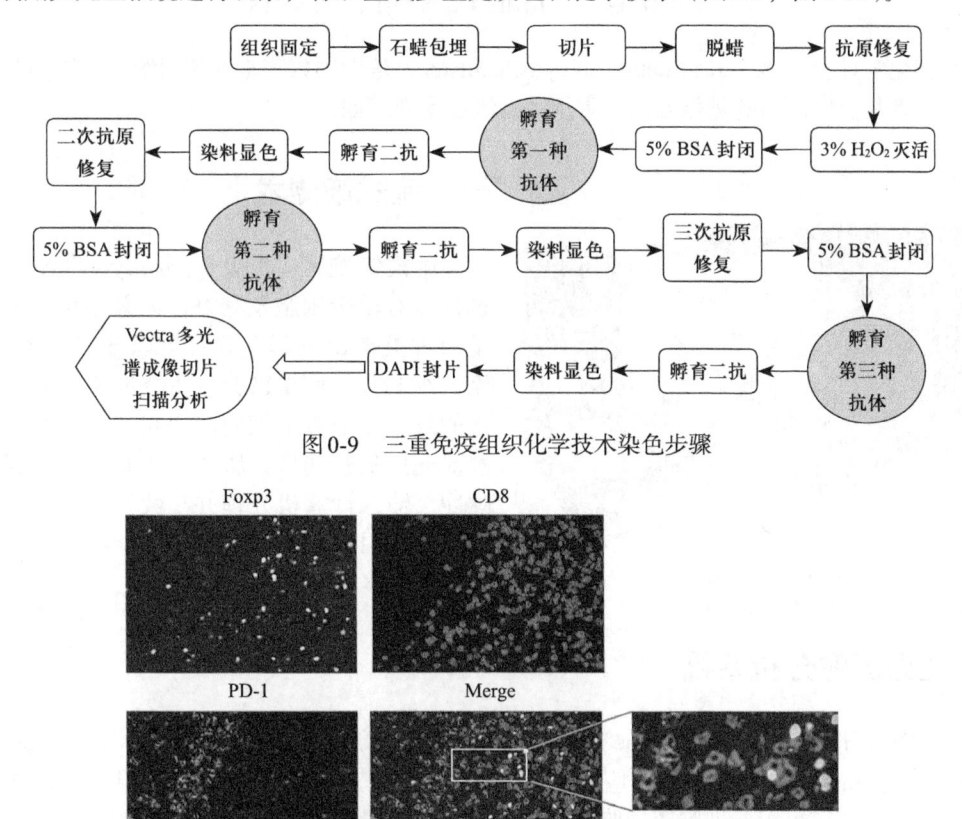

图0-10　三重免疫组织化学技术染色检测组织中Foxp3、CD8和PD-1分子的表达及定位
Merge表示3种分子合并的图像

第三节　核酸原位杂交技术

核酸原位杂交技术（*in situ* hybridization of nuclear acid）是一种敏感度高、特异性强，能在组织、细胞原位进行检测的技术。可以用来检测样品中特定的基因片段（DNA）或者在转录水平检测基因的表达（mRNA）。其原理是带有标记物的已知碱基顺序的核酸探针，与细胞内待测的核酸按照碱基互补配对原则进行特异性原位结合（即杂交），然后通过对标记物的显示和检测，判断待测核酸的有无及相对量。常用的标记物有两类：①非放射性物质（如地高辛、生物素、荧光素和铁蛋白等），经免疫组织化学处理后观察（图0-11）；②放射性同位素（如 ^{3}H、^{35}S、^{32}P、^{14}C 和 ^{35}I 等）。

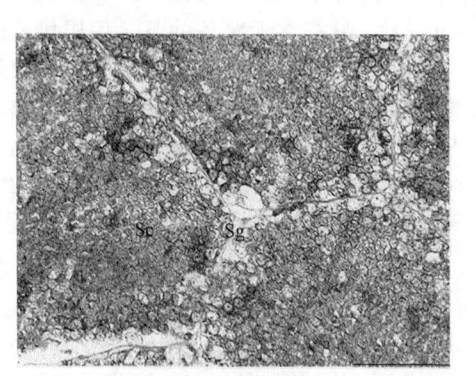

图0-11　原位杂交（地高辛标记）光镜图
柿孔扇贝 *Dmrt1* 基因在成熟精巢中表达（蓝色为阳性信号）；Sc. 精母细胞；Sg. 精原细胞；标尺 = 50μm

第四节　细胞化学计量技术

细胞化学计量技术（quantitation in cytochemistry）是指用数字来反映组织、细胞内某些化学物质或者其反应产物的量化方法。常用的方法技术介绍如下。

一、流式细胞术

流式细胞术（flow cytometry，FCM）可以迅速地对单个细胞及其群体的某些化学物质含量与种类作出分析，并且可以分选该类细胞。流式细胞仪（图0-12）是使经过荧光染色和标记的细胞悬液以单细胞液流状态快速通过装有散射光照的被测区，所产生的光信号转变成电脉冲，输入计算机处理并在荧光屏上显示。流式细胞术目前广泛应用于细胞生物学、微生物学和免疫学等领域。

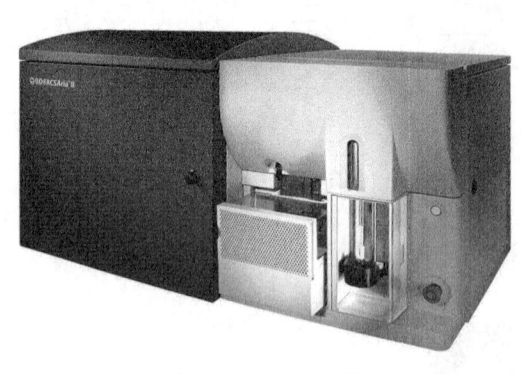

图0-12　流式细胞仪

二、显微图像分析系统

显微图像分析系统（microscope image analysis system）主要由4部分组成：图像采集装置、显微镜、计算机和数据分析软件。应用数学和统计学原理，对被观察切片所提供的平面图像进行处理，从而获得组织、细胞及细胞内结构和成分的数量、体积、面积、周长等参数。此外，还可以根据连续的组织切片用计算机进行三维重建，以获得被研究组织、细胞精细结构的立体结构模型，也称体视学（stereology）。

第五节　组织和细胞培养技术

组织培养（tissue culture）或细胞培养（cell culture），是指在无菌条件下，用机械或酶处理的方法，将从生物体分离获得的细胞或组织块置于模拟体内环境的体外培养条件下进行培养，培养条件包括适宜的温度、湿度、酸碱度（pH）、渗透压、O_2、CO_2和营养成分（盐、氨基酸、维生素等）等。首次分离后培养的细胞称原代培养（primary culture）（图0-13），待细胞增殖到一定数量再传代继续培养的细胞称传代培养（subculture）。该技术可用于研究细胞、组织的生物学行为（如细胞增殖、分化、代谢、运动、分泌和融合等），也可以用于观察物理、化学及生物因素对其的影响。经长期反复传代的细胞群体称细胞系（cell line）

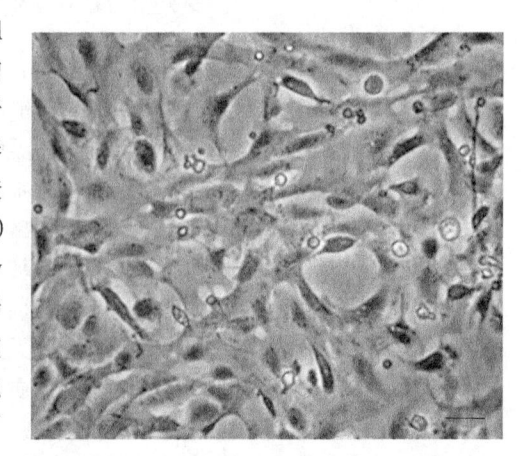

图0-13　原代培养的栉孔扇贝血淋巴细胞
标尺=20μm

（图0-14），采用细胞克隆或单细胞培养而获得的纯种系细胞群体称细胞株（cell strain）。目前水产生物领域构建完成的细胞系以鱼类细胞系为主。

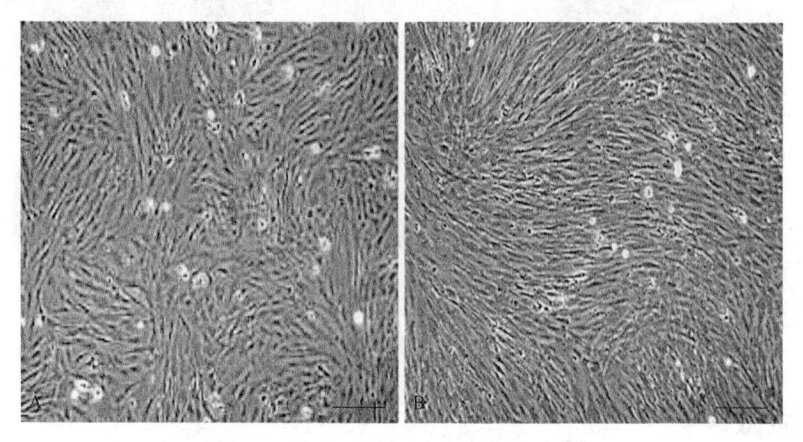

图0-14 传代培养的半滑舌鳎心脏细胞系
A. 8次传代半滑舌鳎心脏细胞，标尺＝20μm；B. 53次传代半滑舌鳎心脏细胞，标尺＝20μm

第六节 光学显微镜

一、普通光学显微镜

普通光学显微镜是观察组织细胞微细结构最常用的工具，由光学部分和机械部分组成。起放大作用的是光学部分，包括目镜、物镜和聚光器等。普通光学显微镜可以将被观察物体放大1500倍左右，分辨率可达200nm（图0-15）。

二、倒置显微镜

倒置显微镜（inverted microscope）的组成和普通光学显微镜一样，只不过将物镜与聚光器和光源的位置颠倒过来，物镜在载物台之下，聚光器和光源在载物台之上，配有相差物镜，用于观察培养的活细胞（图0-16）。随着基因细胞工程技术的不断发展，还可将显微操纵仪组装到倒置显微镜上，进行细胞注入、去核、胚胎切割等方面的实验。

图0-15 普通光学显微镜

三、暗视野显微镜

暗视野显微镜（dark-field microscope）主要用于观察溶质中粒子的布朗运动、反差小的微小颗粒（图0-17）。此种显微镜有一个暗视野聚光器，使光线不能直接进入物镜而呈暗视野，让标本中的小颗粒产生的衍射光或折射光进入物镜，颗粒在暗视野中呈明亮的小点，如同在暗室中射入的一束光线可见到微小尘埃一样。暗视野显微镜分辨率较高，可达4nm，适用于观察原虫、线粒体的运动，鞭毛和纤毛的摆动等。

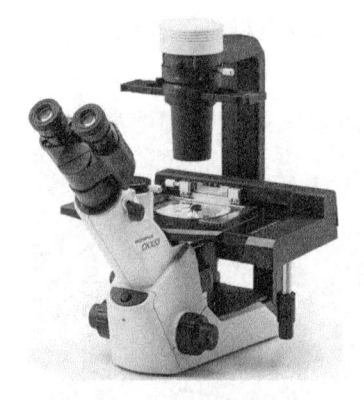

图 0-16　倒置显微镜　　　　　　　图 0-17　暗视野显微镜

四、荧光显微镜

荧光显微镜（fluorescence microscope）由光源、滤片系统和显微镜三部分构成，主要用于观察组织细胞内的荧光物质（图 0-18）。荧光显微镜技术常以紫外光为光源，激发标本中的荧光物质产生荧光，通过观察荧光的分布与强弱来测定被检物质。荧光分自发性荧光和继发性荧光，标本不经荧光素染色就可呈现荧光是自发性荧光，如维生素 A 可呈绿色荧光，神经细胞内的脂褐素呈黄色荧光；继发性荧光是使用不同的荧光素染色，使标本的不同结构成分产生不同的荧光，若用吖啶橙染色可使细胞内的 DNA 呈黄绿色荧光，RNA 呈橘红色荧光。目前荧光显微镜广泛应用于免疫荧光细胞化学技术中。

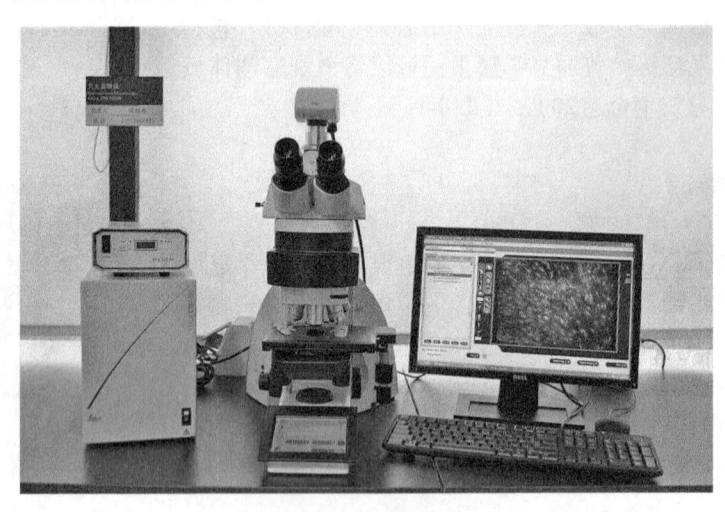

图 0-18　荧光显微镜

五、激光扫描共聚焦显微镜

激光扫描共聚焦显微镜（confocal laser scanning microscope，CLSM）是一种高光敏度、高分辨率的新型仪器（图 0-19），主要由激光光源、共聚焦成像扫描系统、电子光学系统和微机图像分析系统 4 部分构成。激光光束通过聚焦后可对样品的不同深度进行断层扫描，得到一系列不同层次的清晰图像，对细胞进行体视学的定量分析。CLSM可进行亚细胞水平的结构和功能研究，能测定细胞内的pH、Ca^{2+}浓度、骨架蛋白等；可以更精确地检测、识别组织或细胞内的微细结构及其变化，由此，CLSM又有细胞CT之称。此外，CLSM还可进行细胞生物学功能的研究，如细胞分选、细胞间通信和膜流动性测定等。近年，鉴于CLSM已突破了光镜的应用，国际上已将CLSM纳入了"电子显微学"范畴。

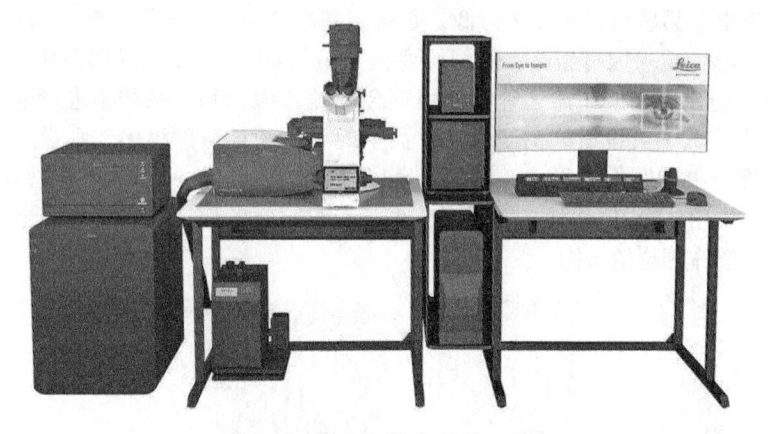

图0-19　激光扫描共聚焦显微镜

第七节　电子显微镜

电子显微镜简称电镜，已成为研究机体超微结构的重要工具。常用的有透射电镜（transmission electron microscope，TEM）、扫描电镜（scanning electron microscope，SEM）和冷冻电镜（cryoelectron microscope，Cryo-TEM）。与光学显微镜不同的是，电子显微镜用电子束代替了可见光，用电磁透镜代替了光学透镜，并使用荧光屏将肉眼不可见的电子束成像（图0-20）。

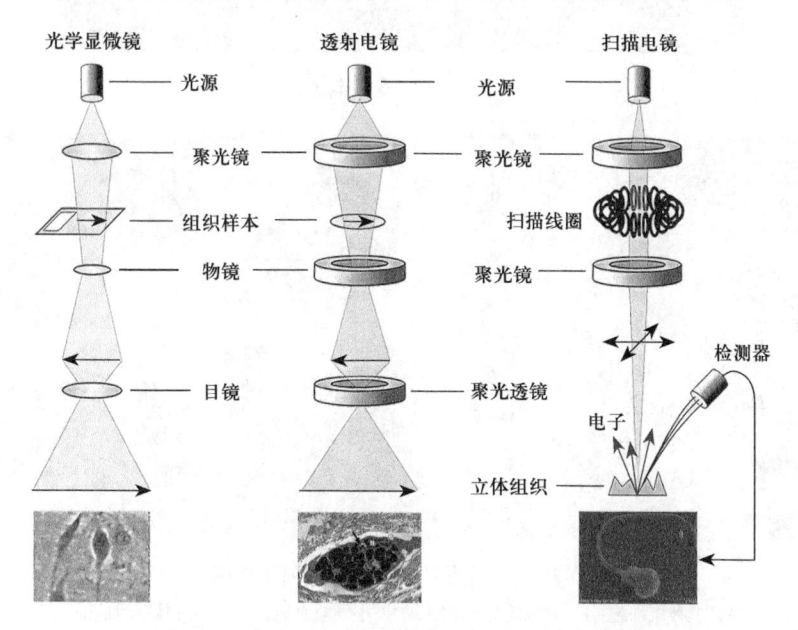

图0-20　光学显微镜、透射电镜与扫描电镜比较

一、透射电镜

透射电镜（TEM）用于观察组织、细胞的内部微细结构，其分辨率为0.2nm，放大倍数为几万至几十万倍（图0-21）。TEM用电子穿透标本，经过聚焦与放大后成像，投射到荧光屏上进行观察。由于电子易散射，故穿透力低，必须制备超薄切片（通常为50～70nm）。超薄切片的制备要求极严格，要求取材新鲜，组织块要在1mm³以内，用戊二醛和锇酸双重固定，用树脂包埋，用超薄切片机制成超薄切片，再用重金属盐乙酸铀和柠檬酸铅进行电子染色后，便可在电镜下观察。电子束投射到密度大的样品上时，电子被散射得多，则投射到荧光屏上的电子少而呈暗像，电镜图像呈黑色，称电子密度高（electron dense），反之，则称电子密度低（electron lucent）（图0-22）。此外，如果观察0.5～0.6μm厚的切片，要用高压电镜，可观察细胞骨架、线状溶酶体等超微结构。

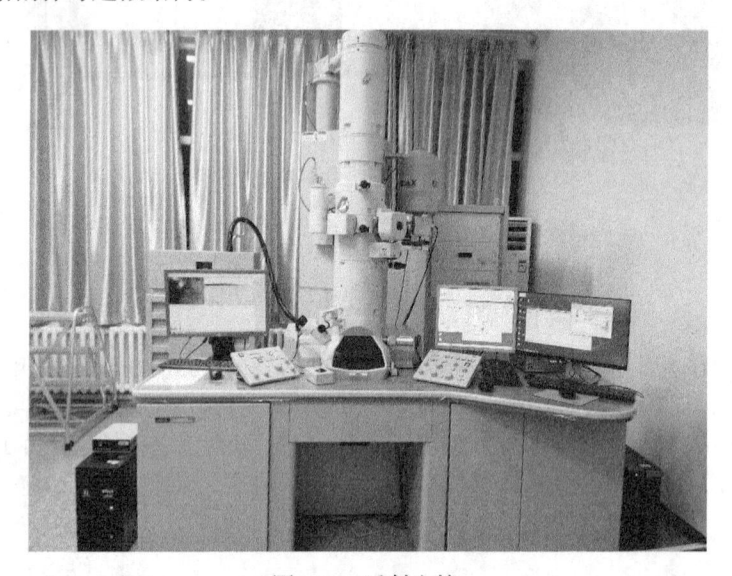

图0-21　透射电镜

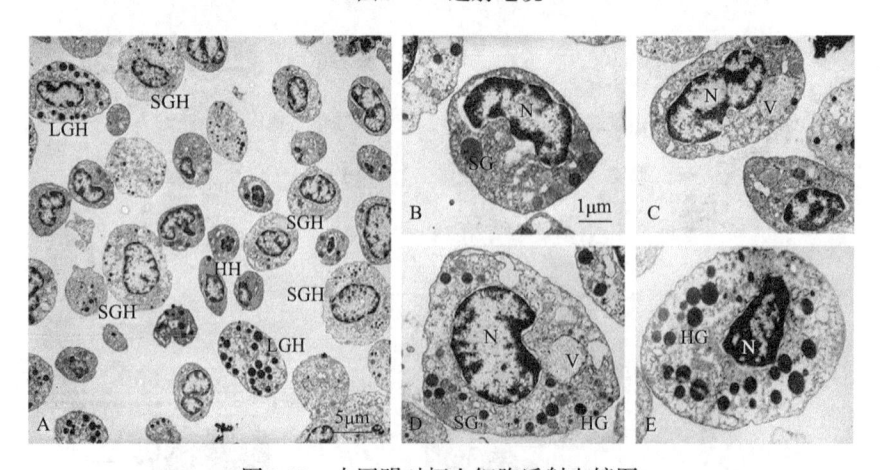

图0-22　中国明对虾血细胞透射电镜图
A. 三种血细胞；B，C. 透明血细胞；D. 小颗粒血细胞；E. 大颗粒血细胞。
HH. 透明血细胞；SGH. 小颗粒血细胞；LGH. 大颗粒血细胞；HG. 均质颗粒；SG. 横纹颗粒；N. 细胞核；V. 囊泡

二、扫描电镜

扫描电镜用于观察组织、细胞或器官表面的立体微细结构（图0-23）。SEM样品经固定、脱水和临界点干燥后，再于其表面喷碳、镀上薄层金膜，以增加二次电子数。SEM以极细的电子束在样品表面扫描，将产生的二次电子用探测器收集，形成电信号送到显像管，在荧光屏上成像，可显示细胞、组织或器官表面的立体构象，故图像富有立体感，如虾夷扇贝担轮幼虫扫描电镜图（图0-24）。

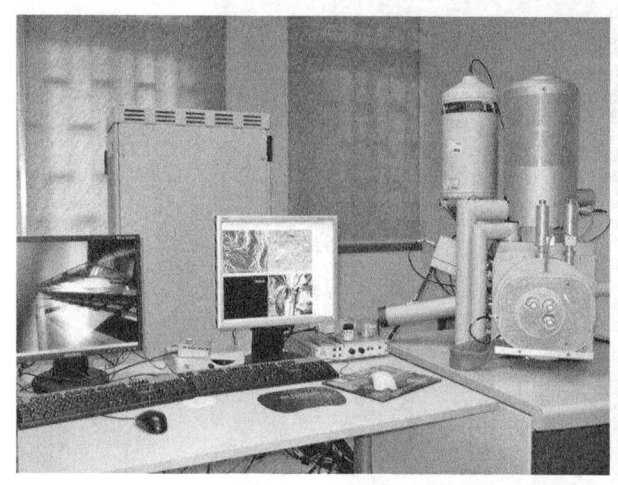

图0-23 扫描电镜

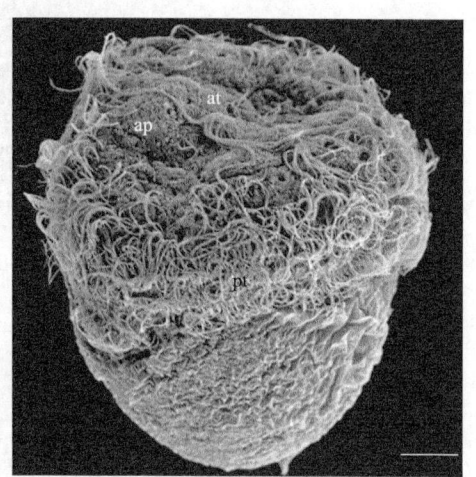

图0-24 虾夷扇贝担轮幼虫扫描电镜图
at. 顶纤毛束；ap. 顶器；pt. 口前纤毛轮；标尺=10μm

三、冷冻电镜

冷冻电镜技术是在低温下使用电子显微镜观察样品的显微技术，即把样品冻起来并保持低温状态放进显微镜里，用高度相干的电子作为光源从上面照下来，透过样品和附近的冰层，受到散射（图0-25），再利用探测器和透镜系统把散射信号成像记录下来，最后进行信号处理，得到样品的结构（图0-26）。冷冻电镜就是在传统电子显微镜的基础上，加上了低温传输系统和冷冻防污染系统。冷冻电镜基本上指的都是冷冻透射电镜，但是如果以使用冷冻技术的角度定义冷冻电镜的话，冷冻电镜主要可以分为冷冻透射电镜、冷冻扫描电镜、冷冻蚀刻电镜。

1. 冷冻透射电镜 冷冻透射电镜通常是在普通透射电镜上加装样品冷冻设备，将样品冷却到液氮温度，用于观测蛋白质、生物切片等对温度敏感的样品。通过对样品的冷冻，可以降低电子束对样品的损伤，减小样品的形变，从而得到更加真实的样品形貌。

冷冻透射电镜的价格极其昂贵，它的优点主要体现在以下几个方面：第一是加速电压高，电子能穿透厚样品；第二是透镜多，光学性能好；第三是样品台稳定；第四是全自动，自动换液氮、自动换样品、自动维持清洁。

2. 冷冻扫描电镜 扫描电镜工作者都面临着一个不能回避的事实，就是所有生命科学及许多材料科学的样品都含有液体成分。很多动植物组织的含水量达到98%，这是扫描电镜工作者最难对付的样品问题。

图 0-25　冷冻电镜

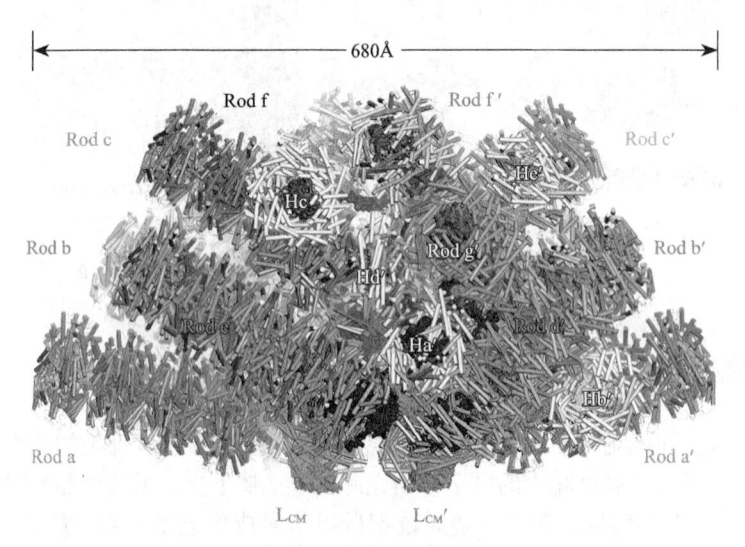

图 0-26　冷冻电镜观察藻蓝蛋白的低温电子显微结构
图中标记表示不同的蛋白质结构域

冷冻扫描电镜技术是解决样品含水问题的一个快速、可靠和有效的方法。这种技术还被广泛应用于观察一些"困难"样品，如那些对电子束敏感的、具有不稳定性的样品。各种高压模式，如环境扫描电子显微镜（environment scanning electron microscopy，ESEM）的出现，已允许扫描电镜观察未经冷冻和干燥的样品。但是，冷冻扫描电镜技术仍然是防止样品丢失水分的最有效方法，它能应用于任何真空状态，包括装于扫描电镜的Peltier冷台及向样品室内传送水汽的装置。冷冻扫描电镜还有一些其他优点，如具有冷冻断裂的能力及可以通过控制样品升华刻蚀来选择性地去除表面水分（冰）等。

3. 冷冻蚀刻电镜　　冷冻蚀刻电镜技术是从20世纪50年代开始发展起来的一种将断裂和复型相结合的制备透射电镜样品技术，也称冷冻断裂或冷冻复型，用于细胞生物学等领域的显微结构研究。冷冻蚀刻电镜的优点：①样品通过冷冻，可使其微细结构接近于活体状态；②样品经冷冻断裂蚀刻后，能够观察到不同劈裂面的微细结构，进而可研究细胞内的膜性结构及内含物结构；③冷冻蚀刻的样品，经铂、碳喷镀而制备的复型膜，具有很强的立体感且能耐受电子束轰击和长期保存。冷冻蚀刻电镜的缺点：①冷冻也可造成样品的人为损伤；②断裂面多产生在样品结构最脆弱的部位，无法有目的地选择。

冷冻电镜技术作为一种重要的结构生物学研究方法，它与X射线晶体学、核磁共振一起构成了高分辨率结构生物学研究的基础。这项技术获得了2017年的诺贝尔化学奖，共同获奖者为三位科学家Joachim Frank（美国）、Jacques Dubochet（瑞士）和Richard Henderson（英国）。Joachim Frank在1975～1986年，开发出了一种图像处理技术，能够分析电子显微镜生成的模糊2D图像，并将其合并最终生成清晰的3D结构，使得该项技术获得了广泛应用。Jacques Dubochet则将水这种物质引入电子显微镜中。通常情况下，液态水在进入电子显微镜的真空管后会蒸发掉，使得生物分子瓦解，不再具有之前的形态。在20世纪80年代早期，Jacques Dubochet克服了这一弊端，成功实现了水的玻璃化——迅速将水冷却，让其以液体形态固化生物样本，使得生物分子在真空管中仍能保持其自然形态。长久以来，人们认为电子显微镜只能用于死亡生物的成像，因为电子显微镜中高强度的电子束会破坏生物材料。1990年，Richard Henderson却成功地利用一台电子显微镜获得一种蛋白质的3D图像，图像分辨率达到了原子水平。

组织胚胎学的进步依赖技术方法的发展。光学显微镜和电子显微镜将细胞学研究带入显微和超微世界。流式细胞技术、荧光原位杂交、分子生物学技术、蛋白质组学、遥感学和数字成像及免疫组织化学中的新抗体和新的生物标记的广泛应用不断丰富了组织胚胎学的内容。目前，高速的3D显微镜可以实时观察活体组织中的细胞运动。利用荧光共振能量转移（fluorescence resonance energy transfer，FRET）成像可以在细胞内观察分子的相互作用。受激发射损耗显微术（stimulated emission depletion microscopy，STED）突破衍射极限，将传统光学显微镜技术带进了纳米领域，使光学显微镜步入了纳米时代。组织学、胚胎学成为涉及多学科和多种技术的生物科学领域。

第一篇
鱼类组织胚胎学

第一章 鱼类的器官和组织

鱼类品种多，形态多样。但是，所有的鱼类都具备一些普遍的结构特征。与哺乳动物相比，鱼类具有一些显著的形态差异。例如，鱼类的心脏有两个腔，而哺乳动物的心脏有4个腔；鱼类中枢神经系统中的神经在受伤后可以再生，而人类的神经很难再生，即使鱼类的脊髓被切断，它们也能在几周内恢复游泳能力，而人类则难以恢复。不同的生存环境导致了不同动物之间形态的多样性。例如，水生和陆生环境需要动物具备不同的呼吸器官结构和免疫策略。

第一节 鱼类形态与解剖结构

迄今为止，人们已经发现的鱼类超过3.4万种，每年还有上百种新的品种被发现。鱼类约占脊椎动物的60%，其肌肉含量高，是人类重要的蛋白质来源。鱼类始于5.3亿年前的寒武纪大爆发时期，此时脊索动物（chordate）出现了头骨和脊柱，诞生了第一批脊椎动物。最早的鱼类属于无颌类（agnatha），就是没有上下颌区分的意思。现在大多数无颌类已经灭绝，但现存的七鳃鳗和盲鳗可能与远古的无颌鱼类相似，属于圆口纲（Cyclostomata）。最早的有颌动物（jawed vertebrate）可能是在晚奥陶纪（ordovician）发展起来的。在志留纪的化石记录中，最早出现两类鱼的代表：盾皮鱼纲（Placodermi）和棘鱼纲（Acanthodii，spiny shark），但是它们均已灭绝。现存的有颌动物出现在志留纪晚期，后来再分为软骨鱼纲（Chondrichthyes，cartilaginous fish）和硬骨鱼（Osteichthyes，bony fish）。软骨鱼纲包括全头类（银鲛）和板鳃类（鲨与鳐），出现于约3.95亿年前的泥盆纪中期。硬骨鱼的特征是有硬骨而不是只有软骨，它们出现在4.19亿年前的志留纪晚期。硬骨鱼再演化成两个不同的类群：辐鳍亚纲（Actinopterygii，ray-finned fish）和肉鳍亚纲（Sarcopterygii，lobe-finned fish）。有颌脊椎动物的多样性可能表明了颌演化中的优势，可能是获得更大的咬合力、更好的呼吸，或是多种优势的结合。泥盆纪（Devonian Period）是鱼的时代，在此期间，鱼类的种类大大增加。肉鳍亚纲存留的品种很少，包括矛尾鱼和肺鱼，其具有被覆鳞片的肉质叶状鳍，鳍非常灵活，鱼鳍中有一个中轴骨，并有明显的肌肉组织，在陆地上能有效地支撑身体。肉鳍亚纲是鱼类演化道路上很小的分支，最终却发展为脊椎动物，即今天的两栖动物、爬行动物、哺乳动物（人类）及鸟类等。辐鳍亚纲包括99%的现代鱼类，鳞片为圆鳞或栉鳞，骨化程度高（图1-1）。不同物种的形态是其长期适应环境的结果，并无高低好坏之分。

鱼类解剖学是研究鱼类形态和结构的学科。鱼类解剖学及组织胚胎学是从宏观到微观的研究过程。它们和生理学是相辅相成、密切联系的。

鱼的外形和哺乳动物差别很大，鱼的身体结构必须适应水中的生活环境。但是它们都有脊椎动物共同的特征，包括有脊索、脊椎及头和尾两个方向。鱼的身体分为头部（head）、躯干（trunk）和尾部（tail），但是其界线不是非常明确。鱼的身体通常是纺锤形，一些快速移动

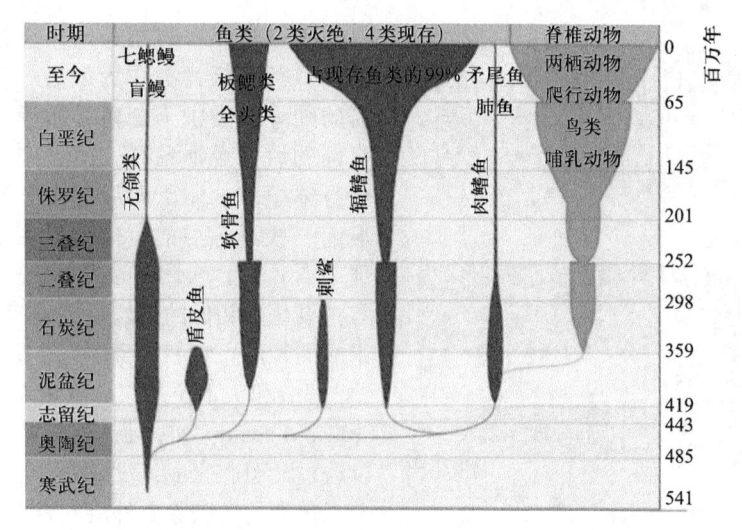

图1-1 鱼类演化过程

的鱼为流线形,还有棒状的鳗类。多数鱼呈侧扁形或背腹扁平,也有一些比较特殊,比如海马的头部与躯干部几乎成直角相交,头部形似马头,躯干弯曲,尾细小而卷曲。刚孵化出来的鲽形目鱼类的体型为侧扁形,左右对称,但是在仔鱼期发生变态发育,身体开始扭转形成一侧向下、另一侧向上的不对称体型,眼睛都移向身体朝上的一侧。口形、体型和尾的形态均体现鱼的生活特性(图1-2)。

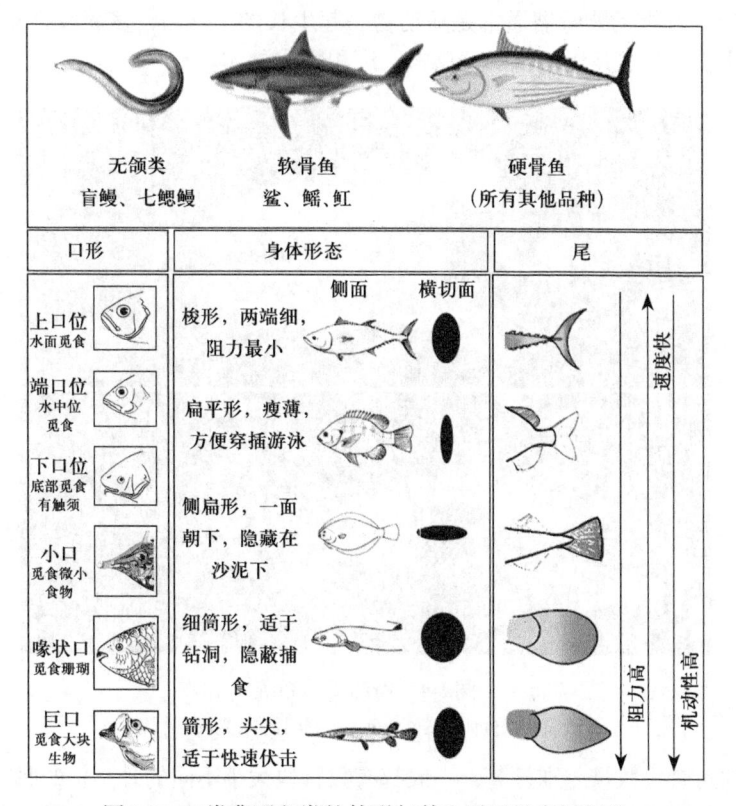

图1-2 三类典型鱼类的外形与其生活习性密切相关

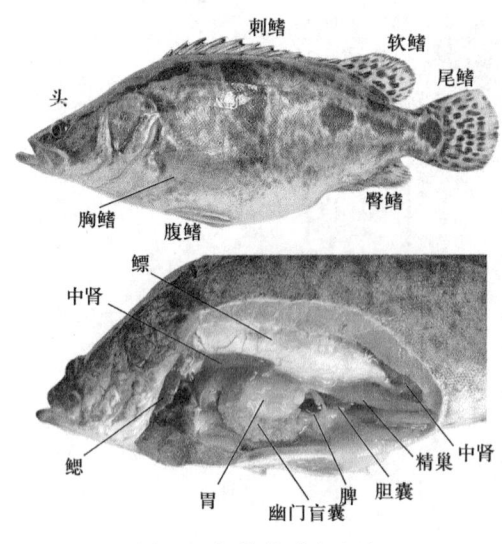

图1-3 鳜的外形和内脏

鱼的头部自吻端开始，它的后缘在无鳃盖的圆口类和板鳃类中为最后一对鳃孔，在有鳃盖的硬骨鱼类中为鳃盖骨后缘。躯干部通常自头部的后面至泄殖孔，而有些鱼类的泄殖孔移至身体中部，躯干的后部则应该以体腔末端或最前一枚具脉弓的尾椎为界。躯干部后面为尾部（图1-3）。软骨鱼的代表——鲨和鳐具有许多与古老鱼类相似的原始解剖学特征，包括由软骨组成的骨骼。它们的身体是背腹扁平的，通常有5对鳃裂和头下位的口。真皮上覆盖着真皮盾鳞（placoid scale）。它们有泄殖腔，泌尿和生殖可以通过泄殖腔完成，没有鳔。

鱼类的皮肤除由外层的表皮和内层的真皮组成外，尚有许多衍生物及附属结构，如鳞、发光器、毒腺和色素细胞等。皮肤的功能主要是保护身体，但某些鱼类的皮肤能辅助呼吸，吸收少许营养物质及接受外界多种刺激等。皮肤由表皮和真皮构成，两者的胚层起源、构造和机能都不相同。

鱼的头骨包括头盖骨（skull roof）（一组覆盖大脑、眼睛和鼻孔的骨骼）、口鼻部（从眼睛到上颌骨最前面的位置）、鳃盖（鲨和无颌鱼中没有）及从眼睛延伸到前鳃盖骨（preopercle）前的颊（cheek）（图1-4）。在鲨和一些原始的硬骨鱼中，每只眼睛后面都有一个气孔，也就是小的额外鳃开口。脊椎动物骨骼通常是随动物一起生长的，这与许多无脊椎动物的骨骼不同，后者的骨骼不生长，一般是无细胞的分泌物、沉积物或晶体。

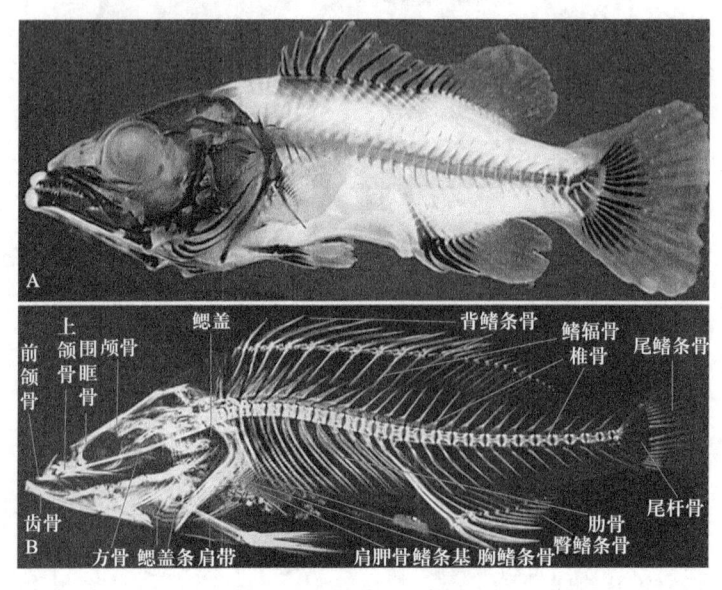

图1-4 鳜的骨骼系统
A. 仔鱼骨骼三色染色；B. 鳜骨骼X光成像

不同品种的鱼骨头数量差别显著，一般都有数百块大小不同的骨。鱼的肌间刺的数量从几根到几百根，黄颡鱼肌间刺有8根左右，海鳗肌间刺的数量约有409根，鲥肌间刺约有143根。

鳍内部条状的骨是鱼类所特有的一种类型，是由条状的硬骨和软骨组成的，除尾鳍（caudal fin）外，其他鳍的骨与脊椎没有直接的联系，而是由躯干的肌肉支撑，负责游泳。硬骨鱼具有部分硬骨组成的骨骼。口位于或靠近鼻子的前端，真皮上覆盖着鳞片。根据分布的位置，鱼类的骨有两种类型：外骨骼（exoskeleton）和内骨骼（endoskeleton）。外骨骼包括鳞片和鳍条。内骨骼在体内形成支撑结构，包括中轴骨骼和附肢骨骼。中轴骨骼包括头骨、脊柱、肋骨。附肢骨骼包括带骨和支鳍骨。圆口纲颅骨完全为软骨，结构简单。圆口纲椎骨最原始，无椎体，脊索完整，有脊索鞘包围。全头亚纲椎体也未出现，有些物种脊髓鞘内有钙化现象。板鳃亚纲的脊索上方为脊髓，有椎体，骨骼为软骨，但椎体有一定的钙化现象，增强了坚固性。圆口纲、软骨鱼从幼体到成体都有脊索，这是一种均匀的基质构成的有弹性和韧性的棒状器官。但是在脊椎动物体内脊索逐渐被脊椎替代，后者是脊椎动物的决定性特征，由一系列活动关节（椎间盘）构成。但是也有少数硬骨鱼将脊索保留到成年，如鲟。

鱼类的体腔被一横隔（transverse septum）分隔为前后两个腔，前方一个小腔包围心脏，称围心腔（pericardium cavity），后方一个大腔包含消化、生殖和排泄等内脏器官，称为腹腔（abdominal cavity或pleuroperitoneal cavity）。腹膜（peritoneum）由单层上皮细胞与结缔组织共同组成，腹膜外侧为肌节向腹面延伸的肌肉，形成腹腔外的体壁，内衬的腹膜称为腹膜壁层（parietal peritoneum）。鱼类腹腔腹膜壁层的颜色因种类不同而有差异，多数鱼类的腹膜含大量黑色素细胞而呈黑色，黑色素细胞少时为银白色。

腹膜向腹腔内延伸，形成包围消化管及其他一些内脏外表面的薄膜，称为腹膜脏层（visceral peritoneum），包围在消化管外的腹膜脏层称为浆膜层（serosa）。在消化管的背腹面各形成一层双层的薄膜，即肠系膜（mesenterium），肠系膜是两层腹膜愈合而成的，薄而韧。通往肠的血管、神经多数分布于其上，伴随着肠管的分化、延长、迂曲，而肠系膜的形态也趋于复杂化。肾脏和鳔等器官位于腹腔腹膜之外，为腹腔外器官，容纳这些器官的空间，称为背腔（retroperitoneal）。圆口纲已出现围心腔和腹腔，具横隔，无结缔组织共同组成腹膜。成鱼的围心腔位于腹腔前方。软骨鱼纲和硬骨鱼纲的围心腔位于鳃弓的腹面。软骨鱼类的横隔是由较强的纤维结缔组织构成，而硬骨鱼类的横隔上仅有少量纤维结缔组织。

消化道及肝脏、胰脏、鳔、脾脏等都由系膜将它们悬于腹腔壁上。生殖腺与背部的腹膜将生殖腺悬系于腹腔背壁。肾脏则一般位于腹腔背侧，紧贴在脊柱下方。腹膜使腹腔内的内脏保持一定的距离和位置。腹膜脏层包裹不同的内脏器官，因此也具有不同的名字，如卵巢系膜、精巢系膜、胃脾系膜、肠系膜等。动物腹腔系膜除具有联系的作用外，还有大量的血管、神经密布其上，可能具有更多重要的功能。

鱼类有多种器官，其组织学形态在后面的章节我们会逐一讲述。一般我们可以把鱼的器官分为两类：外部器官和内部器官。外部器官包括颌、眼睛、鳃、皮肤、鳞片、侧线、鳍，有的鱼类还有一些特殊的器官，如发光器官、发电器官及电感受器。内部器官包括胃、肠、胃盲囊、肾脏、脾脏、肝脏、心脏、鳔等。

第二节 鱼类的基本组织

组织是一群具有相似结构并作为一个单位一起发挥功能的细胞群。人体至少有200种类型的细胞，不包括一些细胞亚群。它们形成体内所有类型的组织。丰富的水产动物物种形成了极高的组织形态学多样性。

而与其他脊椎动物一样，鱼类也划分出4种基本组织：上皮组织（epithelial tissue）、结缔组织（connective tissue）、肌肉组织（muscle tissue）和神经组织（nervous tissue）。结缔组织形态变化最大，细胞种类最多。同一个组织的细胞具有相同的胚胎期起源，4种基本组织可再分为更多的组织类型。

鱼类和哺乳动物之间组织结构和功能的差异往往反映了它们不同的生活史和栖息地。例如，鱼类有鳃上皮用于在水中进行气体交换，而哺乳动物有肺上皮用于在空气中进行气体交换。类似地，鱼的皮肤通常覆盖有由皮肤的真皮层产生的鳞片，不像哺乳动物的皮肤覆盖有由表皮细胞产生的毛发。

在胚胎发育方面，鱼类和哺乳动物也有所不同。在大多数情况下，鱼类经历直接发育，从卵孵化成小型的成体，虽然也有少数胎生的鱼类。而哺乳动物在子宫内发育更复杂，包括胎盘的形成，这种器官在鱼类中不存在。

像鲨这样的软骨鱼的骨骼完全由软骨构成，而硬骨鱼的骨骼，顾名思义，主要是骨。在哺乳动物中，就其发育和组织分化而言，单孔目动物、有袋动物和胎盘哺乳动物之间也存在差异。

总之，虽然鱼类和哺乳动物的基本组织类型相似，但这些组织的具体特征和功能可能有很大差异，反映了这两个群体不同的进化史和生态需求。

一、上皮组织

上皮组织由连续的细胞组成，细胞间基质少，覆盖体表和内脏的内腔面，由基底膜（basement membrane）支撑。因此上皮细胞有几个不同的面：游离面、侧面和基底面。鱼类的上皮组织通常会分泌大量黏液，这有助于保护和运动。

上皮细胞根据细胞的层数、形态和细胞核的位置等特点分为不同的类型（图1-5）。它们包括单层扁平上皮（simple squamous epithelium）、单层立方上皮（simple cuboidal epithelium）、单层柱状上皮（simple columnar epithelium）、假复层柱状上皮（pseudostratified columnar epithelium）、复层扁平上皮（stratified squamous epithelium）、复层立方上皮（stratified cuboidal epithelium）和复层柱状上皮（stratified columnar epithelium）。前4种类型为单层上皮（simple epithelium），后三种为复层上皮（stratified epithelium）。除此之外还有一种比较特殊的移行上皮（transitional epithelium），也属于复层上皮组织，偶见于一些鱼的膀胱和内耳等器官。柱状上皮游离面还可能会有微绒毛（microvilli）和纤毛（cilia），均为细胞膜和细胞质的突起。前者由微丝支撑，短且细；后者由微管支撑，长且粗，可以摆动。

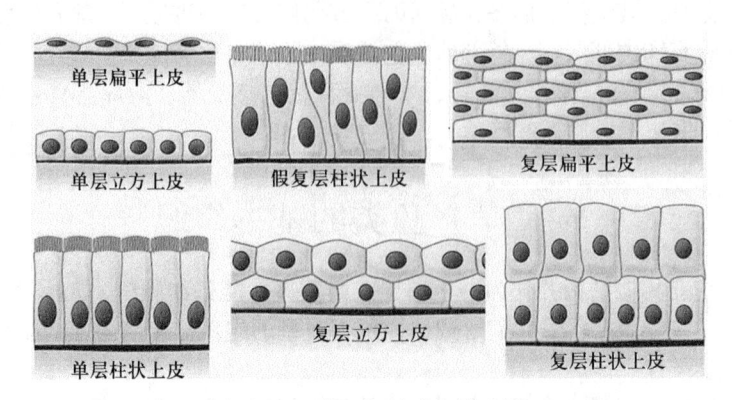

图1-5 上皮组织的形态模式图

上皮组织还构成了腺体的主体部分，除大的腺体如肝、胰腺外，有些腺体是特化的单细胞腺，分布在上皮内。鱼类最常见的单细胞腺是存在于皮肤或消化道上皮中的黏液细胞（mucus-secreting cell），黏液被释放到上皮表面。黏液细胞内的分泌颗粒聚集在细胞的顶端，细胞质和细胞核被挤到细胞基底的狭小区域。鱼类化学感受器分布在体表和口腔咽的复层上皮细胞中，它们发挥嗅觉和味觉作用，也属于上皮组织。

基底膜固定了上皮细胞，并且将其与底层结缔组织隔开。上皮组织损伤后在基底膜上生长和再生。上皮组织有神经分布，但没有血液供应，必须由从底层组织中的血管扩散出来的物质中吸收营养。基底膜起到选择性通透膜的作用，它决定了哪些物质能够进入上皮。上皮组织的描述在被覆系统中再详述。

二、结缔组织

结缔组织包括多种形态不一的类型，它们共同起源于胚胎间充质（embryonic mesenchyme），起着连接和填充组织空隙的作用，广泛分布于皮肤、内脏之间。每一种结缔组织都由细胞及大量细胞外基质组成。结缔组织有两类细胞：一类是固定细胞（fixed cell），包括成纤维细胞和脂肪细胞；另一类是游离细胞（wandering or free cell）（如巨噬细胞、淋巴细胞、浆细胞和肥大细胞等），它们的存在主要取决于组织的功能状态。成纤维细胞（fibroblast）负责纤维和基质的形成。不活跃的成纤维细胞，也称为纤维细胞（fibrocyte），体较小，呈梭形。

在松散的结缔组织中，基质占主体，由糖蛋白和糖胺聚糖组成，形成一种水合良好的凝胶，填充细胞、纤维和血管之间的空间。致密的结缔组织中，胶原纤维（collagenous fiber）会形成紧密的网状组织，如韧带（ligament）由密集胶原纤维以非常规则的方式排列。

每种类型的结缔组织都由广泛散布在丰富的细胞外基质中的细胞组成，细胞外基质由无定形基质中的纤维组成。结缔组织中有胶原纤维、网状纤维和弹性纤维。

（一）脂肪组织

脂肪组织也属于结缔组织，为脂肪细胞（lipid-filled cell或adipocyte）、基质和血管之间形成松散的联系。脂肪细胞的特征是由大的脂质包涵体（lipid inclusion）把细胞核挤压到细胞膜旁边，细胞呈戒指状。组织制片和染色时，脂肪很容易被溶解，因此显微镜下脂肪细胞一般呈中空的形态。脂肪细胞是完全分化的细胞，不能再分裂。因此，结缔组织内新脂肪细胞是更原始细胞分化的结果。脂肪细胞在储存脂肪之前类似于成纤维细胞，但它们是来自未分化间充质细胞。

（二）软骨和硬骨

鱼类，尤其是软骨鱼类如鲨，具有更高比例的软骨组织。骨是一种具有特殊形态的组织。鱼既有软骨也有硬骨，但是其形态和高等脊椎动物有明显的差异。骨组织具有坚实的细胞外基质。鱼的骨骼主要包括头骨（skull）和脊柱（vertebral column），而脊索（notochord）在大多数鱼的体内不完整。

椎骨由弹性纤维形成的韧带连接，包括包围脊索的椎体（vertebral body）（软骨硬鳞类和肺鱼除外）、保护脊髓的神经弓（neural arche）和围绕尾动脉及尾静脉的腹弓（ventral arche）组成。

七鳃鳗有原始的骨骼，由一些软骨组合起来。七鳃鳗的头骨是一个单一的软骨槽，有一些骨片和骨刺，而脊椎是围绕脊索的结构简单的软骨鞘，还有一个简单的软骨框架来支撑内脏。盲鳗的骨架更简单。鲨和虹有一个更复杂的骨骼系统，但仍然只有软骨而不是硬骨。它们的头骨比七鳃鳗的头骨要复杂得多，包围着大脑，支撑着感觉器官。附着在头骨上的是颌骨软骨，称为腭方软骨（palatoquadrate cartilage）和麦克尔软骨（Meckel's cartilage）。鳃软骨支撑鳃。背侧肋骨和腹侧肋骨包围和支撑着整个体腔。硬骨鱼肌肉间还有肌间刺。鱼没有胸骨（sternum）。

鱼鳍由鳍条骨及其支撑皮肤形成，这是鱼类特有的一类骨结构。骨质鳍条（lepidotrichia）是一种起源于真皮（或鳞片）的骨，位于硬骨鱼鳍的边缘。它们在基部生成并向远端延伸，两个分枝伸向鳍的边缘。纵切面显示骨质鳍条由许多由致密结缔组织连接的节段组成。横切面显示，每个骨质鳍条包含一系列相对凹的一对软骨结构包围着神经束、疏松结缔组织和血管。

软骨是一种坚固的、有弹性的组织，不像骨那么硬和脆。它存在于所有的脊椎动物中。软骨细胞（chondrocyte）是软骨的主要组成细胞，软骨内无血管和神经。软骨细胞分布在陷窝（lacuna）中，代谢活跃，能合成和转化大量基质，包括胶原蛋白、糖蛋白、蛋白多糖和透明质酸。软骨的四周有软骨细胞，扁平，与软骨表面平行。覆盖软骨大部分的成分是纤维层，即软骨膜（perichondrium），包含成软骨细胞（chondroblast）。这些细胞能够形成新的软骨基质。软骨主要有三种类型：透明软骨（hyaline cartilage）、弹性软骨（elastic cartilage）和纤维软骨（fibrous cartilage），这和高等脊椎动物类似。但是，鱼类还有各种特殊的软骨，与高等脊椎动物的软骨有明显差异，如透明细胞软骨（hyaline-cell cartilage）也称为假软骨（pseudo-cartilage），就是鱼的一种特殊软骨。透明细胞软骨是一种典型的无血管组织，由紧密排列的细胞组成，细胞质丰富，透明，基质很少。当细胞非常大时，基质不易染色，即使在同一块组织中，细胞大小也有巨大的差异。没有细胞周隙，基质紧密地填满了细胞之间。有些鱼具有一个覆盖在鳃盖上的软骨体，由紧密排列的圆形细胞组成，细胞基质中散布着纤维。这是一种非常原始的软骨形式，也存在于鲶和一些南极鱼的触须中。

鲨、银鲛和鳐的整个内骨骼是软骨性的，由细胞外基质和其中的软骨细胞组成，周围环绕着纤维软骨膜。细胞外基质可能含有部分羟基磷灰石钙，具有不同程度的钙化。骨骼的大部分是镶嵌的软骨，由小块钙化的软骨组成的皮质（棱柱状和球状）位于纤维性软骨膜下面，覆盖在未钙化的骨质外面。

硬骨存在于除无颌类和软骨鱼以外的所有脊椎动物中，它是一种钙化组织，弹性小。骨细胞分泌基质，基质内的骨小管形成一个复杂的网络，将所有腔隙连接成一个腔隙系统。骨细胞存在于基质中的很小的空隙中，硬骨不局限于体内骨骼，也包含存在于皮肤的硬板或鳞片。除了骨细胞（osteocyte），还有另外两种细胞：成骨细胞（osteoblast）和破骨细胞（osteoclast）。骨细胞来源于分泌周围骨基质的成骨细胞。破骨细胞是大的多核细胞（由单核细胞融合形成），具有吞噬功能。它们通过释放溶酶体酶来溶解基质。在骨重建过程中，破骨细胞积极地重新吸收骨质，许多骨细胞从它们的陷窝中释放出来。

鱼类硬骨、软骨和结缔组织之间的关系比高等脊椎动物复杂得多。除膜内成骨和软骨内骨化外，还有软骨旁骨化和软骨膜骨化。高等硬骨鱼（如鲈）体内常见无细胞骨（acellular bone），它完全没有封闭的骨细胞。其他鱼类的骨组织，像所有其他脊椎动物一样，含有骨细胞，但它们的数量明显低于哺乳动物。鱼的骨骼中无造血组织。一些头盖骨和鳃弓骨含有海绵状骨，但都没有造血功能。硬骨鱼骨的修复和重塑涉及骨细胞和破骨细胞，通过多细胞核的破骨细胞的作用进行骨重吸收（图1-6）。

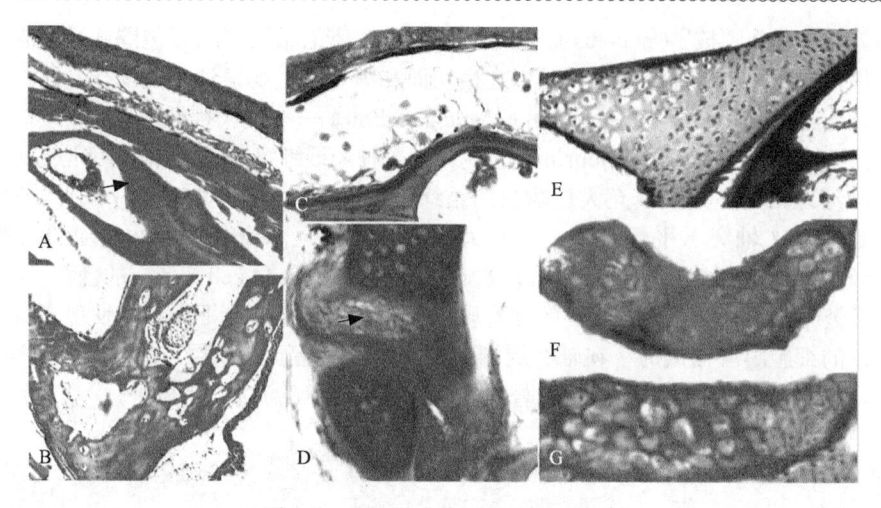

图1-6 鱼的骨（仿Mokhtar，2021）

A. 红尾鲨侧线管周围细胞骨（cellular bone）（HE染色）；B. Molly鱼疏松骨（spongy bone）的形成（Masson's三色染色）；C. 孔雀鱼的无细胞骨（箭头）（Masson's三色染色）；D. Molly鱼的软骨旁骨化，骨（箭头）在软骨片（蓝色）附近的结缔组织中形成，软骨片含有大量软骨细胞，这些细胞将逐渐被骨小梁替代（HE染色）；E. 透明软骨是一种半硬性的骨组织，既不含血管也不含神经，软骨细胞（略带白色，细胞核呈红色）散布在丰富的细胞外基质（绿色）中；F. 以分布大量弹性纤维为特征的弹性软骨（Van-Gieson Resorcin Fuchsin染色）；G. 软骨基质含有对PAS（PAS-HX）呈阳性的糖蛋白

鱼体内具有一些支持组织既不是软骨，也不是硬骨，如脊索，其起源于中胚层，通常被厚的内纤维鞘和薄的外弹性鞘所包围。一些成鱼（软骨鱼、肺鱼、软骨硬鳞类）的脊索是持久的，如中华鲟的脊索（图1-7）。然而，在大多数鱼体内，它会随着生长部分消失，通常会被脊椎替代。脊索也常残留一部分，被椎骨包裹。脊索组织与软骨组织在组织形态上有很大不同。它包含膨胀的细胞，紧密地压在一起。它们很像植物液泡细胞。脊索细胞壁厚，细胞质充满均匀的半液体成分。

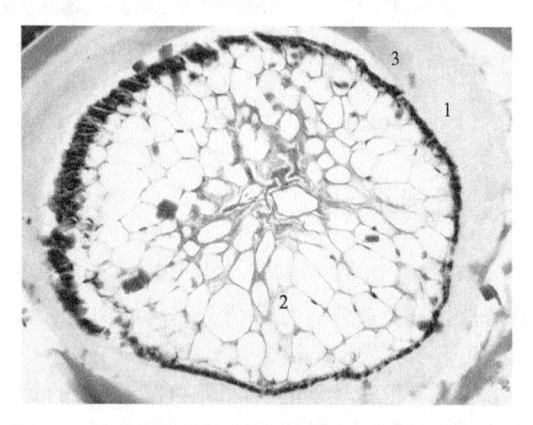

图1-7 中华鲟的脊索（Masson's三色染色，100×）
1. 单层立方上皮细胞；2. 脊索内的液泡状细胞；3. 鞘层

三、神经组织

鱼类和哺乳动物都有高度专业化的神经组织，而哺乳动物的大脑通常更复杂。神经组织的细胞具有接受和传递兴奋的能力，即具有兴奋性和传导性。低等动物过渡到高等脊椎动物时，神经组织的变化体现在神经细胞聚集和神经纤维通路的变化。而神经系统的基本结构，即神经元非常保守。鱼的中枢神经系统（central nervous system，CNS）和周围神经系统（peripheral nervous system，PNS）存在明显的分化。中枢神经系统由大脑和脊髓组成，包含神经元（neuron）和一系列神经胶质细胞（neuroglia），神经冲动通过轴突和树突在中枢神经系统内传递。周围神经系统把信号传递到脊神经（spinal nerve）、脑神经（cranial nerve）及相关的神经节（ganglion）中。神经节是指中枢神经系统之外的一组神经元胞体聚集。中枢神经系统内的

神经元胞体群被称作"核"（nucleus）。神经节被一个致密的结缔组织囊包围并且形成小梁，为神经元提供一个支架。在神经节内，可以在横切面和纵切面上观察到有髓轴突。此外，神经节内有血管，还有副交感神经节（parasympathetic ganglion）——奥氏神经丛。

大的神经外覆神经外膜（epineurium），内由多个神经纤维束组成，神经束膜（perineurium）包裹每个神经纤维束，其间填充大量疏松的结缔组织，内含血管和神经。每个神经纤维束内有很多神经纤维（轴突）平行排列，其间为致密结缔组织。神经纤维外包围的是神经内膜（endoneurium）。在周围神经中，每个轴突被施万细胞（Schwann cell）形成的髓鞘（有髓纤维）包裹，或者被施万细胞（无髓纤维）的细胞质包围，在光学显微镜下不容易发现。髓鞘是由施万细胞连续的细胞膜层构成的，在轴突周围形成一个富含脂质的鞘层。纤维被苏木精/伊红染成淡粉色。在纵切面上，周围神经最显著的特征是轴突明显的波纹（图1-8）。

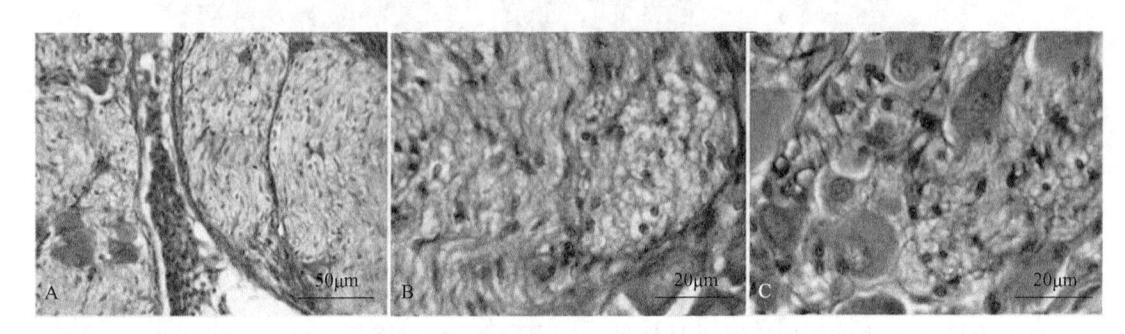

图1-8　罗非鱼的神经（HE染色）（改自Mokhtar，2021）
A，B. 神经纤维组成了神经，其中主要是施万细胞外包形成髓鞘；C. 包含一些大神经元胞体的神经节

四、肌肉组织

鱼类肌肉组织和高等动物类似，可以分成横纹肌和平滑肌两类，横纹肌又可以分为骨骼肌和心肌。在鱼类中，很多研究是将肌肉组织分为红色和白色肌肉，分别用于持续游泳和快速爆发速度。

鱼类有三种类型的肌细胞：①有横纹的骨骼肌细胞（skeletal muscle fiber或rhabdomyocyte）；②有横纹的心肌纤维（cardiac muscle fiber），它组成心壁；③平滑肌纤维（smooth muscle fiber），它位于大多数内脏壁内（图1-9）。肌肉还可根据其所在的位置、依附的骨骼或功能命名。鱼的肌肉比任何脊椎动物都多。一条雄性三文鱼或金枪鱼有将近70%的肌肉。鱼的肌肉是分层的，而不是像其他脊椎动物那样成束存在。肌肉的每一段或每一片被称为肌节（myomere或myotome），并由一片结缔组织与其相邻的部分隔开，结缔组织被称为隔膜。鱼的肌肉折叠成三维形状，所以不同方向解剖看到的肌肉层会表现不同的形态。一些鱼类的肌肉还会特化成发电器官，如板鳃亚纲的电鳐，以及硬骨鱼纲的电鳗、裸背鳗和电鲇等。

骨骼肌（skeletal muscle）细胞是多核合胞体（multinucleated syncytia）。椭圆形的核通常位于细胞膜（肌膜）下。横切面的横纹肌细胞呈多面体状，细胞核分布于周围。鱼类有两种明显不同的骨骼肌：红肌和白肌。它们有不同程度的血管化和肌红蛋白含量，这是它们颜色差异的原因。白（快）肌构成肌块的主体，构成背侧和腹侧肌群中的深层肌肉。这些较轻的肌肉在短而强的快速游泳中发挥作用，它们很快就会疲劳。红肌通常见于鱼的上、下轴白肌的浅层，通常在鳍下面最明显。红肌的脂质含量高于白肌，细胞的线粒体也较多。红肌比白肌具有更好的

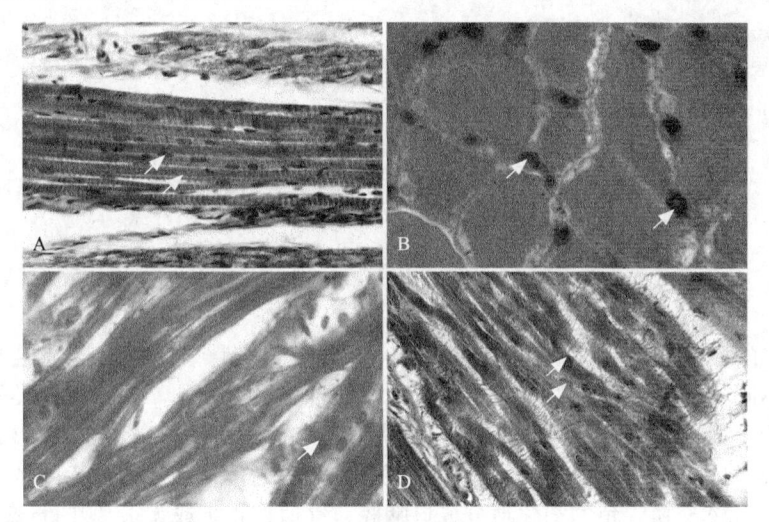

图1-9　鱼的肌肉（Masson's 三色染色）（改自 Genten et al., 2009）
A. 骨骼肌纵切；B. 高倍镜下骨骼肌横切；C. 心室肌；D. 平滑肌。
箭头表示肌细胞核

血管供应。哺乳动物肌肉纤维的数量在出生时是固定的，而鱼肌肉纤维的数量在它们的一生中会不断增加。

心肌（cardiac muscle）细胞之间的间隙是具有毛细血管的疏松结缔组织。心肌由彼此平行的大的吻合心肌细胞组成。在细胞间接触的部位是闰盘（连接复合体），这是心肌特有的结构。与多核的骨骼肌细胞不同，每个心肌细胞只有一个细胞核，很少有两个细胞核。肌细胞周围是一层纤细的肌内结缔组织鞘，内含丰富的毛细血管网。鱼的心肌细胞比哺乳动物心肌细胞要小。肌浆网一般较少，有时仅限于外周小凹（peripheral caveolae），横小管不发达。成鱼的心肌细胞有再生的能力。它们同时表现出细胞增殖和细胞生长的现象。哺乳动物的心肌细胞生长只是体积生长，不会分裂增殖。鱼类心脏具有强大的可塑性，能在不同温度下保持最大的输出能力。鱼的心脏中缺乏高等脊椎动物体内的特殊传递系统——浦肯野纤维（Purkinje fiber）。然而，鱼心脏有起搏器细胞（cardiac pacemaker cell），在窦房结口附近或窦内的其他地方启动心跳。这个信号被传导到心房并产生收缩。心率主要受迷走神经抑制和温度的影响。

平滑肌是消化道、血管、各种腺体导管壁的重要组成部分，在其他器官也有分布。平滑肌细胞为细长的纺锤形结构，细胞核位于中央。在胃肠道中，平滑肌分层排列，其中一层细胞与相邻层的细胞呈直角排列，细胞收缩可以让肌肉完成蠕动。

第二章 消化道

不同鱼类的摄食方式不同。食物种类各异，鱼类有草食性、肉食性、杂食性和腐食性的区分。因此，不同物种的消化道具有不同的特征。与肉食性鱼类相比，草食性鱼类的胃肠道长度显著增加。除了具有消化功能，消化道还是鱼类淋巴系统的一部分，免疫细胞形成肠道相关淋巴组织（gut-associated lymphoid tissue，GALT）。少数鱼的消化道还可以特化出一部分用于辅助呼吸，进行气体交换。鱼的消化道分成口咽腔、食道、胃（或无）、幽门盲囊（或无）、肠（前肠、中肠和后肠）和排泄口（anus）（图2-1）。

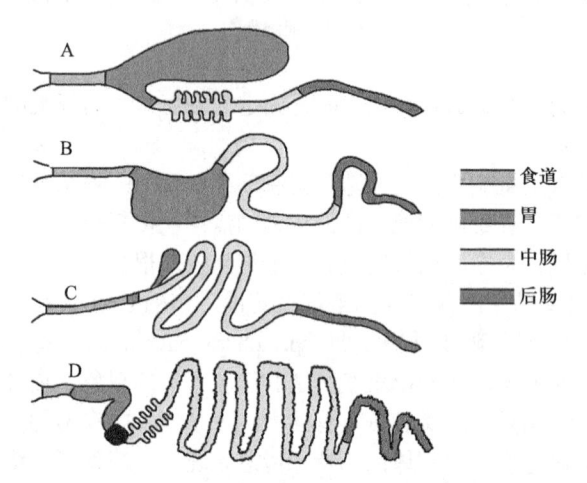

图2-1 不同食性鱼类消化系统形态比较（仿Eliasson，2015）
A. 肉食性；B、C. 杂食性，有一定的区别；D. 食微细颗粒和浮游生物

早期的文献从功能上将消化道分为4个部分：头肠（headgut）、前肠（foregut）、中肠（midgut）和后肠（hindgut），功能分化如下所示。

1）头肠包括口和咽，其主要功能为捕获食物及物理消化。

2）前肠包括食道和胃，食物的化学消化开始于此。在无胃鱼类，如鲤科、鮟鱇科（Lophiidae）和海龙科（Syngnathidae）中，前肠是消化道的功能性区域。胆管和胰管与前肠相连。食道上皮层主要来自外胚层，肠上皮层来自内胚层。

3）中肠是消化道最大的部分，进行食物消化和吸收营养。中肠位于幽门盲囊（pyloric cecum）后。它可分为两部分：中段相当于哺乳动物的十二指肠和小肠，后段相当于结肠。

4）后肠相当于直肠，是消化道的最后一段。多数物种的中肠和后肠之间没有明显的形态学界限。不同的物种消化道形态差异显著，如鲤科具有脊椎动物中最简单的胃肠道，没有真正的胃，肠内也没有肠腺的分化，代替胃的器官是肠前部的简单扩张，称为肠球（intestinal bulb）。肉食性的物种，如鳜则有发达的胃和幽门盲囊。

第一节 口咽腔

口和咽无明显界限，内衬有复扁平上皮，包含丰富的黏液细胞，还有形成味蕾的感觉细胞。口、齿和咽的形状和位置取决于鱼的摄食习惯和食物类型。在板鳃亚纲、肺鱼和一些硬骨鱼类（石首鱼科和松鱼科）中，在口上出现皮褶，形成没有肌肉的"唇"，其和有丰富肌肉的哺乳动物的唇不同。鱼的唇变化很大，如鲤的唇突出且颜色鲜艳，而赤梢鱼（*Aspius aspius*）的唇不明显。

鱼的舌不发达，少见骨骼肌。通常仅由结缔组织构成，覆盖包含单细胞腺体的上皮，有时发现软骨，特别是在软骨鱼类中。七鳃鳗和有颌类的舌起源不同，前者没有肌肉，由增厚的结缔组织褶皱形成，牢固地附着在与舌骨弓和鳃弓合并的骨骼上，随着下颌和鳃的呼吸运动而被动运动。真骨鱼舌骨弓与下颌弓紧密相连，舌可以帮助食物运输到咽部。多数物种的舌骨弓末端具有一些由结缔组织和黏膜构成的褶皱。褶皱突出程度不同，通常与口腔底部分离。位于这些褶皱内的骨骼配备有牙齿。在塞内加尔多鳍鱼（*Polypterus*）的舌中发现了平滑肌，而肺鱼的舌中有横纹肌。

鲤科鱼的口腔中有一个特殊的器官，称为咽垫（pharyngeal pad）。它是口腔顶部的肌肉隆起，位于咽齿的前面，像一个枕头，由多层黏膜上皮构成，置于一层厚厚的结缔组织上。上皮折叠，包含黏液细胞及味蕾，而结缔组织包含胶原蛋白和弹性纤维。它下面有一层横纹肌，咽垫参与食物研磨，能够辅助消化。

硬骨鱼有几种牙齿，见于颌、咽、腭、犁骨和咽。它们都通过结缔组织与各自的齿关连骨相连，并具有相似的组织结构。口腔的边缘通常长有齿，牙齿也可以出现在上颚（palate）、舌褶（tongue fold）和鳃弓上，如狗鱼（*Esox lucius*）。牙髓（dental pulp）主要由结缔组织组成，位于牙齿的中心。成牙本质细胞（odontoblast）位于牙髓的外层，分泌牙本质。牙本质主要由胶原纤维组成，与骨骼相似，含有钙盐。成牙本质细胞的细胞质延伸引导牙本质穿过牙本质小管。牙本质的表面通常覆盖有珐琅质（或类似珐琅质的物质），如虹鳟（*Oncorhynchus mykiss*）和香鱼（*Plecoglossus altivelis*）的牙齿有一层珐琅质覆盖。珐琅质的结构非常复杂。牙齿的骨磨片显示出纤维状的条纹，从牙本质小管延伸出来，从表层到中间层径向排列。珐琅质是由珐琅质器官——造釉器（enamel organ）分泌的，该器官由两层上皮细胞组成。牙齿有各种形状，包括纤维状、针状、锥状、结节状或立方体状牙齿。它们的数量在很大范围内波动。例如，鲶（cat fish）有大约10 000个牙齿，这些牙齿很小，呈丝状，紧紧地挨在一起。一些捕食性鱼类中，牙齿仅分布在牙骨、咽骨、舌骨、上颌骨、下颌骨和腭骨上。而鲤科和胸鳍鱼科的鱼，都有所谓的咽齿，位于鳍骨上。不同品种的咽齿会排列成一排、两排或三排。

味蕾可能会分布在鱼的口周围、口咽腔、鱼鳃、外部皮肤上。与味蕾相关的细胞不是来自神经组织，而是特化的上皮细胞。鱼类的味觉非常发达。味蕾在鱼类的胚胎和新孵化的幼体中很早就出现了，为化学感知提供了一个早期工具。一些物种咽上皮衬有角质层（horny layer）（图2-2）。

第二节 食道和胃

食道壁由4层不同的结构组成：黏膜层、黏膜下层、肌层和外膜。黏膜由大约几十个平行且细长的叶状皱襞组成，皱襞再形成初级皱襞、次级皱襞和三级皱襞。这些皱襞以纵向排列为

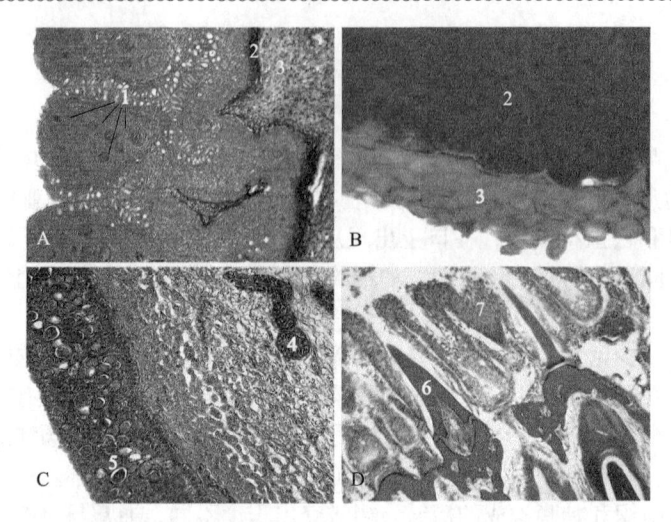

图2-2　鱼的口腔（仿Genten et al., 2009）
A. 鲤口腔上皮；B. 鲤咽部的咽垫；C. 猫鲨的舌；D. 肉食性紫鲷的牙齿。
1. 黏膜内的味蕾；2. 咽上皮；3. 咽垫；4, 5. 黏液细胞；6. 口腔复层上皮；7. 齿

主，填满管腔，在横截面上具有非常复杂的折叠形态，这种结构利于扩张吞咽食物。

多数硬骨鱼（如鲶）的食道根据上皮和肌膜的类型和厚度分为前部和后部。前部的上皮为复层立方形，覆盖有微绒毛和微嵴，有大量黏液细胞和棒状细胞（club cell）。食道后部的黏膜上皮由分泌黏液的单层柱状上皮组成，其可能在胃前消化中起作用。食道黏液细胞数量非常多，其分泌酸性羧基和硫酸黏蛋白。有些物种（如鲈科、鲟科）体内，除黏液细胞外，食道中还含有纤毛细胞。食道中的黏膜发育和黏液细胞的出现与仔鱼开口和外源性进食的开始相关。

食道上皮的顶端部分PAS染色呈阳性，即含有糖蛋白。糖可能在胃前消化中发挥作用。食道后部区域作为选择性离子扩散的部位，因此该上皮具有渗透调节功能，其与密布的血管相关，还可能具有吸收作用，如参与水的代谢。

肉食性鱼类食道前部的上皮有很强的适应改变性，以使组织免受活饵料鱼的伤害。鲶的食道上皮也含有高密度的棒状细胞，其作为一种警报细胞存在。棒状细胞是大的多面体细胞，具有均匀的嗜酸性细胞质和圆形细胞核。透射电镜下，棒状细胞核多态，含有电子致密的核仁。胞质中含有许多大而细长的线粒体和粗面内质网，主要排列在细胞核周围。此外，游离核糖体和许多大小不同的囊泡散布在整个细胞质中，其中含有中等电子密度的分泌物质。所有鱼类食道中黏液细胞数量的增加是由于鱼体缺少唾液腺。这些细胞有泡状的细胞质，呈圆形黏液小球形态，HE染色浅，易被阿尔辛蓝和PAS染色。未分化细胞或基底细胞位于上皮的底部。这些细胞经历胞质变化，最终成为上皮细胞或黏液细胞，棒状细胞也由此处产生。食道后部的黏膜上皮由高柱状细胞组成，椭圆形细胞核居中，包含明显的核仁。这些细胞的顶端含有黏液颗粒，对甲苯胺蓝染色呈阳性。上皮的基底部分存在一些不规则形状的基底暗细胞。银染阳性神经内分泌细胞存在于后部的食道上皮中。

固有层是致密的结缔组织，含紧密排列的胶原纤维。黏膜肌层由成束的平滑肌纤维组成，被大量胶原纤维包围。食道黏膜下层由致密的结缔组织构成，含有大量胶原纤维。食道前部黏膜下层有成束的横纹肌。肌层由横纹肌厚的外环层和薄的内纵层组成。存在于食道前部的横纹肌向后逐渐减少，并且它们在食道的后部开始出现平滑肌。食道的后部比前部具有更厚的肌层，它由内部环形和外部纵向平滑肌纤维组成。加厚的肌层，特别是鲶食道后部的肌层是一种

强有力的工具，可以加强食道壁，保护其免受饱胀的食物的挤压。延伸至胃肌层的鲶食道后部的肌层在增加食物的运动性中起作用，利于摄取大量食物的肉食性鱼胃的消化。食道外膜由含有胶原纤维和小血管的疏松结缔组织构成。

不同物种的食道形态有明显区别。草鱼的食道在整个长度上具有相同的结构和外观，食道的黏膜皱襞比鲶的要短（图2-3）。

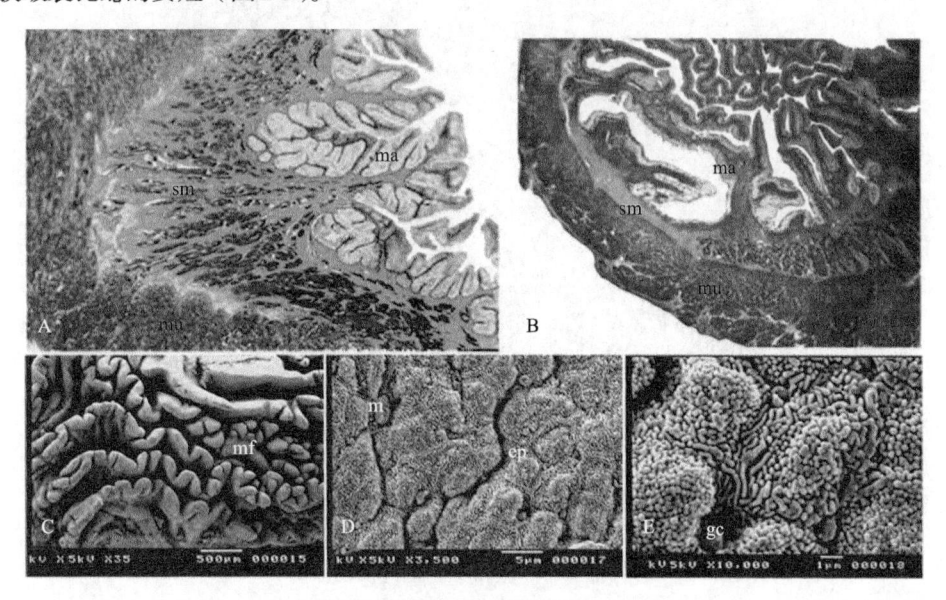

图2-3　草鱼和鲶的食道（Mokhtar，2021）
A，B. 分别为草鱼和鲶食道壁光镜图；C～E. 鲶的食道黏膜上皮扫描电镜图。
ma. 黏膜层；sm. 黏膜下层；mu. 肌层；mf. 黏膜褶皱；m. 分泌黏液层；ep. 上皮细胞；gc. 杯状细胞

胃黏膜分泌的胃蛋白酶是一种无活性的胃蛋白酶原。它是在胃的酸性环境中激活后参与蛋白质水解的主要酶。肉食性和杂食性鱼类胃中测定的酸性蛋白酶的活性通常高于碱性蛋白酶的活性，胃是蛋白质消化的主要器官。鱼的肠中还有胰蛋白酶、胰凝乳蛋白酶、氨肽酶等参与蛋白质的进一步消化。

根据形态学分类，鱼的胃可按形状分为直胃（straight stomach），也称I形；虹吸管胃（siphonal stomach）（U形或J形）或盲肠胃（Y形）。直胃很少见，如狗鱼。在三文鱼（*Salmo* sp.）中发现了U形胃。J形胃出现在南美鲶、斑点叉尾鲴和虹鳟中。盲肠胃出现在梭鲈（*Sander lucioperca*）和尼罗罗非鱼（*Oreochromis niloticus*）中。在各种鱼类中，胃通常分为一到三个区域，包括贲门区、胃底区和幽门区。

胃区的黏膜上皮为单层细胞且折叠。在贲门胃（cardiac stomach）中，皱襞较浅（短），而在胃底区（fundic stomach）和幽门区（pyloric stomach），皱襞较深。上皮细胞在贲门区呈立方形，在其他区域为圆柱形。细胞核位于细胞基部。在贲门区和胃底区，胃细胞位于固有层，被疏松的结缔组织包围，并位于由黏膜皱襞形成的凹陷中。腺体底部由多边形分泌细胞构成，细胞核呈圆形，苏木精和伊红染色后可见细胞质中含有嗜酸性颗粒。

鱼的胃腺只含有一种分泌细胞，没有类似哺乳动物体内分化成的胃蛋白酶原分泌细胞和盐酸分泌细胞。鱼胃的这些泌酸肽细胞（acid-secretion peptide cell）既分泌胃蛋白酶原又分泌盐酸。酸分泌由发达的滑面型内质网完成。通过扩张胃来激活这些细胞，导致这些管状囊泡与顶端质膜融合，形成顶端迷路（apical labyrinth）。

腺体通向黏膜皱襞的隐窝（crypt）。多鱼类胃腺主要位于贲门区和胃底区。在斑点沙鲈幼体中，仅在胃的前部发现胃腺。在幽门区，斑鳟、三文鱼、狗鱼、鳗鲡和罗非鱼属等少数鱼类中存在黏液腺（图2-4）。

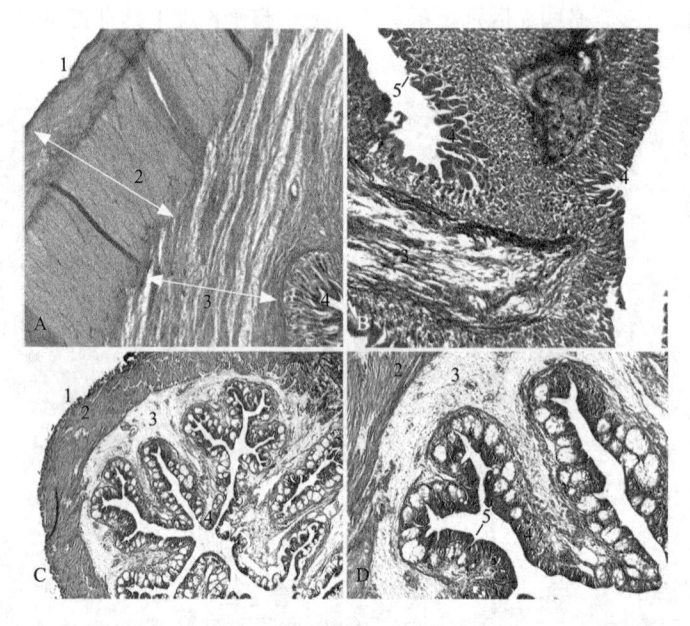

图2-4 鳜和罗非鱼胃横切
A，B. 鳜；C，D. 罗非鱼。A. PAS染色；B～D. Masson's三色染色。A～C. 40×；D. 200×。
1. 外膜；2. 肌肉层；3. 黏膜下层；4. 胃黏膜；5. 胃小凹

幽门胃的黏膜由单层柱状上皮、固有层和黏膜肌肉层构成。黏膜的长褶皱形成扇形分支。贲门、胃底和幽门的上皮细胞的顶端区域PAS染色呈阳性，有中性糖蛋白的存在，可能与食物的传导有关，可以有效防止蛋白质水解和机械损伤，并对酸性胃消化物具有缓冲作用。然而，在虾虎鱼科（Gobiidae）鱼类的表面柱状上皮中没有检测到黏液，这表明酸消化作用并不重要，因为不需要保护性黏液层。软骨硬鳞类（chondrostean）中的柱状细胞具有纤毛，而在其他鱼类中，表面可能是光滑的或衬有微绒毛。胃黏膜中微绒毛的存在表明其可能吸收营养物质，但是尚需进一步证实。

黏膜基质含有淋巴细胞和嗜酸性颗粒细胞。黏膜肌层几乎完全由纵向排列的平滑肌细胞组成。黏膜下层包含神经、动脉、静脉、淋巴管和嗜酸性粒细胞。肌层有平滑肌细胞构成的内环外纵两层，有时还有一个附加的内斜层。胃在幽门（pylorus）处结束，幽门区的环形平滑肌增厚或具有括约肌。

无胃鱼在碱性环境中有活性的蛋白酶包括胰蛋白酶、胰凝乳蛋白酶和氨肽酶，表明这些鱼适应于消化蛋白质含量相对低而碳水化合物含量相对高的饲料。与肉食性鱼相比，以植物源性饲料占显著比例的杂食性鱼的总淀粉分解活性与总蛋白质水解活性之比更高。

第三节 幽门盲囊和肠

幽门盲囊（pyloric caeca）位于胃和肠的交界处。它们的存在和数量一般具有物种特异性。无胃鱼没有幽门盲囊。一些肉食性动物幽门盲囊数量多，这些盲管的开口可能从胃幽门内吸收并初步消化流体食糜，再进一步消化吸收。而大的食物残渣可以更快地通过肠道排出体外，从而提高捕食和消化的速度。鲟的肠道有螺旋瓣（spiral valve）。螺旋瓣可以延缓消化物通过胃肠道，并有助于延长消化过程。

胃肠道的长度，尤其是肠道的长度，取决于摄入的食物类型。草食性鱼类如鲤，肠道很长且形成许多环绕。肉食性鱼的肠通常很短。也有少数品种可以排列成单环（如梭鱼）或多环（如鲈）。舫（舫科）长有直管状肠。

消化的过程在肠内继续。和胃相比，肠内有较高的碱性。肠壁由4层构成：黏膜、黏膜下层、肌层和外膜。肠黏膜由覆盖两层结缔组织（基底层和固有层）和一薄层黏膜平滑肌（黏膜肌层）的上皮形成。黏膜形成纵向褶皱，但不会形成哺乳动物典型的小肠绒毛。鱼肠的褶皱被单层圆柱形上皮覆盖。上皮细胞位于黏膜下层的结缔组织层上，通过薄的基底膜作为上皮的界限。在肠上皮细胞（或称内皮细胞）的表面，有刷状缘（brush border），是肠上皮细胞顶端细胞膜和细胞质的突起，刷状缘大大增加了细胞的外表面积，是吸收营养的部位。肠细胞的发育和分化可以根据刷状缘的氨肽酶N活性与细胞内酶如亮氨酸-丙氨酸肽酶的活性之比来评估。与细胞内消化相比，该比值反映了刷状缘的消化过程，并表明了鱼发育的阶段。在黏膜中还有大量黏液细胞，分泌酸性和中性黏多糖到肠腔中。

后肠黏膜的结构不同于中肠黏膜，其存在较低的肠皱襞，由单层圆柱形上皮形成，在肠细胞之间有稀疏的黏液细胞。此外，黏膜没有或只有非常薄的黏膜肌层。

黏膜下层包括两层：致密层和颗粒层，由成纤维细胞和不同类型的胶原蛋白组成。它包含血管、淋巴管和神经。

肌肉层由两层平滑肌组成：内部环形层和外部纵向肌细胞层。在一些鱼中（如在鲱中），肌肉层由覆盖在平滑肌层上的横纹随意肌构成，遍及消化道。

外膜由结缔组织细胞组成，直接与肠系膜相连。它是胃肠道的最外层。它的壁包含血管和神经。外膜壁表面覆盖有称为内皮的扁平上皮组织（图2-5）。

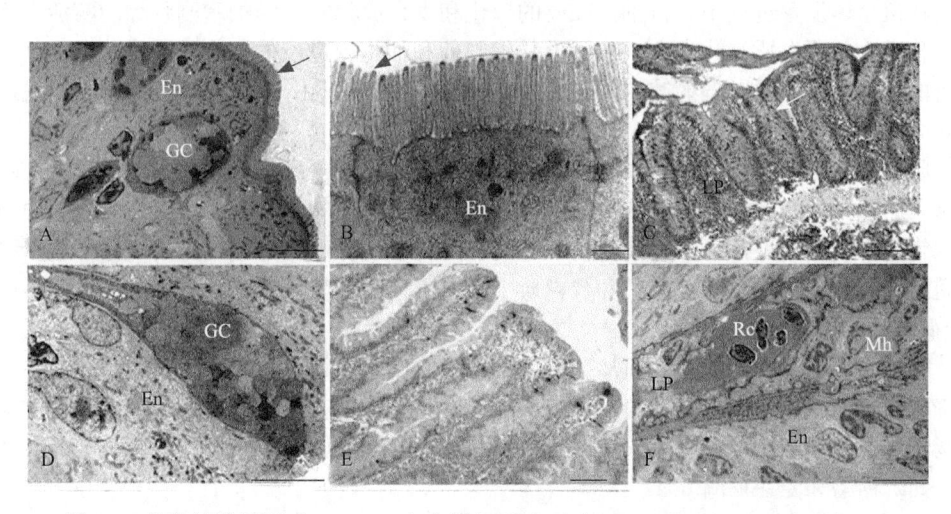

图2-5　前肠的纵标面（A～D，F）和横切面（E）（Kirschbaum et al.，2019）

A. 斑马鱼（*Danio rerio*）的肠黏膜，肠黏膜单层柱状上皮细胞，具有微绒毛（箭头）；B. 肠上皮细胞微绒毛（红色箭头）；C. 具有AB阳性黏液细胞的鲤的前肠（黄色箭头）；D. 斑马鱼前肠有黏液细胞和肠细胞；E. 鲤前肠黏膜内的内分泌细胞（褐色）；F. 斑马鱼前肠。

图A，B，D，F为透射电镜图片；图C为AB/PAS染色；图E为胃泌素细胞的免疫组织化学染色。A，D，F图标尺＝5μm；B图标尺＝0.5μm；C，E图标尺＝100μm。

LP. 固有层；Rc. 内有红细胞；Mh. 巨噬细胞；GC. 黏液细胞；En. 肠细胞

小肠黏膜层是决定肠功能最重要的部分，其中包含几类细胞，发挥不同的功能。肠上皮细胞（enterocyte）是单层柱状上皮细胞，其衬于肠的黏膜上，负责营养物从胃肠道腔到血管的吸收和运输，称为微绒毛的指状突起，位于它们的顶端部分。这些微绒毛在肠黏膜表面形成刷状缘，这扩大了消化酶分泌和肠腔中营养吸收的面积。肠细胞的细胞核靠近细胞的基底区域。

肠黏膜中存在分泌中性和酸性糖蛋白的黏液细胞。糖蛋白在胃肠道中具有多种功能，如保护肠道表面，增强消化和营养吸收的有效性，缓冲肠液，或促进排便。鱼类肠道中黏液细胞的数量可能会受摄食习惯和饥饿状态的影响而波动。

脊椎动物的消化道是最大的内分泌器官。内分泌细胞分泌的多种激素改变消化道和其他器官的新陈代谢，从而使鱼类适应摄食方式（数量和质量）和环境条件的变化。位于胃肠道黏膜的内分泌细胞合成各种激素，显著影响胃肠道的功能。它们密度的变化反映了这些激素的生产能力。内分泌细胞分泌的激素影响肠道蠕动及肠道、肝脏和胰腺分泌酶。内分泌细胞的分布取决于鱼类和摄入的食物类型。研究较多的包括胆囊收缩素细胞、胃泌素细胞、嗜铬粒蛋白A（chromogranin A）、瘦素（leptin）、生长抑素、饥饿素（grelin）、胃抑制肽（GIP）或血管活性肠肽（VIP）。这些激素影响胃肠道功能，包括胃液、肠液和胆汁的分泌及消化道的运动。

杆状细胞（rodlet cell）存在于各种硬骨鱼的胃肠道上皮中。它们通常呈卵圆形，细胞核位于基底部。此外，它们的特征是质膜下有一个宽的纤维层（wide fibrous layer），并存在特征性的杆状细胞质颗粒。它们被认为具有分泌和免疫功能。

胃肠道是鱼类淋巴系统的一部分。免疫细胞在其中形成肠道相关淋巴组织（GALT）。在黏膜下的血管和肠襞固有层的血管中观察到多种淋巴组织，有的淋巴细胞可以游离到黏膜表面。

胃肠道上皮细胞不断更新。鱼类增殖细胞位于肠皱襞的基底区域，如同哺乳动物肠道隐窝中的母细胞。反过来，凋亡细胞通常发现于肠皱襞的顶端区域。肠上皮的连续性是通过维持基底部细胞的增殖过程和肠皱襞顶部细胞凋亡过程之间的平衡来保证的。凋亡过程的强度也被认为是一种早期的化学压力、病原体活性和体内平衡失调的敏感指标。

在鱼个体发育过程中，特别是在肠的分化和发育成熟时，肠细胞刷状缘的酶活性增强。鱼类消化道中的蛋白质消化是在整个肠道的细胞外和细胞内进行的。胞外消化酶由胰腺、胃上皮和肠的细胞分泌到胃肠道的腔中。蛋白质在胃和肠中被消化，而消化过程的最后阶段由肠细胞刷状缘的酶进行。

胞外酶包括肽酶、胃蛋白酶、胰蛋白酶、胰凝乳蛋白酶、氨肽酶、羧肽酶和弹性蛋白酶。细胞内的酶，如非特异性酯酶或酸性磷酸酶，负责细胞内的消化，并维持细胞内蛋白质含量及其水解产物之间的平衡。溶菌酶含有一组水解酶，参与分解输送到细胞的大分子。磷酸酶负责将磷酸残基从碳水化合物、脂类和蛋白质中分离出来，非特异性酯酶分解甘油酯和链长不超过8个碳原子的脂肪酸酯。

肠细胞刷状缘的酶在蛋白质消化中发挥着重要作用。氨肽酶是一种外肽酶，是一种与肠上皮细胞膜表面相关的酶，分解N端氨基酸的肽键。然后，游离氨基酸和小分子肽被主动转运通过肠细胞的细胞膜。同样，由外分泌淀粉酶启动的碳水化合物的消化由肠细胞刷状缘的酶继续，如二糖酶和麦芽糖酶。

第三章
消化腺

鱼类的消化腺同脊椎动物一样也分为两类，即大型消化腺和小型消化腺。大型消化腺主要为肝和胰，或者合并为肝胰腺。

肝脏是鱼体内最大的消化腺，由实质细胞和网状纤维组成。鱼类的肝实质上没有排列成明显的小叶，其排列方式有三种：第一种是由肝细胞组成，肝细胞沿中央静脉呈放射状排列；第二种为管状排列，由小管和呈网状结构的肝窦组成；第三种方式见于一些淡水和海水硬骨鱼类，肝细胞围绕中央静脉呈网状排列。胆管结构也可以分成孤立型、胆动脉型、胆静脉型和门静脉型4种类型。在许多物种中均可观察到肝卫星细胞（窦周细胞）。肝窦由内皮细胞和枯否氏细胞组成。鱼类的胰腺是一个分叶状的复合腺泡，包括外分泌部和内分泌部。外分泌部由散在的浆液性腺泡组成，可分为两种位置形态：①弥散于脾组织、肠系膜及肠球部；②位于肝内，门静脉分支周围。胰腺腺泡包括两种类型的细胞：泡心细胞和典型的锥形腺泡细胞。胰腺星形细胞位于胰腺血管和腺泡周围。胰腺中脂肪酶和碱性磷酸酶的活性较高，而酸性磷酸酶的活性中等。胰导管由小叶内导管、小叶间导管和主导管构成。胰腺的内分泌部为淡染的胰岛，分散于外分泌腺泡细胞之间，由α、β、δ三种细胞组成，在某些物种中，还存在另外的F细胞。

第一节 肝　脏

鱼类肝脏一般为黄色、黄褐色，其功能与哺乳动物相似，主要包括分泌胆汁、吸收营养、解毒及维持机体代谢平衡，如碳水化合物、蛋白质、脂质和维生素的同化和异化。此外，肝脏在血浆蛋白，如白蛋白、纤维蛋白和补体因子的合成中起着关键作用。肝组织的标本可反映肝细胞的功能情况，其与功能亢进或低下的组织相比有明显的差异。肝脏的组织学因物种而异，但大多数物种都有其共同的特征。

鱼类的肝脏是一个相对较大的器官，位于鱼腹腔前部，其形状、大小、颜色随鱼体种类及个体不同而异。在野生鱼类中，肉食性鱼类的肝脏通常是红棕色的，而草食性鱼类的肝脏一般是浅棕色的，但在一年中的某段时间，肝脏有可能呈黄色，甚至接近白色。在养殖鱼类中，肝脏的颜色可能比野生鱼类的浅，这取决于食物种类。在某些物种中，肝脏可能是一个位于前腹部的局部器官，可能随腹部长度延伸或紧密连接到其他脏器上。在某些物种中，肝脏也可能是一个肝胰腺形式的复合器官，如鲤、真鲷、黑鲷、隆头鱼、鲀等。此外，不同鱼类肝脏的分叶情况不同，如七鳃鳗、雀鳝、香鱼的肝脏是单叶，大多数鱼类的肝脏分为两叶，金枪鱼和鳕的肝脏分成三叶，玉筋鱼的肝脏分为多叶。

肝脏中有肝动脉和肝静脉，后者是由胃和肠而来的静脉，其进入肝脏后逐一分支，然后形成管腔较宽的毛细血管，此处也被称为窦状隙（sinusoid）。肝细胞围绕在窦状隙周围，在组织切片上形成索状的地方称为肝细胞索（hepatic cell cord），其中央还存在毛细胆管。

肝实质包含在纤维结缔组织构成的薄囊内。肝细胞呈多角形，细胞膜清晰可见。细胞核呈球形，位于细胞中央，核内可见一个明显的深色核仁，细胞质中有线粒体、高尔基体、内质网等细胞器。鱼类肝脏的组织学结构与哺乳动物不同，其肝细胞很少形成明显的小叶或条索，典型的肝门不明显。

鱼的肝实质组织有三种类型。第一种类型由两层肝细胞形成肝板，沿中央静脉呈放射状排列，肝板之间的腔隙为肝窦，如大嘴鲈、梭子鱼和虹鳟属此类型；第二种类型为管状结构，肝细胞呈管状分布，肝窦围绕肝细胞管形成网状，如盲鳗属此类型；第三种类型见于大多数淡水和海水硬骨鱼类，肝细胞围绕中央静脉呈网状分布。胆管结构可分为孤立型、胆管动脉型、胆管静脉型和门静脉型4种类型。

肝细胞的大小在种属间有差异，随脂肪和糖原的储藏量而变动，如鲮的肝细胞为10～18μm，细胞核为3～5μm；鲫的肝细胞为16～22μm，细胞核为6～7μm；泥鳅的肝细胞为12～14μm，细胞核为7μm；胡子鲶的肝细胞为9～12μm，细胞核为3～4μm。

组织学检查发现鱼的肝实质并未排列成明显的管状，小叶间结缔组织难以区分，中央静脉在整个肝实质中随处可见。在肝实质内，肝细胞以小管的形式排列在中央静脉周围，肝窦围绕肝细胞小管呈网状。

鱼类的肝脏细胞质中含有丰富的脂肪和糖原。肝脏石蜡切片经HE染色，常常呈现许多空泡样结构，该空泡可能是脂肪或糖原。脂肪可利用冰冻切片进行苏丹黑染色呈阳性证实，糖原可通过过碘酸希夫（PAS）反应染成紫红色。草鱼肝细胞通过PAS反应呈阳性，表明该肝细胞内存在糖原。糖原的存在表明鱼类具有根据代谢需要合成或分解糖原的能力。大多数鲨通过尾鳍和胸鳍不断运动来调整浮力。然而，储存有大量脂肪的肝脏对于实现中性浮力是必不可少的。角鲨肝脏石蜡切片经HE染色可见大量空泡，表明其肝脏组织中存在大量的脂滴。

肝窦迂回曲折，位于肝细胞索组成的网络之中，呈蜂窝网络状。肝窦由具有细长、黑色细胞核的内皮细胞和枯否氏细胞组成。枯否氏细胞呈星状，核大、深染、呈椭圆形，细胞常以其伪足深入窦腔内。

肝脏作为消化腺分泌胆汁，胆汁在肝脏细胞内通过细胞内毛细胆管（intracellular bile canalicule）分泌到细胞外的细胞间毛细胆管（extracellular bile canalicule）。毛细间胆管汇集成肝内胆管（bile duct）。这些胆管合并成总胆管且终止于胆囊，内衬假层状上皮。胆汁经总胆管流入十二指肠。肝脏内的较小胆管内衬单层立方上皮细胞，较大胆管可并入结缔组织和薄肌层。鱼类的胆囊具有肠中常见的4层结构，其黏膜由具有基底核的柱状上皮组成。当胆囊扩张时，这些细胞呈方形。鲶静脉在肝实质内随机分布，并可见胆管或动脉分支。草鱼的胆管和血管成分表现为二分体，这种结构随机分布于整个肝实质内，形成胆-静脉管（BVT）型。胆管内衬立方上皮，被胶原纤维为主的结缔组织层包围（图3-1）。

在常规组织学中，糖原沉积和脂肪储存经常发生溶解，从而产生很大的组织学变异。在养殖鱼类中，肝细胞常因糖原（广泛的不规则空泡）或中性脂肪而肿胀。当饮食不理想或处于周期性饥饿阶段时，肝细胞可能萎缩，并含有不同数量的黄色蜡样色素。鱼类肝脏含有药物代谢酶，是最易受损的器官之一，但现已证明（在哺乳动物中）只需10%的肝实质即可维持正常的肝脏功能。

肝脏结构通常与性别、年龄、可获得的食物（特别是糖原和脂肪含量）及温度有直接关系，与强烈影响环境调节的饲养条件的内分泌因素也密切相关。

电子显微镜下，肝细胞有些面与肝细胞邻接，有些面与血窦内皮相邻；在肝细胞与内皮细胞邻近面中间，有一窄的围窦隙，又称狄氏隙（Disse's space），肝细胞顶端发出许多小突起，伸入围窦隙内，称为微绒毛。

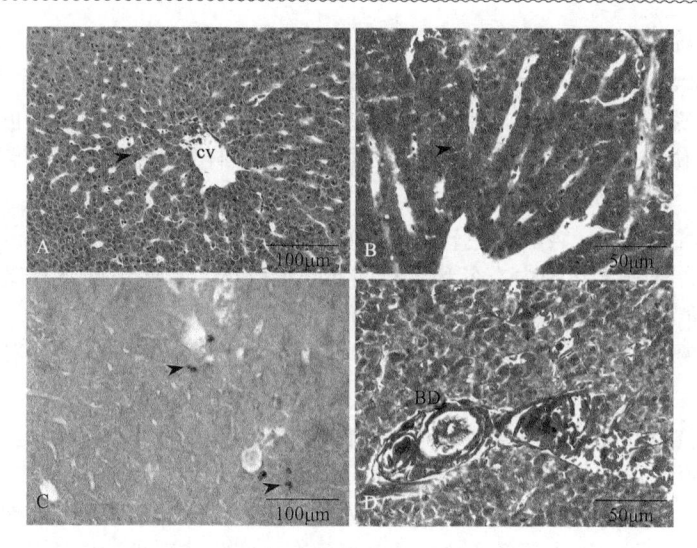

图3-1 肝脏的组织结构（改自Mokhtar，2021）

A. 肝板（箭头）沿中央静脉呈放射状排列（HE染色）；B. PAS阳性肝细胞（PAS-HX）；C. 脂滴（箭头）散在中央静脉附近（苏丹黑染色）；D. 胆管（BD）位于静脉分支附近，被胶原纤维包围（Crossmon's三色染色）

细胞核呈圆形，位于细胞中央。核膜双层，可见清晰的核孔。核内染色质较少，呈颗粒状或很细的碎丝状，多聚集在核膜内缘、核孔周围和核仁外缘。核仁由很密的颗粒组成，一般位于核的正中间。

细胞质内含有粗面内质网和滑面内质网。粗面内质网由一些平行排列的扁平小池聚集而成，在它们的外面附着浓染的核蛋白粒。粗面内质网分布在细胞质中，它们有些围绕在胞核的外源，有些堆叠在胞膜下方，还有些围绕在细胞器的外面。在鲢肝细胞质中，可见有较多圆环状排列的粗面内质网。滑面内质网是由一些弯曲、分支并相互吻合的小管组成的复杂网管系统。在滑面内质网之间，常积有成团的糖原颗粒。

鱼肝细胞的线粒体形态和大小不一。一般以椭圆、长圆形较为多见，还有一些呈长杆状或弯曲的短棒状。由线粒体内膜突出的板状小嵴伸入低密度的基质中，如大黄鱼肝脏线粒体数量多，散布在细胞质中，呈圆形、卵圆形或短棒状（图3-2）。

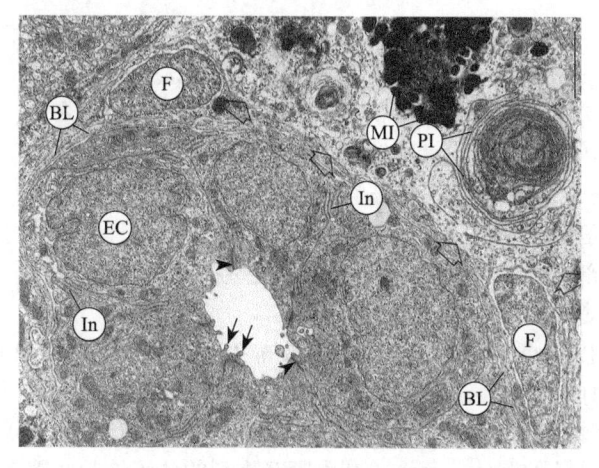

图3-2 鱼肝脏超微结构（周阳等，2017）

标尺=2μm

图3-2中，胆管上皮细胞（EC）呈立方体形，并通过顶端连接（apical junction）（箭头）和镶嵌连接（interdigitation, In）相连，从EC表面突出的短微绒毛如箭头所示；基底层（BL）位于EC的底部，扁平的纤维细胞样细胞（F）捕获直接接触BL的通道；黑色素巨噬细胞（由方框箭头勾勒）位于通道附近，它的细胞质含有黑色素样颗粒（MI）和推测的吞噬溶酶体（PI）。

鱼肝细胞的溶酶体内，含有染色较深的颗粒，外面有单层膜包裹，溶酶体的大小不一致，但一般皆为圆形。此外，在胞内有各种各样的次级溶酶体，有些里面含有退化的线粒体的碎片，有些内含髓鞘样物质，深黑色的脂褐素粗大颗粒也常看到。

高尔基体一般位于近胆小管附近的胞质中，由2~5个紧密平行排列的滑面小池和一些小泡堆积而成。

在鱼肝细胞质内，也观察到有微体（过氧化体，peroxisome），它是由单层膜包裹的圆粒，在细粒状的基质中，有一个浓密的核样物（nucleoid）。

鱼肝细胞之间的血窦较宽，窦壁由扁平的内皮细胞和星形的枯否氏细胞组成。在电子显微镜下，内皮细胞有一个大的长圆形的核，有时可见有些凹陷或褶皱。核外只有少量的胞质。胞质内细胞器很少。内皮细胞伸展在血窦壁，形成极薄的一层。细胞常可见有许多穿孔。在内皮细胞与肝细胞之间未见有基膜。枯否氏细胞呈星形，以突起伸展在内皮细胞之间，它们的形态是不规则的；含有一个大的卵圆形的胞核，有时可见核略有褶曲。胞质内的细胞器较丰富，粗面内质网由一些较短的小池组成，分散在整个胞质中，溶酶体的形态不一，有些是大小不一的清亮小泡，有些是浓密的小圆球。此外，胞质中还含有吞噬泡，里面有一些无定形的碎片或被吞噬的血细胞。

在血窦内皮细胞和肝细胞之间的围窦隙内，偶可见有胶原纤维和成纤维细胞。

在相邻肝细胞之间可见有卵圆形或椭圆形的胆小管，它是由紧贴的相邻肝细胞分离开形成的小空腔，因而胆小管没有自己的管壁，肝细胞发出一些短的微绒毛，进入管腔内。

中央静脉由单层内皮细胞围成，内皮细胞外面有一层薄的结缔组织膜。中央静脉的口径比血窦大。切片中常可见有几个血窦开口于中央静脉。

第二节 胰　　腺

鱼的胰腺是一个分叶状的复合腺泡，分为外分泌部和内分泌部两部分。外分泌部是消化腺，为胰的主要部分，分泌消化酶。内分泌部为胰岛（pancreatic islet），多分散于外分泌部组织之间，分泌胰岛素等激素。胰腺通过蛋白消化酶和激素的合成与释放，在调节能量平衡和营养方面发挥着重要作用。硬骨鱼类的胰腺分为弥散型、致密型和肝内型。弥散型胰腺分布于胆囊周围和肠系膜内；致密型胰腺位于脾肠系膜中，作为一个独立的器官；而肝内型胰腺位于肝脏内部。与门脉周围肝脏相连的胰腺外分泌组织统称为肝胰腺。内、外分泌部在发生学上是同源的，由原肠的膨大部产生。在个体发生过程中，胰腺外分泌组织在门静脉周围发育，然后穿透肝实质，或根据种类保留在肝外组织中。

硬骨鱼类的胰腺以大小不一的黄色团块状散布在肠、脾、肠球周围的肠系膜内（图3-3）。胰腺有时也在肝组织内弥漫性分布形成肝胰腺（hepatopancreas），但在肝脏内肉眼看不到胰腺，如鲤、黑鲷、多鳞鱚等。软骨鱼类的胰脏是以独立的脏器存在的，胰岛也包含在内。

胰腺是一个高度分叶的腺体，每个小叶由紧密排列的分泌性胰腺腺泡组成，腺泡之间由薄的结缔组织间隔分开。胰腺分为外分泌部和内分泌部两部分。草鱼的胰腺外分泌部有两种形式：第一种是散布于肠球周围的肠系膜内、肠前部其他地方；第二种是分布于肝内，围绕在门静脉分支周围（图3-4）。

外分泌部由分散的浆液性腺泡组成。腺泡内存在中心腺泡细胞和典型腺泡细胞两种细胞类型。中心腺泡细胞是多面体细胞，其基部连接至门静脉，顶端指向中心管腔，代表胰腺导管系统的末端。典型腺泡细胞呈多面体形状，成组排列形成具有中央狭窄腔的胰腺腺泡。中央狭窄腔分泌这些外分泌细胞产物。基部细胞质嗜碱性，顶端细胞质含密度不同的嗜酸性酶原颗粒。细胞核呈球形，其基部有一个明显的中央核仁。酶原颗粒包含消化蛋白质、碳水化合物、脂肪和核苷酸的酶。酶通过胰小管传递到前肠，胰小管合并形成主胰管。主胰管明显或者重新加入总胆管后打开，进入肠的近端（十二指肠）。

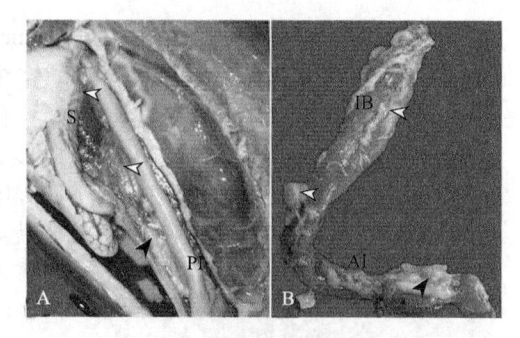

图3-3 草鱼的大体形态和胰腺组织的分布（Mokhtar，2021）

A. 胰腺组织（白色箭头）分布于脾脏周围（S），部分胰脏组织（黑色箭头）分布于肠后部周围（PI）；B. 胰腺组织（白色箭头）弥散于肠球周围（IB），部分胰腺组织分布于肠前部（AI）

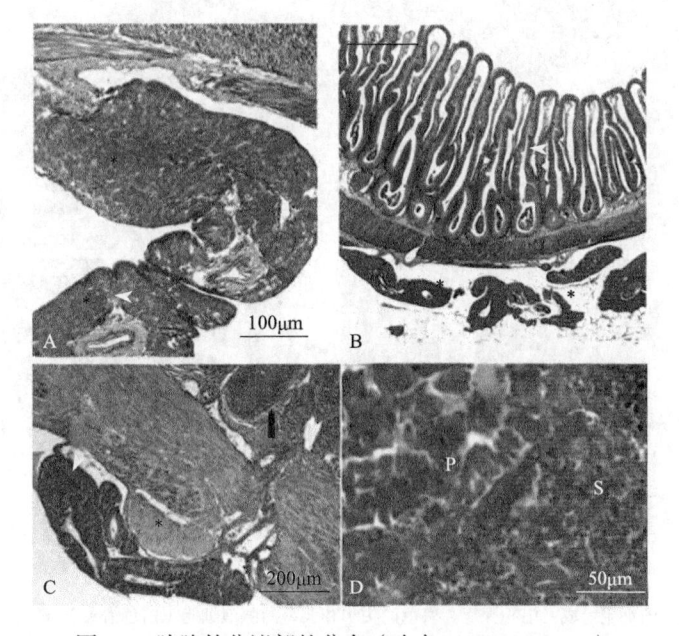

图3-4 胰腺外分泌部的分布（改自Mokhtar，2021）

A. 胰腺由许多小叶（星号）组成，每个小叶由结缔组织间隔分隔（箭头）（Masson's三色染色）；B. 弥散型外分泌胰腺组织（星号）分布于肠球周围的肠系膜内（箭头表示肠球折叠）（Masson's三色染色）；C. 弥散型外分泌胰腺组织（箭头）分布于肠道周围的肠系膜内，浅白色的胰岛（星号）分散在外分泌部之间（HE染色）；D. 弥散型外分泌胰腺组织分布于脾组织内（HE染色）

半薄切片可见大小不一的圆形酶原颗粒，经甲苯胺蓝染色，有些呈深色，有些呈浅色。草鱼的腺泡细胞经甲苯胺蓝染色对酶原颗粒的染色活性存在差异，说明颗粒内存在不同的酶。这些不同活性的酶有助于消化食物。

肝胰腺中常见以脂褐素为主的黑色素巨噬细胞中心，其数量和含量因种类、健康状况和年龄而异。它们通常聚集脂褐素、黑色素、氧化铈或含铁血黄素。经改良Kupffer's氯化金染色和

Grimelius银染证实，胰腺星状细胞为血管和腺泡周围的许多细胞质突起的小分支细胞。

在肝胰腺外表面及腺泡细胞之间可见杆状细胞，为圆形至卵圆形，胞质内颗粒或小杆被厚的包膜包围形成胰腺团（图3-5）。杆状细胞被认为是迁移的分泌细胞或非特异性免疫细胞。当寄生虫感染时杆状细胞数量增多，参与免疫反应。这些细胞存在于鱼类的心脏、肾脏、鳃和肠道等器官中。

外分泌胰腺细胞显示过碘酸希夫阳性反应。经贝斯特洋红染色显示胰腺实质中有大量的糖原，这表明中性腺泡细胞中也有较强的糖原反应。腺泡细胞经阿尔辛蓝染色呈阴性反应。胰腺腺泡细胞质中的脂滴被四氧化锇染成棕色至黑色（图3-6）。中性黏多糖、糖原、脂质的出现表明这些细胞具有较高的储存活性。

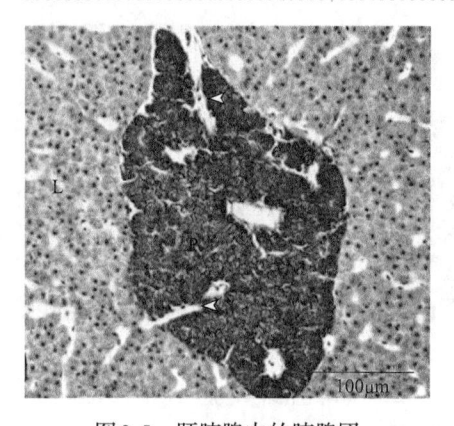

图3-5 肝胰腺中的胰腺团
（Mokhtar，2021）
箭头表示肝静脉（HE染色）

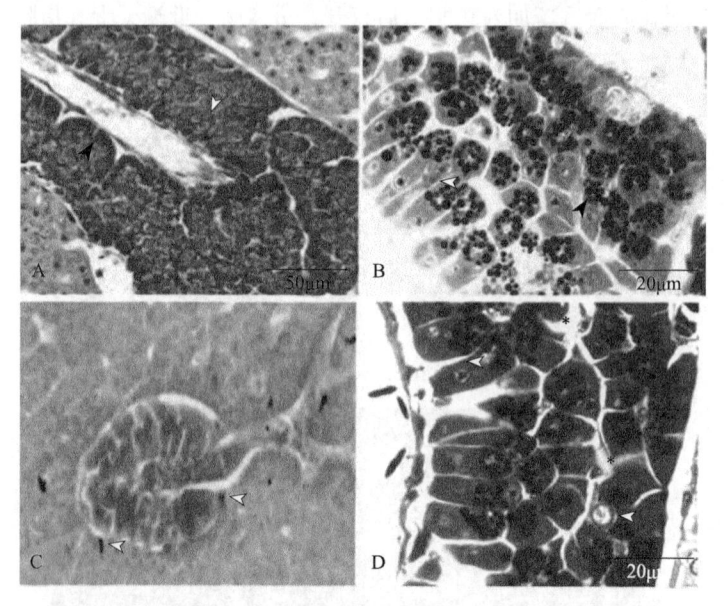

图3-6 胰腺腺泡的结构（改自Mokhtar，2021）

A. 胰腺腺泡由两种类型的细胞组成：中心腺泡（黑色箭头）和典型的腺泡细胞（白色箭头）（HE染色）；B. 胰腺腺泡细胞的半薄切片，可见深色（黑色箭头）和浅色（白色箭头）的酶原颗粒（甲苯胺蓝染色）；C. 胰腺星状细胞经Kupffer's氯化金染色呈阳性（箭头）；D. 胰腺腺泡的半薄切片，可见杆状细胞（箭头）散布于胰腺腺泡细胞之间，许多小的胰腺星状细胞（星号）延伸到腺泡细胞之间（甲苯胺蓝染色）

腺泡胞质内分布的黑色颗粒和酶原颗粒有较高的碱性磷酸酶活性。在胰腺腺泡细胞中出现的均匀的暗颗粒物质具有温和的酸性磷酸酶活性。腺泡中的大量黑色颗粒具有高酯酶活性（图3-7）。

胰腺腺泡由12～22个腺泡细胞组成，细胞呈椭圆形，直径70～100μm。胰腺浆液性腺泡被结缔组织包围。腺泡细胞被微绒毛覆盖。腺泡细胞排列形成团索状。在椎体细胞中可以观察到椭圆形的胰腺星状细胞，其树突状突起延伸到椎体胰腺细胞之间。腺泡细胞侧表面可见大量的圆形隆起，这可能与酶原颗粒有关（图3-8）。

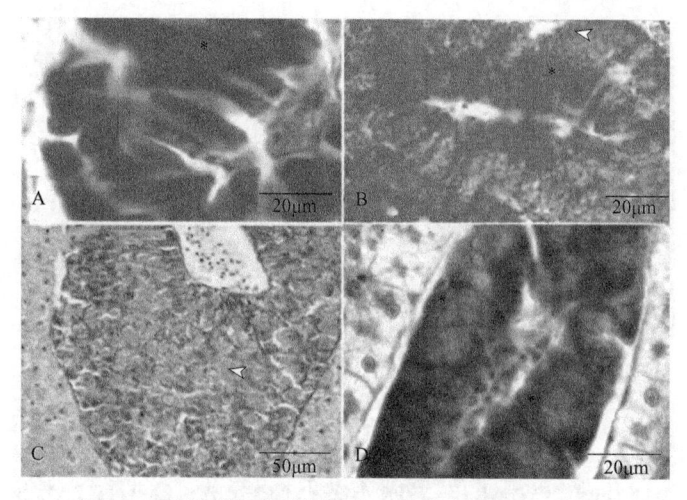

图3-7 胰腺的组织化学染色（改自Mokhtar，2021）

A．胰腺细胞呈PAS阳性反应（星号）；B．胰腺腺泡表现出强烈的贝斯特洋红反应（箭头），而中心腺泡细胞（星号）表现出更强的反应；C．腺泡细胞（箭头）经阿尔辛蓝染色呈阴性反应；D．胰腺外分泌部经四氧化锇染色呈阳性反应（星号）

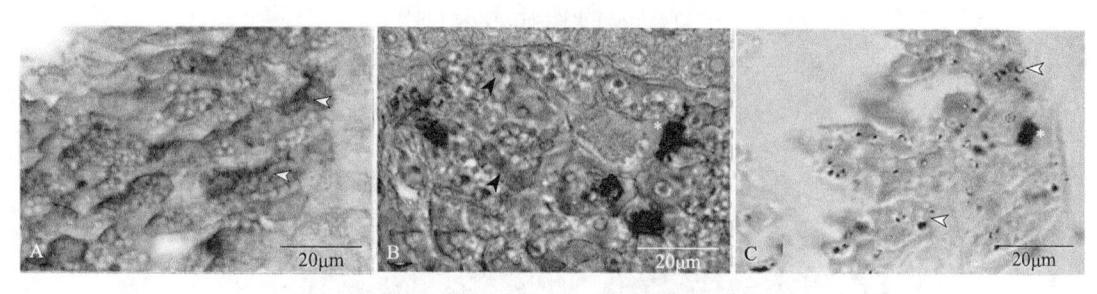

图3-8 胰腺腺泡的酶活性（改自Mokhtar，2021）

A．胰腺腺泡中高碱性磷酸酶活性（箭头）（Gomori钙法）；B．胰腺腺泡中等酸性磷酸酶活性（箭头），在巨噬细胞中高酸性磷酸酶活性（星号）（Gomori硝酸铅法）；C．胰腺腺泡中高酯酶活性（箭头），巨噬细胞高酯酶活性（星号）

　　胰腺星状细胞占胰腺细胞总数的4%～7%，有多种名称，如脂肪储存细胞、脂肪细胞、周细胞和贮脂细胞。这些细胞是通过超微结构观察发现其细胞质中存在大量的脂滴而检测到的，在从七鳃鳗（原始鱼类）到人类的很多物种中均已发现，并在许多组织中均已观察到，如肝脏、肾上腺、脾脏、输出导管和子宫。这些细胞表达特异性的丝状蛋白，如线蛋白和波形蛋白及肌成纤维细胞标记物α平滑肌肌动蛋白。胰腺星状细胞是维生素A储存细胞，在损伤过程中会被转化成一种活化形式，产生大量的纤维连接蛋白和层粘连蛋白（细胞外基质蛋白），从而导致纤维化。此外，这些细胞可以吞噬受损的胰腺实质细胞，从而具有免疫功能。

　　草鱼的胰腺细胞呈锥形，细胞质中包含许多大小不等的圆形膜结合分泌酶原颗粒，这些酶原颗粒由平均直径为1.5μm的电子密度物质组成。这些酶原颗粒分布于细胞质中，但主要集中于胰腺细胞的顶端。胰腺细胞的细胞核呈圆形，基部有明显的中央核仁。附着在核膜内侧的小而致密的颗粒区域代表异染色质。大量发育良好和扩张的粗面内质网充满细胞的最基底部，在酶原颗粒的顶端也有少量的粗面内质网。腺泡细胞内可以观察到许多大小不等的脂滴。典型的腺泡细胞旁边可以观察到中心腺泡细胞，其特征是有一个电子密度低的细胞质，内有少量的细胞器，主要是游离核糖体和椭圆形的细胞核（图3-9和图3-10）。中心腺泡和导管细胞的上皮细胞中发现了负责碳酸氢盐形成的碳酸盐酸酐酶，因此它们能分泌碳酸氢盐和水。

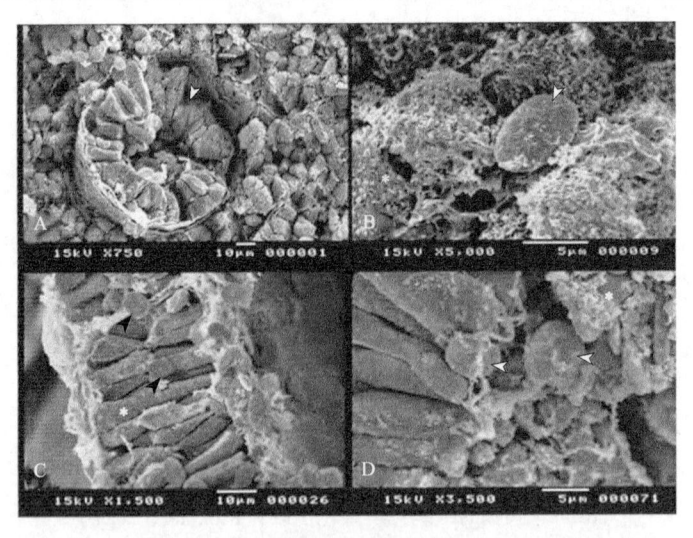

图3-9 胰腺腺泡的表面超微结构（改自Mokhtar，2021）

A. 浆液性胰腺腺泡被结缔组织包膜包围（箭头）；B. 胰腺腺泡细胞被微绒毛覆盖（星号），胰腺星状细胞（箭头）位于腺泡之间；C. 胰腺星状细胞延伸至胰腺腺泡细胞形成的条索状结构之间（星号）；D. 胰腺星状细胞（箭头）延伸至胰腺细胞之间，注意出现了大量的酶原颗粒（星号）

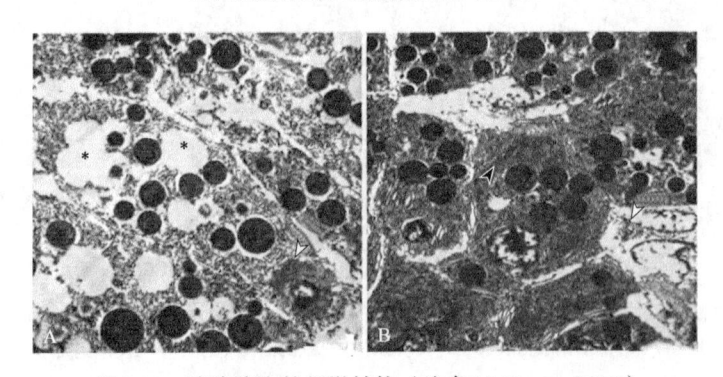

图3-10 胰腺腺泡的超微结构（改自Mokhtar，2021）

A. 胰腺腺泡的顶部充满酶原颗粒，观察到集中排列的粗面内质网（箭头）和许多脂滴（星号）；B. 具有核糖体（白色箭头）且电子密度低的中心腺泡细胞与粗面内质网（黑色箭头）丰富的腺泡细胞相邻

  胰腺组织内散布有大量的血管和胰腺小管。胰腺导管由小叶内导管、小叶间导管和闰管组成。小叶内导管比较小（直径80~100μm），位于胰腺小叶内，由被胶原纤维和弹性纤维层包围的单层立方上皮细胞组成。小叶间导管较大（直径500~750μm），位于胰腺小叶间，黏膜形成黏膜褶皱，其管壁由含大量顶端脂滴的单层柱状上皮细胞、具基底核的球状细胞、杆状细胞和小而暗的基底细胞组成，并被胶原纤维层包围。小叶间导管管壁上出现球状细胞，提示其具有使机体免受病原体侵害的适应能力，其上皮细胞顶端刷状缘呈强的阿尔辛蓝阳性反应。闰管更大（直径1100~1400μm），开口于肠球中部，被胶原纤维包围。闰管由单层柱状上皮细胞组成，其顶端PAS染色呈阳性，提示其含有中性黏多糖，可能参与分子的跨膜转运。草鱼的闰管开口于肠球内部，其管壁含有嗜银细胞，这些细胞可能是生长抑素或胰高血糖素的生成细胞（图3-11）。

  胰腺的内分泌部分布在肝脏、肠球周围、肠前端肠系膜上，在外分泌胰腺腺泡细胞之间和胰管周围分布有大量大小不等、形态各异的淡染胰岛。胰岛外包被薄层结缔组织，内部三种细

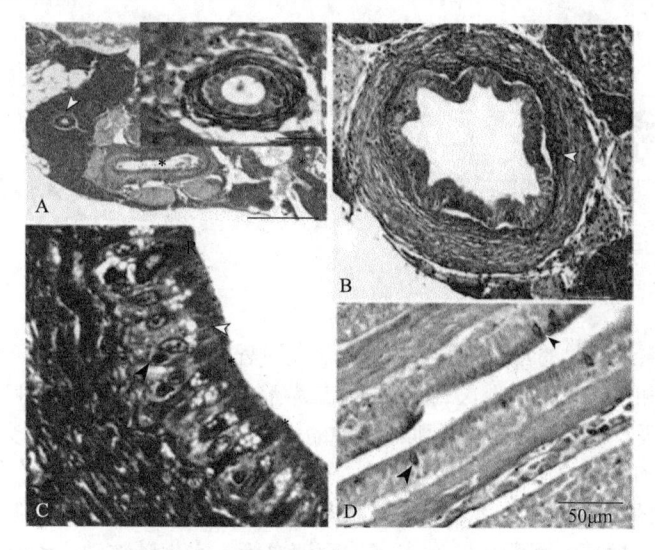

图3-11 胰腺外分泌组织的导管系统（改自Mokhtar，2021）

A. 小叶内导管（箭头和插入图）由胶原纤维包围的立方细胞构成，注意胰腺组织中存在很多血管（星号）（HE染色）；B. 具有折叠黏膜的小叶间导管（箭头）位于胰腺小叶间（HE染色）；C. 甲苯胺蓝染色显示小叶间导管管壁的上皮细胞包括单层柱状上皮细胞（白色箭头）、球状细胞（星号）、基底细胞（黑色箭头）和杆状细胞（R）；D. Grimelius银染显示闰管上皮包含嗜银颗粒（箭头）

胞排列形成不规则的索状或团块状。

α（A）细胞是最主要的细胞，多分布于胰岛周缘。细胞呈卵圆形，细胞质嗜酸性强，细胞核大型，呈椭圆形，具有明显的核仁。β（B）细胞体积较大，呈多面体形，细胞质呈颗粒状，细胞核呈圆形，偏向一侧，呈小簇状分布。δ（D）细胞数量少（2～3个/胰岛），个体小，呈梭形，嗜银染色。经Maldonaldo染色，A细胞的细胞质呈紫色，B细胞的细胞质呈蓝紫色，D细胞的细胞质呈淡蓝色（图3-12）。

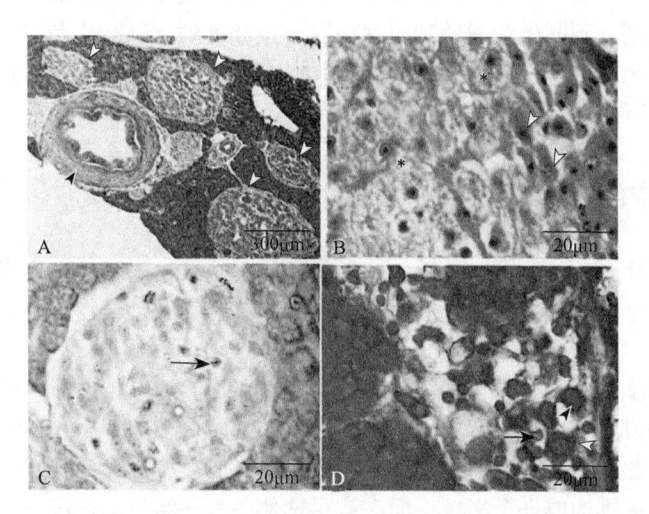

图3-12 胰腺的内分泌部分布（改自Mokhtar，2021）

A. 胰岛（白色箭头）位于外分泌腺泡细胞（星号）之间，胰管（黑色箭头）周围（HE染色）；B. 椭圆形的α细胞（白色箭头）和大量的多面体β细胞（星号）（HE染色）；C. 少量的δ细胞（箭头）（Grimelius银染）；D. 经Maldonaldo染色，α细胞的细胞质呈紫色（黑色箭头），β细胞的细胞质呈蓝紫色（白色箭头），δ细胞的细胞质呈淡蓝色（箭头）

第四章
呼吸系统

有机体经消化系统吸收的营养物质必须经过氧化过程才能释放出能量。氧化过程中需要氧气，最终产生二氧化碳和水。动物体吸入氧气和排出二氧化碳的过程称为呼吸。呼吸过程可分为两部分：外呼吸和内呼吸。在呼吸器官中毛细血管中的血液与外环境之间的气体交换称为外呼吸；血液或组织液和细胞之间的气体交换称为内呼吸。外呼吸的气体交换是由特殊的专门器官来实现的。

陆生脊椎动物的呼吸主要靠肺来实现，而多种水生动物则用鳃进行呼吸。鳃和肺在结构和机能上有共同特点：壁薄、面积大、有丰富的毛细血管，水生动物动、静脉血管所含的血液与陆生脊椎动物相反，即动脉内含缺氧血，出鳃动脉和静脉内含多氧血。某些动物还可以在皮肤、口咽腔黏膜等部位进行气体交换。

鳃是鱼类的主要呼吸器官，除鳃以外，有些水产动物尚有辅助呼吸的器官，以便更好地适应环境，水产动物的辅助呼吸器官多种多样，如皮肤、口咽腔黏膜、肠黏膜、鳃上器官、鳔等。

第一节 鳃

鳃是鱼类气体交换、渗透压调节、离子转运、氨氮排泄（主要是氨）等重要生理过程发生的主要场所，即使是轻微的结构损伤也会使鱼非常容易受到渗透压调节和呼吸困难的影响。目前，国内外已有的关于鱼类鳃结构的研究主要包含鳃的呼吸机制与结构的关系、鳃的形态变化与水流和生活习性的关系、鳃的早期发育、鳃的显微结构及呼吸面积的研究等。大多数鱼类鳃的形态结构基本相同，不同生活习性和生存环境下鱼类鳃的微细结构差异较大，如鳃丝数量和长度、鳃小片数量和密度等。影响鱼类鳃形态结构和功能适应性变化的主要因素包含鱼体规格、溶氧量、温度、pH等。

一、鳃的解剖构造

软骨鱼有5对鳃，鳃间肌分离鳃裂。每个隔膜都有鳃弓、鳃鳍、一条传入血管和一对传出血管。软骨鱼有一个气门，一个退化的鳃裂，与鳃腔相连。在远洋物种中，它们的数量减少或消失。

大多数鱼类（硬骨鱼类）有4对鳃弓，从口腔底部延伸到口腔顶部。鳃弓由软骨或骨骼支撑，外展肌和内收肌相连，使鳃移动至良好的呼吸位置。鳃被鳃盖覆盖和保护。与软骨鱼不同，硬骨鱼的隔膜非常简化、自由，这种排列形式提供了一个更大的呼吸面。每个鳃弓上都有一排排的细丝，每一排构成一个半枝，而在鳃弓两侧各有一组半鳃构成一个全鳃。硬骨鱼的鳃发育最完善，由4个全鳃组成，在咽侧壁形成5对鳃裂，每对鳃裂之间有鳃弓支持。鳃上皮薄，表面积大，能使鳃毛细血管高度暴露于水中。这使得氧气吸收和二氧化碳释放的有效气体交换得以实现，但也会导致鳃易受病原体入侵或刺激（图4-1）。

各种鱼类的鳃裂数目不同，七鳃鳗有7对；盲鳗有6～14对；鲨、鳐类一般有5对，少数有6～7对；真骨鱼类一般有5对。

相邻两鳃裂间以鳃间隔分开。鳃间隔的前后两侧生出鳃片（或称鳃瓣），它是鳃的主要组成部分。真骨鱼类的鳃间隔已退化。

鳃片由很多鳃丝平行排列而成。鳃丝的一端固着在鳃弓上，另一端游离，使鳃片呈梳状。每一鳃丝向上下两侧伸出许多细小的片状突起，称为鳃小片（branch leaf），是与外界环境进行气体交换的场所。每一鳃丝的鳃小片数目很多，在1mm鳃丝上有20～30片。由于鳃小片细小而排列紧密，故不为肉眼所察觉。鳃小片表面的上皮很薄，内部含有丰富的毛细血管，因此鲜活鱼的鳃总是呈鲜红色。

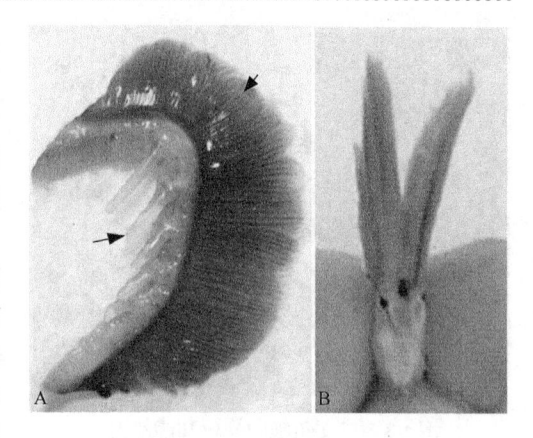

图4-1　鳜的鳃解剖
A. 鳃耙（长箭头）、鳃丝（短箭头）；
B. 鳃的横切（示一个鳃耙上的两个鳃片）

二、鳃的显微结构

鱼类的鳃由鳃弓和鳃丝两部分构成。鳃弓是一种弯曲的软骨或骨结构，由骨骼支撑。鳃弓的一侧具有鳃耙（有些鱼类缺乏鳃耙），另一侧有鳃丝固着其上。鳃弓的内表面有一排或多排坚硬的过滤器，称为鳃耙。在食物进入食道，再进入胃或肠之前，它们用来分类和聚集颗粒食物，并定位较大的食物。食草性鱼类和颗粒饲料动物（如凤尾鱼、鲱、白鳍豚和某些短鳍鲷）的鳃耙通常长而细，并且紧密聚集。在以较大猎物为食的鱼类中，它们的长度较短、较粗、间隔较宽。在组织学上，每个鳃耙由支持咽复层上皮和脂肪结缔组织的骨或软骨组成（图4-2）。

1. 鳃弓　鳃弓的横断面为半椭圆形，两片鳃瓣固着在鳃弓上。鳃弓骨骼呈圆弧形，在它的下方有两支血管，背面一支为出鳃动脉，腹面一支为入鳃动脉，它们都有分支伸入鳃丝。结缔组织填充在血管和鳃弓骨骼周围。鳃弓的表面覆盖着复层上皮。鳃弓的纵断面骨骼呈长条状，在它下方的出鳃动脉和入鳃动脉平行排列。

2. 鳃丝　鳃丝的一端固着于鳃弓，另一端游离，整片鳃丝呈战刀状。鳃丝内外两侧的表面覆盖着复层上皮，此上皮与鳃弓的上皮相连。每一鳃丝由一根小棒状的鳃丝软骨支持，软骨的

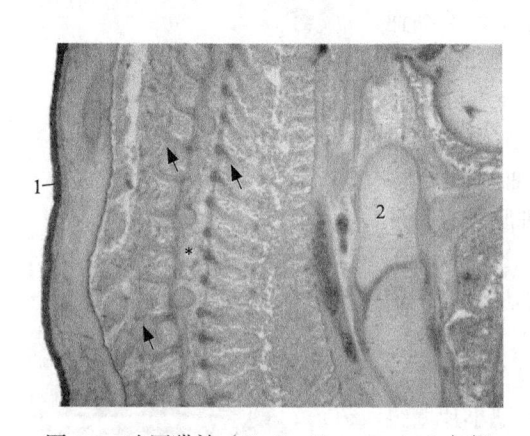

图4-2　法国猫鲨（*Scyliorhinus canicula*）鳃（改自 Genten et al., 2009）
两个鳃裂之间有一个长而肌肉发达的鳃间隔（星号），用来支撑鳃裂（箭头）。1. 皮肤；2. 鳃软骨

长度约为鳃丝全长的2/3或稍长一些，其位置偏于鳃丝内侧。鳃丝的两侧靠近边缘处各有一支血管，靠内侧的一支为入鳃丝动脉，靠外侧的一支为出鳃丝动脉，它们分别与鳃弓的出鳃动脉和入鳃动脉相连通。入鳃丝动脉和出鳃丝动脉，在每一鳃小片的基部水平地伸出小支进入鳃小片，并在鳃小片分支处形成毛细血管网，或称窦状隙（sinusoid）。

在入鳃动脉的两侧靠近鳃丝的基部，各有一横纹肌纤维束，它们互相交叉与对侧鳃丝内的鳃丝软骨相连。此处的横纹肌束具有两种作用：其一作用是当它收缩时，可以牵动鳃丝软骨，使鳃丝分开或靠拢；另一作用是当横纹肌纤维收缩时，牵动入鳃动脉管壁，使血流畅通。此横纹肌纤维束进行有节律的收缩，起到了"鳃心"的作用。

3. 鳃小片 鳃器官中真正行使呼吸功能的部位主要为鳃丝上排列的鳃小片（gill lamellae），如三文鱼鳃的鳃丝和鳃小片（图4-3）。大部分水生鱼类的鳃非常发达，相邻鳃丝间的鳃小片相互嵌合作交错排列，加上水流与血流方向相反形成

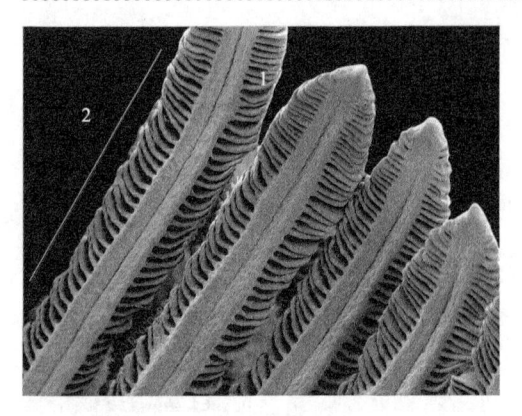

图4-3 三文鱼鳃的鳃丝和鳃小片
1. 鳃小片；2. 鳃丝

逆流系统，大大提高了鳃吸收水中溶解氧的能力。鳃小片是鱼类与周围环境进行气体交换的结构单位，由上下两层单层呼吸上皮及其间的支持细胞和毛细血管网所构成，鳃小片表面上布满小坑、缝隙、间隙、沟、隆嵴等，使鳃的有效呼吸面积成几何级数增加。上皮细胞的高低和形态，在不同种鱼类中有所不同，真骨鱼类是单层鳞状上皮，板鳃鱼类的是较厚一些的多角形扁平上皮。光镜下呼吸上皮的基底面看不见基膜，两层单层鳞状上皮由呈柱状的支持细胞把它们撑开，支持细胞的核位于中央，细胞两端扩大成膜状，相邻的支持细胞两端的薄膜互相连接，这层薄膜与呼吸上皮的基底面相接触。由支持细胞及扩大的薄膜所围成的空间即为毛细血管（或血窦）。一般认为鳃小片的毛细血管本身没有内皮。

电镜观察，可以看见鳃小片呼吸上皮由近位细胞层和远位细胞层构成，远位细胞层面向空间，近位细胞层靠近毛细血管。呼吸上皮的远位细胞层和近位细胞层之间有较宽的间隙。远位细胞层上皮细胞稍厚一些，有丰富的细胞器。上皮细胞没有特殊的小孔。近位细胞层上皮细胞薄而扁平，细胞器不丰富，上皮细胞有特殊的小孔。在基膜的内面是毛细血管内皮，它与呼吸上皮有一层共同的基膜。毛细血管内皮细胞没有特殊的小孔，属连续性毛细血管。内皮延伸至柱细胞（pillar cell），在柱细胞与基膜之间有较多的胶原纤维束，使鳃小片具有一定的伸缩性，在鳃小片中没有看见神经纤维（图4-4）。

鳃小片表皮的厚度与鱼类活动能力有关，活跃性的鱼气血屏障距离小，如金枪鱼（*Thunnus*）等海洋快游种类的鳃小片壁很薄，仅0.53～1.0μm，而其他大多数硬骨鱼类为2～4μm，一些底栖种类为5～6μm。鳃小片表面结构的复杂程度也因鱼类生活环境中氧气浓度的不同而异，鲢、草鱼等鳃小片结构简单、表面平坦，具有很少的微棘和刻纹，因此比较容易"浮头"；而鲤、鲫（*Carassius auratus*）的鳃小片结构复杂，表面凹凸不平，有许多沟、回及短纹等结构，增加了鱼类的气体交换面积，也增加了对低氧的耐受能力。

4. 泌氯细胞 在鳃小片的复层上皮中除夹杂着单个的

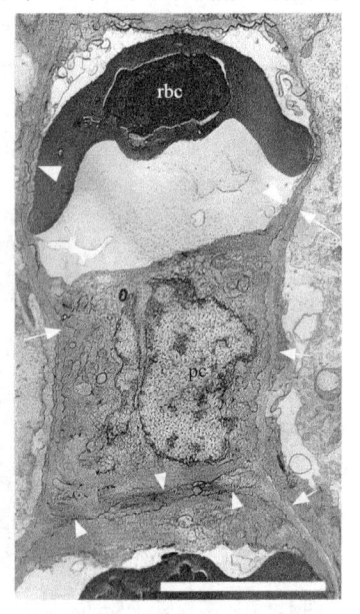

图4-4 虹鳟鳃小片柱细胞横切面的透射电镜图
（Wilson et al., 2002）
注意薄的凸缘（大箭头）和位于中央的柱细胞（pc）的多形核。小箭头表示基底层，带杆小箭头表示细胞外胶原纤维束横跨血液空间，同时嵌入柱细胞，血液间隙中可见电子密度高的红细胞（rbc）；标尺＝5μm

腺细胞外，还有一种细胞质中含有微细的嗜伊红颗粒的细胞，称为泌氯细胞（chloride cell）。这种细胞较其他细胞大，一般呈椭圆形，细胞核位于中央，核内有一个核仁和稀疏的染色质网。有些泌氯细胞延长成柱状，细胞核位于细胞的基部。泌氯细胞几乎存在于所有海水真骨鱼类的鳃中。在一些淡水真骨鱼类如鳊（*Abramis brama*）、普通雅罗鱼（*Leuciscus vulgaris*）等鱼类鳃中也能够找到，但泌氯细胞的数量比海水真骨鱼类少得多。泌氯细胞含有碳酸酐酶，其功能与渗透压调节有关。海水真骨鱼类泌氯细胞游离端存在着排泄小泡（excretory vesicle），这显然是与血液中的氯化物排入海水有关。淡水鱼类的泌氯细胞不存在排泄小泡，如果把氯化物从口腔注入消化管时，也能刺激泌氯细胞形成排泄小泡，其作用是分泌氯化物到血液中以维持血液的含盐量（图4-5）。

5. 柱状细胞　柱状细胞（columnar cell）是特化的内皮细胞，具有位于中心的多态核，支持并构成片层状血空间。当柱状细胞撞击在基底膜上时，它们扩散形成凸缘，该凸缘与邻近柱状细胞的凸缘结合在一起，形成层状血液通道的完整内衬，该层状血液通道与入鳃和出鳃的层状动脉接触。当以横截面观察时，它们具有串珠样外观。

柱状细胞已显示出包含与变形虫相似的收缩蛋白柱。进入层状血液空间的血液直接来自腹主动脉，为高压血。在正常情况下，这些空间的支撑件中存在收缩元件，可抵抗其膨胀。同样，柱状细胞的收缩可用于控制通过气体交换表面的血液流速。角质层、呼吸道上皮和柱状细胞的凸缘的总厚度为0.5~4μm。这代表了呼吸交换的总扩散距离，因为层状血液通道的直径实际上与硬骨鱼类红细胞的直径相同。

6. 黏液细胞　黏液细胞（mucous cell）是鳃上皮的一类特殊细胞，常分布在传入和传出的边缘，常在层间空间及片基的外部边缘中观察到（图4-6）。它们是卵圆形的大细胞，主要由顶端的黏液分泌颗粒组成。鱼及其水环境之间的黏液面在生物学上的重要性包括减少磨损和感染的机械保护及免疫保护，并能调节气体，在水和离子的交换中起着重要作用。

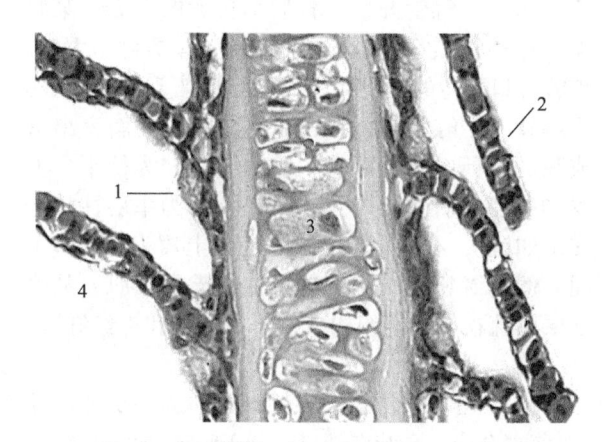

图4-5　黑头呆鱼（*Fathead minnow*）的鳃
（Yonkos et al., 2000）
1. 泌氯细胞；2. 鳃小片；3. 鳃丝软骨；4. 鳃丝上的上皮细胞

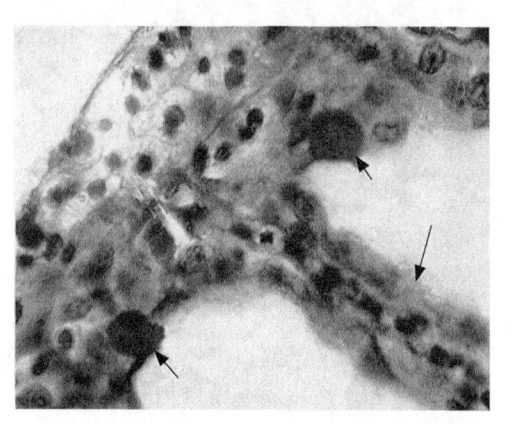

图4-6　平口油鲶（*Pimelodus pictus*）鳃
（Genten et al., 2009）
短箭头指向的红色部分为黏液细胞

第二节　其他辅助呼吸器官

鱼类的生活习性是多样化的，有一些鱼类可暂时离开水域，爬上陆地，作短距离的迁移，有些鱼类能够在含氧量低的水中生活，这是由于它们除鳃之外，还有能够同空气进行气体交换的辅助呼吸器官。虽然不同鱼类的辅助呼吸器官形态各异，但这些器官也有着明显的共同特点：呼吸上皮布满丰富的血管，具有超薄的阻隔层，气体扩散距离短，此外这些器官还具有较大的表面积，有利于气体的交换。

一、鳔

绝大多数硬骨鱼类的消化管背方及腹膜外方有一大而中空的囊状器官，囊内充满氧气、二氧化碳等气体，这就是鳔（swim bladder）。鳔有一细长的鳔管与食管连接。

1. 鳔的组织结构 鳔壁的结构大致可以分成黏膜、肌层和外膜（外纤维层）3层。

（1）黏膜 黏膜层构成了鳔壁的内层，由上皮和固有膜组成。不同种类鱼的上皮类型不同，有些鱼类（如鲤科、鳕科）为单层鳞状上皮，有些鱼类（如虹鳟、鲟）则为单层低柱状纤毛上皮，并有大量黏液细胞。在气腺处的上皮细胞改变其原来的形状成立方形或低柱状，上皮细胞的基底面联系着丰富的毛细血管。固有膜由疏松结缔组织构成，此层一般较薄。靠近肌层的结缔组织纤维变得较为致密，在气腺处含有丰富的毛细血管。

（2）肌层 由平滑肌构成，通常分成内环行和外纵行二层，内环肌较厚，外纵肌较薄。

（3）外膜 是鳔壁的最外层，由纤维组织构成，也可称为外纤维层，在鳔的腹面，外纤维层的外面覆盖着间皮，形成浆膜。它是由腹膜延伸并覆盖在外纤维层所形成。

2. 鳔管 鳔管的组织结构与食管有些类似，是由黏膜、黏膜下层、黏膜肌层和外膜4层组成（图4-7）。鳔管的开口位置因鱼的种类而异，大多数鱼类，鳔管开口于食道后部；鲱科及相近科的鱼类，鳔管开口于胃后部盲囊的上方；某些无胃鱼类，鳔管开口于肠的背方；南方鲶、大鳍，鳔管开口于胃的贲门部；有些鱼类鳔管开口于胃的后端背方。鳔管前端和后端的黏膜向腔面突出形成高的纵行皱襞，鳔管中段的皱襞较为低平。上皮的类型各种鱼类并不一致，有些为单层柱状上皮（如鲤），有些是单层纤毛柱状上皮（如虹鳟）。固有膜为致密结缔组织构成，缺乏黏膜肌。黏膜下层由疏松结缔组织构成，含有血管和神经纤维。

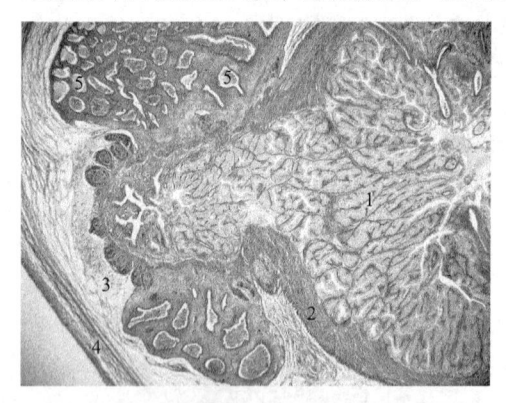

图4-7 鳗鲡的鳔（Genten et al., 2009）
1. 气腺；2. 黏膜肌层；3. 黏膜下层；4. 外膜；5. 血管

有些鳔管外膜的结缔组织外面覆盖着一层间皮。

多鳍鱼（*Polypterus*）、肺鱼（*Dipnoi*）及弓鳍鱼、雀鳝的鳔变态为"肺"，作为一种辅助呼吸器官。这种变态的鳔，有的分成左右两叶，在前端会合，右叶有裂口，开于咽喉与食道之间；有些则是单囊的鳔（如澳洲肺鱼），肺壁没有肺泡的结构，而是有大量纵行的皱褶，皱褶间具有鞭毛上皮沟，上皮下面分布着大量微血管。这些鱼类，当水中含氧量充足时，用鳃进行呼吸，在涸水季节，则用肺进行呼吸。除此之外，肺还有调节相对密度、感受声波和水压及发声等功能。

二、伪鳃

伪鳃不生长在鳃弓上，多无呼吸功能，但可见鳃丝状构造。伪鳃的胚后发育从组织学方面可分为三个阶段：第一阶段，原基形成期。鳃盖基部、与鳃盖连接处的口腔顶壁的黏膜下层增厚分化，形成伪鳃原基。第二阶段，发育分化期。伪鳃原基生长分化，形成类似于鳃小片的典型结构，上皮细胞、嗜伊红细胞、血细胞分化完全，排列层次感强。第三阶段，结构完善期。伪鳃发育、增生、愈合，被鳃盖皮质突起完全包埋，形成典型的包埋型伪鳃结构。

白鲢的伪鳃位于鳃盖内侧，近第一鳃弓的背前缘。表面覆盖着一层透明薄膜状结缔组织。其伪鳃仅具一个鳃片，故在形态上相当于一个半鳃，由入伪鳃动脉、入鳃丝动脉、鳃小片动脉、出鳃丝动脉和出伪鳃动脉组成。伪鳃中鳃小片直接着生于出鳃动脉和入鳃丝动脉之间，鳃小片动脉直接连于出、入鳃丝动脉而无出、入鳃小片动脉；鳃小片间相叠排列，彼此间几乎无空隙；鳃小片血管铸型结构中，代表支持细胞位置的小孔数目和密度均较小，其血管铸型非呈网状而更似具稀疏小孔的平板状结构。

三、其他呼吸器官

1. 幼鱼呼吸器官　　有些鱼类在胚胎期或幼鱼阶段出现外鳃（external gill），根据它发生的来源不同可以分为内胚层性外鳃和外胚层性外鳃两类。内胚层性外鳃多见于板鳃类的胚胎，是一种从鳃孔中伸出的丝状物，有时也从喷水孔伸出。外胚层性外鳃是由皮肤形成的，它在鳃盖和鳃孔前方发生，动脉弓或鳃动脉发出分支进入外鳃，这些簇状或树枝状的外鳃具有独特的肌肉，能移动外鳃以接触水体吸取氧气。

2. 皮肤呼吸　　具有皮肤呼吸功能的鱼类一般表皮光滑，鳞片退化，真皮中的毛细血管能够穿过表皮的基底细胞层延伸到表皮内部且形成分支，如鳗鲡、弹涂鱼（图4-8）、黄鳝、鲶等鱼类的皮肤都具有呼吸作用。这些鱼类皮肤的上皮细胞层数较少，来自真皮的毛细血管穿过复层上皮的基底层细胞，到达表层的鳞状上皮细胞基底面，并形成许多分支状的血管网，同外界进行气体交换。Krogh计算了鳗鲡单位皮肤面积的吸氧量，发现为0.074mL/（m²·h），约为蛙皮肤所能摄取氧量的一半。

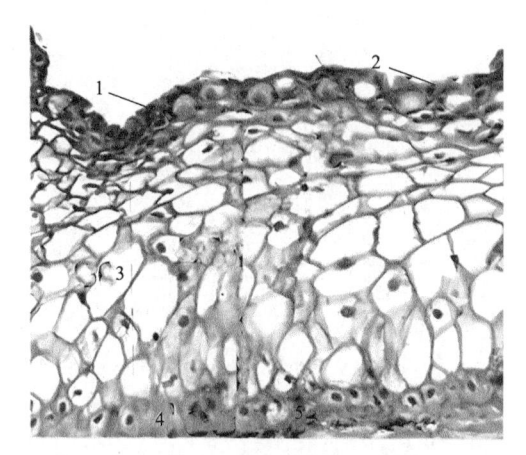

图4-8　弹涂鱼（*Scartelaos gigas*）皮肤（HE染色）
1. 外层细胞；2. 未分类的小细胞；3. 中层细胞；4. 生发层；5. 黑色素细胞

3. 肠气呼吸　　鱼类肠气呼吸（gastrointestinal air breathing，GAB）是指一部分鱼类将消化道的一部分特化为能进行气体交换的气-血屏障结构，通过消化道内腔上的上皮细胞进行气体交换。肠气呼吸过程包括：空气的摄取、运输、交换及排泄整个过程，主要通过口部直接从外界吞入空气进入消化道，氧气通过黏膜层的气-血屏障进入循环系统，而残余气体从口腔或者肛门排出来而实现呼吸作用。根据消化道特化的部位不同，肠气呼吸鱼类主要有三种类型：食道呼吸型、胃呼吸型和肠呼吸型。

泥鳅在水温低时或水中含氧量充足时，用鳃呼吸，而当夏季水温高而含氧量低时，或二氧化碳含量高时，它会上升到水面"吞食"空气，空气在肠内停留一段时间，借助肠气呼吸功能摄食其中的氧气，剩余的气体则从肛门排出。泥鳅后肠的黏膜上皮扁平，固有膜的结缔组织中含有丰富的毛细血管，以利于气体交换。

4. 口咽腔黏膜 有些鱼类的口咽腔黏膜层中血管丰富，有时还有不少乳头状突起，它能吸取空气中的氧。例如，黄鳝口咽腔内壁的扁平上皮细胞下布满血管，鳃特化，只有依靠这一辅助呼吸器官才能正常生活。其他鱼类，如弹涂鱼、电鳗的咽喉表皮也有呼吸作用。

合鳃目（Synbranchiformes）的双肺鱼在每一侧鳃腔的顶壁上均有一气囊（air sac），它从舌弓后方延伸至肩带，气囊表面积的大小与体长成正比。气囊的上皮有许多微血管区（vascular area）或呼吸小岛（respiratory island），每一呼吸小岛上有许多花朵状微血管嵌在结缔组织内，无支持细胞。呼吸小岛覆有单层鳞状上皮，花朵状微血管构造被认为是一种极端缩小的鳃小片，而呼吸小岛则被认为是退化了的鳃丝，气囊有小孔通向口咽腔。

鲇形目的囊鳃鱼具更发达的气囊。它自鳃腔向后穿过脊椎骨附近的肌肉，一直延伸到尾部。丰富的血管沿着梳状纵褶分布。气囊开孔在第二与第三鳃弓间，由鳃丝演变而成的叶状瓣膜长在气囊开孔上。气囊内充满空气时，可在陆上生活一段时间。

5. 鳍褶 用鳍褶呼吸的主要是胚胎发育中的仔鱼。早期仔鱼的鳍褶很发达，肛前鳍褶布满成对的肠下静脉，肛后鳍褶布满尾静脉分出的微血管网，体节动脉和静脉分布在背鳍褶上。这些布满微血管的鳍褶有呼吸作用，能有效地利用水中的溶解氧。例如，黄鳝的成体虽无胸鳍，但在胚胎期及仔鱼阶段有胸鳍褶，也能在水中呼吸。

第五章
排泄系统

脊椎动物典型的排泄器官包括肾脏、输尿管、膀胱和尿道，其代谢终产物经循环系统由排泄器官排出体外。另外，鱼类的鳃、皮肤等都起到重要的排泄作用。物质代谢终产物主要有糖、脂类、核酸、蛋白质、二氧化碳、水、无机盐和含氮类产物。其中，二氧化碳主要通过呼吸作用排出体外，其他产物主要通过排泄系统排出。含氮类代谢产物主要为氨、尿素和尿酸。生活在水中的大多数无脊椎动物（如软体动物、棘皮动物、甲壳动物及水生昆虫）及真骨鱼类的含氮类代谢产物是以 NH_3 的形式经体表或鳃排出的。鸟类和爬行动物的含氮代谢产物为尿酸，而哺乳动物则为尿素。

鱼类的肾脏是一个弥漫性的细长结构，位于鳔的上方和脊椎下方，是一个亮或暗的褐色或黑色器官。鲱科鱼类（Clupeidae）、鲑科鱼类（Salmonidae）、鳗鲡科鱼类（Anguillidae）和鲤科鱼类（Cyprinidae）中大多数鱼类左右肾脏部分或全部融合，其作为一个整体从头部一直延展到后腹部，几乎延伸至整个体腔，往往有明显的头部和主干部之分。鱼的肾脏是一个混合器官，具有造血、吞噬、内分泌和排泄等多种功能。不同种鱼肾脏结构差异较大，但组织学上都可分为前肾（或头肾）和中肾。肾具有造血功能，中肾含有许多肾小管，起到泌尿和渗透调节的作用，同时也含有少量的造血间质及淋巴组织。

第一节 前 肾

前肾（pronephros）是脊椎动物最先出现的泌尿结构，位于体腔的最前端，形成于胚胎期，由头后若干对生肾节参与形成。前肾由许多按节排列的前肾小管组成。不同种类前肾小管的数目有所不同。每一前肾小管略呈弯曲，一端开口处为肾口，其边缘具有纤毛，并与体腔相通。背主动脉的分支血管结成一团微血管球，称为前肾小球（或称血管小球），前肾小球伸到每个肾口附近，每一前肾小管的另一端最初为盲管，后来在左右、前后分别愈合成一对前肾管，其末端直通泄殖腔。前肾小球将血液中的废物渗透到体腔，借肾口周围的纤毛摆动，把血液和体腔中的废物吸入肾口，然后经前肾小管到前肾管，再经泄殖腔排出体外。前肾为绝大多数鱼类胚胎时期的泌尿器官，少数鱼类在仔鱼期前肾仍有泌尿功能，而在成体期则几乎没有作用，如鲟，刚孵出的体长为6mm的仔鱼，其前肾仍有泌尿功能，体长12mm时前肾开始萎缩，体长33mm的稚鱼仍有2条前肾小管，而达到125mm时仅残留1条，稍后完全消失。个别鱼类的成体前肾仍保留泌尿功能，如真骨鱼类的光鱼，在成体弹涂鱼（Periophthalmus）的前肾（头肾）中也观察到肾单位，且与中肾（mesonephros）的肾单位很难区别开来。绝大多数鱼类成体前肾退化，不具泌尿功能，残留部分称为前肾，成为一拟淋巴组织，是一种造血器官。

硬骨鱼成体的前肾（头肾）位于整个肾脏的最前端，围心腹腔隔膜的前方，后紧近鳔，呈扁平状，分为左右两叶，红褐色，大多数与体肾明显分开。前肾的形态结构因鱼的种类而有所不同，如牙鲆、鳜、鲻等前肾分两叶，且对称分布；花鲈前肾分两小叶在基部相连。前肾外周无被膜，仅有一层胶原纤维包裹。鲤（*Cyprinus carpio*）的前肾也由左右对称的两叶构成，每叶又由一近似三角形的小叶和一近似四边形的小叶前后连接组成，并且左右小叶和前后小叶之间均有血管相连（图5-1）。

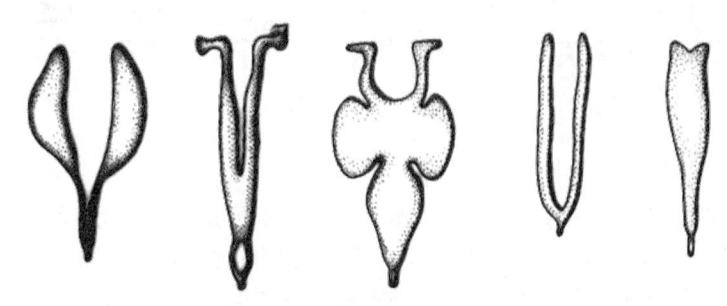

图5-1 不同形态的硬骨鱼肾脏（Subrahmanyam，2013）

现有资料表明，大多数鱼类的前肾基本没有肾小管，证明其已没有泌尿功能。前肾中完全由淋巴样组织构成，同时也存在嗜铬的肾上腺皮质内分泌部，成为硬骨鱼类特有的重要淋巴器官和造血器官。不同种类前肾的组织结构差异较大，多数鱼类前肾的实质属于网状淋巴组织，主要由淋巴细胞、网状细胞、单核细胞、颗粒细胞等组成，还有少量黑色素巨噬细胞。实质中有动脉、静脉及其分支，还有丰富的血窦。血窦的血窦腔比较大，且与静脉相通。在前肾实质中，往往可以根据颗粒细胞与淋巴细胞等的分布情况，划分出颗粒细胞聚集区、淋巴细胞聚集区等。鲤前肾主要以淋巴细胞聚集的深染淋巴样组织为主；草鱼、莫桑比克罗非鱼、花鲈的前肾（图5-2）则包括颗粒细胞聚集区和淋巴细胞聚集区，但是淋巴细胞聚集区不形成囊状结构；南方鲇（*Silurus meridionalis*）前肾组织包括血管系统、淋巴细胞聚集区、颗粒细胞聚集区和内分泌组织区；尼罗罗非鱼（*Tilapia nilotica*）的前肾有门状区、淋巴管、被膜下窦和淋巴滤泡等。

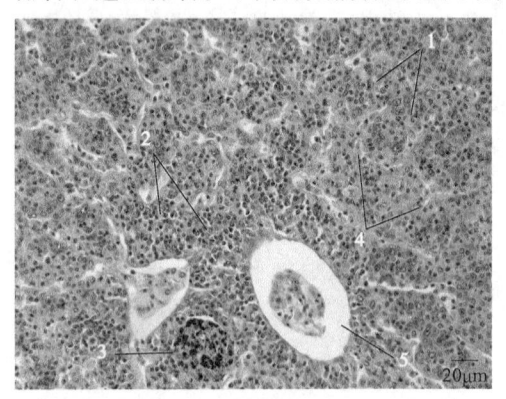

图5-2 花鲈的前肾HE染色
1. 颗粒细胞聚集区；2. 淋巴细胞聚集区；3. 黑色素巨噬细胞中心；4. 血窦；5. 血窦腔

此外，几乎所有鱼前肾内都有黑色素巨噬细胞中心存在。黑色素巨噬细胞中心是遍布于真骨鱼脾脏、体肾和前肾中，而在高等脊椎动物中未见报道的一种结构。鲫（*Carassius auratus*）前肾黑色素巨噬细胞中心的亚微结构为含有退化碎片的巨噬细胞球体，且周围有不连续的扁平网状细胞层围绕；鲤前肾的黑色素巨噬细胞中心含有极少的淋巴细胞和嗜派洛宁细胞，多数为退化的细胞，没有结缔组织被膜，血管附近还有无扁平细胞层包绕的散在的黑色素巨噬细胞中心；黄颡鱼与花鲈的前肾组织中也都观察到黑色素巨噬细胞中心的存在。研究表明，黑色素巨噬细胞中含有黑色素、脂褐素和血铁黄蛋白等组分。在黑色素巨噬细胞中心通常有红细胞和颗粒细胞的碎片存在，有学者认为它与红细胞的凋亡有一定关系。但黑色素巨噬细胞的起源和具体功能尚未完全研究透彻，大多数学者认为，其具有从鱼的循环系统中清除颗粒物质和可溶性物质的作用。

有的鱼类前肾中有甲状腺滤泡的分布，如鲤、金鱼（*Carassius auratus*）、草鱼（*Ctenopharyngodon idellus*）等。有学者认为前肾和颈部内所见的甲状腺滤泡是一种相同的结构，而长吻鮠、南方鲇前肾中均未观察到甲状腺滤泡的分布。

鱼类没有两栖类以后动物所具有的肾上腺。但在肾背部或前肾中具有肾上组织，前肾组织中具有肾间组织，分别相当于高等动物肾上腺髓质、皮质两部分。肾上组织细胞分泌肾上腺激素、去甲肾上腺激素，它既是交感神经系统的一部分，也是内分泌系统的一部分，这是脊椎动物内分泌腺的特殊例子。肾间组织主要分泌糖皮质激素和盐皮质激素。南方鲇肾间组织细胞排列紧密，其间分布有大量毛细血管或血窦，主要分布在淋巴组织间的明亮区，包围在肾上组织周围。南方鲇前肾中构成肾上组织和肾间组织的两种细胞虽没有独立形成一个器官，但其集中程度较高；鳜和黄颡鱼的肾上腺细胞也集中分布在血管周围，而鲤、莫桑比克罗非鱼（*Tilapia mossambica*）、草鱼、硬头鳟、大西洋鲑和虹鳟等鱼类前肾、中肾上组织和肾间组织细胞较分散，集中程度低。从动物系统进化水平上看，肾上组织和肾间组织的联系随系统发育而越来越密切，低等种类分离，而高等种类则相对集中形成肾上腺的髓质和皮质。

第二节　中　肾

鱼类的体肾属于中肾（mesonephros），是鱼类成体的泌尿器官。中肾表面被覆一层浆膜，称为肾被膜或肾外膜，被膜中的结缔组织在肾门部深入肾的内部形成肾间质。整体来看，鱼类中肾由泌尿结构、拟淋巴组织、结缔组织和血管构成。与泌尿有关的肾实质包括肾单位、集合小管和输尿管；其余部分是含有造血细胞的肾间质。

一、肾单位

鱼类泌尿部为尿液形成的部位，泌尿系统的结构和功能单位是肾单位，包括肾小体和肾小管两部分。淡水鱼类有完整的肾单位，肾小球大而且数量多，海水硬骨鱼类除洄游鱼类外，大多数肾单位不完整，肾小球小、数量少，肾小管短。

（一）肾小体

肾小体又称马氏小体（Malpighian body），是鱼类肾单位的起始部分，膨大如球囊状结构，由肾小球（毛细血管球）和肾小囊（鲍曼囊）组成。肾小球（毛细血管球）是由肾动脉的小分支（入球小动脉）进入肾小囊后分支形成的发达的毛细血管丛盘绕形成，然后再汇集为出球小动脉离开肾小体。肾小球的毛细血管内皮细胞，以及出、入球小动脉都有薄层基膜，PAS反应为深红色。毛细血管内还可以看到红细胞。毛细血管内皮细胞核被苏木精染为蓝色，胞核突出于毛细血管腔中。出、入球小动脉内皮细胞为扁平上皮。一般来说淡水鱼类的肾小球数量多，可达10 000个左右，体积大，直径为48～104μm，毛细血管壁较薄，这与淡水真骨鱼类体液的高渗性有关；海水鱼类的肾小球小，直径为27～94μm，数量较淡水硬骨鱼类要少得多，且毛细血管少、管壁较厚，主要作用是减少水分的过度流失。蟾鱼科（Batrachoididae）、鮟鱇科（Lophiidae）、海龙科（Syngnathidae）部分种类中甚至没有肾小球，它们是在发育过程中退化消失的。肾小体的聚集程度在不同鱼类中有所不同。一般肾小体散乱地分布在肾之中，如鲤鱼和南方鲇等；长吻鮠肾小体也多散布于肾中，但也有2个或3个相邻在一起的情况。食蚊鱼（*Gambusia affinis*）、斑鳜（*Siniperca scherzeri*）等出现多个肾小体聚集分布的情况，表现出功能分区的雏形。不同鱼类肾小体在体肾中的分布也不同，如鲤、黄鳝（*Monopterus albus*）的肾小体主要分布于肾中段，长吻鮠的肾小体分布在肾的前段最多，中段次之，后段最少。

肾小体一端有动脉血管出入，称为血管极，血管极对侧，肾小体与肾小管颈段相连处为尿极。某些鱼类血管极还有肾小球旁细胞（juxtaglomerular cell）存在，如长吻鮠入球小动脉附近发现有肾小球旁细胞。其作用是接受致密斑传来的离子浓度变化的信息从而分泌肾素（renin）。

肾小囊又称鲍曼囊，是肾小管起始端膨大并凹陷形成的双层杯囊状结构，包裹在肾小球的外围，由壁层（外层）、脏层（内层）、鲍曼氏间隙构成。脏层由紧贴肾小球毛细血管壁的扁平足细胞构成，足细胞包裹在毛细血管的周围，和毛细血管内皮细胞混合在一起，难于区分，只是足细胞胞核一般略为突出于肾小囊腔中。壁层细胞也为扁平细胞，胞质稀少，细胞核处突出于囊腔，无核处极为扁薄。壁层、脏层细胞均有一层较薄的肾小囊基膜，PAS反应呈阳性。壁层和脏层之间狭窄的腔隙称为鲍曼氏间隙（肾小囊腔）。相比淡水鱼类，海水鱼类往往肾小囊壁层较平，肾小囊腔较小。

（二）肾小管

肾小管由单层的上皮细胞组成，根据肾小管的细胞形态、染色反应、连接的顺序，将肾小管分为颈段（neck segment，NS）、第一近端小管（primary proximal segment，PⅠ）、第二近端小管（second proximal segment，PⅡ）、间段小管（interstitial segment）、远端小管（distal segment，DS）（图5-3）。各肾小管最终通过集合小管（CT）汇集于输尿管。目前对间段的划分仍然有争议，有学者甚至认为所有硬骨鱼的肾单位均无颈段和间段小管。并不是各种鱼类各段都存在，一般来说，淡水鱼的肾小管分区较多，而海水鱼肾小管的颈段、间段小管往往缺失，远端小管也常常缺失，肾小管短，其原因在于海水鱼类泌尿过程中排尿量少，需要最大限度地保水。

颈段较短，管腔较小，紧接肾小体尿极，与肾小囊相通。壁为单层立方上皮，由肾小体到颈段，由肾小囊扁平的壁细胞逐渐移行过渡到颈段的立方上皮细胞，有的则是突然转变为立方上皮。核圆形，居中，着色较浅，细胞质略为嗜酸性。上皮细胞向管腔伸出许多短小的纤毛，细胞顶端有黏液颗粒。纤毛运动可以推动液体沿肾小管流动，增加原尿的流动，无刷状缘。

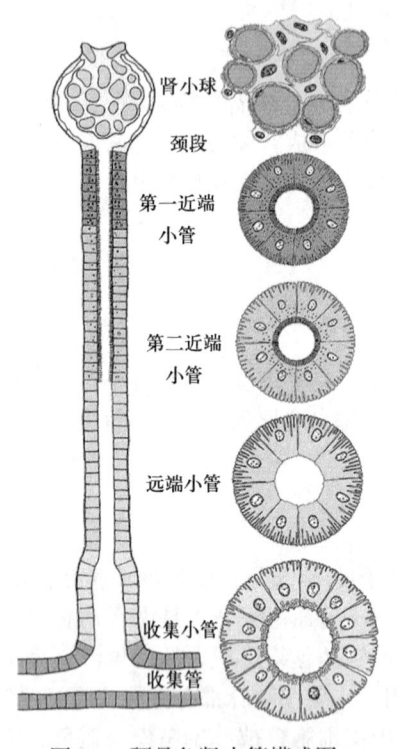

图5-3　硬骨鱼肾小管模式图

近端小管在结构和功能上与哺乳动物相似。有肾小球的鱼类，此段可分为第一近端段和第二近端段，没有肾小球的鱼类只有第二近端段。第一近端小管（PⅠ）长且弯曲，管腔的平均直径较颈段大，上皮为立方或低柱状，细胞核基位，核大，圆形或略为椭圆形，染色淡，有小核仁，居中或位于边缘。上皮细胞上部细胞质中有相当多的PAS阳性物质，并相互形成一带状结构，HE染色嗜酸性较强。细胞游离面有发达的刷状缘、顶端小管和空泡，细胞内有丰富的溶酶体和线粒体，与重吸收蛋白质等大分子物质有关。有的PⅠ上皮细胞之间，往往夹杂有大量的游走细胞，圆形或肾形，染色深，细胞质少，核多，可见明显的异染色质。第二近端小管（PⅡ），上皮细胞单层高柱状，刷状缘的发达程度不及PⅠ，但线粒体要多得多。

远端小管（DS）管径明显较PⅠ、PⅡ小，细胞为单层立方上皮或低柱状，无刷状缘，溶酶体和微绒毛不发达，有的上皮之间也存在游走细胞。

二、集合小管和输尿管

集合小管（collecting segment，CS）是肾单位与集合管相连的部分，管道外有的有少量结缔组织。集合管由肾小管汇集形成，结构较简单，上皮细胞为立方形，细胞核中位。细胞质弱嗜碱性，顶部有PAS阳性物质。上皮中也常见游走细胞。顶端可见大量线粒体，刷状缘不发达，在电镜下仅见少量微绒毛。上皮外有明显的结缔组织层，最初的集合管逐渐汇集为较大的集合管，管外结缔组织逐渐增厚，最后汇集进入中肾管。有的鱼，如斑鳜肾中有收集管区，表明其肾脏已出现原始的区域化分隔。

输尿管将尿液从集合管输送到输尿管乳头，输尿管可以在任何水平融合，融合后扩张形成膀胱。输尿管（ureter）通过尿道开孔在肛门后方。不同种类的鱼输尿管和膀胱的结构具有较大差异。成体鱼的输尿管，即中肾管（mesonephric duct）或称沃尔夫管（Wolffian duct）管壁由黏膜层、肌肉层及纤维层组成。上皮为单层柱状上皮，其中夹杂杯状细胞；肌肉层一般有两层，内层为纵肌，外层为环肌。长吻鮠输尿管管壁由假复层柱状上皮和结缔组织构成；食蚊鱼输尿管上皮外为一层扁平细胞组成的基底层，缺黏膜下层，具环肌，无纵肌。外膜甚薄或缺如。膀胱是贮藏尿液的囊状器官，后方通过尿殖孔与外界相通。鱼类的膀胱有两种类型，即输尿管膀胱（tubular bladder）和泄殖腔膀胱（cloacal bladder）。大多数鱼类具有输尿管膀胱。长吻鮠膀胱壁可分为黏膜层、黏膜下层、肌层和被膜4层，上皮中具有大型分泌细胞，肌肉层由纵肌层和环肌层构成；而鲤和黄鳝膀胱的肌层几乎全为环肌层或主要由环肌层构成；黄鳝膀胱上皮还具有绒毛结构。

三、拟淋巴组织

中肾肾单位之间，除各级血管、集合管外，还有大量拟淋巴组织分布。这些拟淋巴组织的细胞类型和头肾淋巴区域中的细胞类型一致，但细胞之间的血窦不如头肾中发达。细胞类型主要为大淋巴细胞、小淋巴细胞、黑色素巨噬细胞、红细胞和各种粒细胞。拟淋巴组织类似于头肾中的淋巴区域的组织结构。黑色素巨噬细胞往往聚集分布在一些血管周围，通常情况下，含黑色素物质较少，常规的HE染色比较难以发现，在鱼体病理条件下容易观察到。但在PAS染色材料中则容易显示，往往是聚集于血管周围，或分散于肾组织中。白甲鱼（*Varicorhinus simus*）和华鲮（*Sinilabeo rendahli*）中肾的拟淋巴组织中还有甲状腺滤泡的分布。对白甲鱼、大鳍鳠（*Mystus macropterus*）、斑鳜三种进化程度不同的硬骨鱼类肾组织的比较研究表明：拟淋巴组织的多少反映了鱼类的进化水平，进化程度较低的种类，肾内拟淋巴组织发达，如白鲢中肾的淋巴组织（图5-4）。

鱼类肾脏在不同物种间的形态会有一些变化，如鲨的肾脏是S形的，而硬骨鱼的肾脏更倾向于直线形。不同物种肾单位数量也不同，如鲤

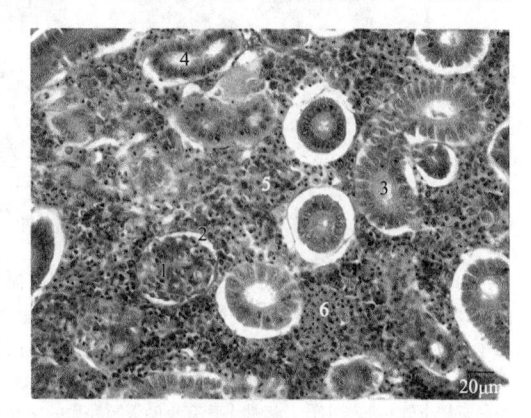

图5-4　白鲢中肾的淋巴组织（HE染色）
1. 肾小球；2. 肾小囊；3. 近端小管；4. 远端小管；5. 淋巴细胞；6. 红细胞

的肾单位比鲨多。从功能上看，鱼肾脏根据各自的栖息地表现出不同的调节盐和水的能力。淡水鱼的肾脏能更有效地排除多余的水分，而海水鱼的肾脏更适合排除多余的盐分。鱼类肾脏的大小和功能也因物种而异，一些较大的鱼类可能有相对较大的肾脏来满足身体的需求。

  淡水硬骨鱼的肾小球由来自背主动脉的分节动脉分支供应（图5-5A和图5-5B），它们形成毛细血管环（图5-5E）。肾小球被特定的上皮细胞覆盖，即足细胞（图5-5C～图5-5E），其产生的滤

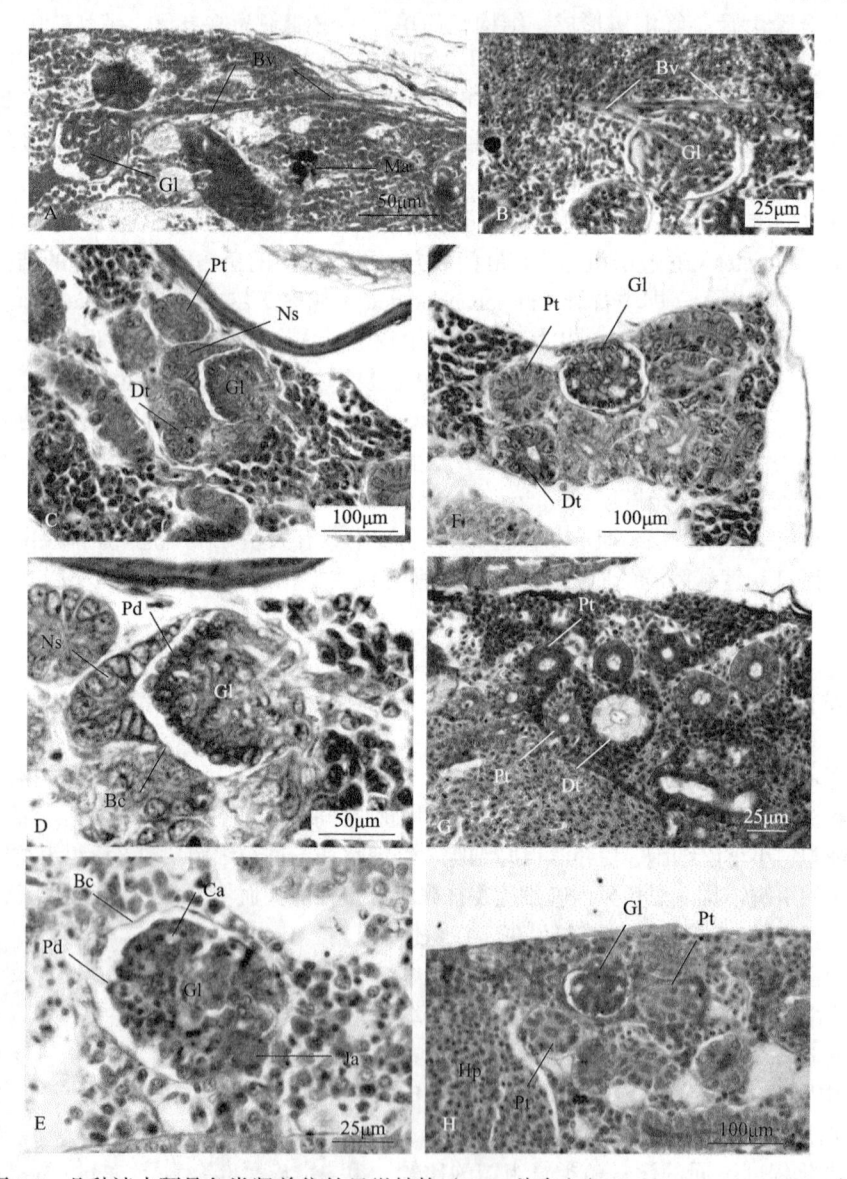

图5-5　几种淡水硬骨鱼类肾单位的显微结构（Azan染色）（Kirschbaum et al., 2019）

A，B. 表示刀鱼（*Coilia ectenes*）的肾小球、血管和巨噬细胞；C. 刀鱼的肾小球、附近的颈段、近端小管和远端小管；D. 刀鱼（*Coilia ectenes*）的肾小球、颈段、足细胞和鲍曼囊；E. 电鳗（*Rhamphichthys sp.*）的肾小球、足细胞和鲍曼囊的组织形态，还存在肾小球旁细胞和淋巴细胞，毛细血管是毛细血管环的一部分；F. 电鳗的肾小球、近端小管和远端小管；G. 斑马鱼的近端小管和远端小管，远端小管有小的管腔和大的立方细胞，胞质浅，还可以看到淋巴细胞；H. 电鳗肾小球、近端小管和远端小管的排列。

Gl：肾小球；Bv：血管；Ma：巨噬细胞；Ns：颈段；Pt：近端小管；Dt：远端小管；Pd：足细胞；Bc：鲍曼囊；Ja：肾小球旁细胞；Ca：毛细血管；Hp：造血组织

液被导向近端小管的颈段（图5-5D）。在输入小动脉的管壁中，发现了肾小球旁细胞（图5-5E），这些细胞被认为能产生肾素。肾小球被由两层单一扁平上皮构成的鲍曼囊（图5-5D，图5-5E）所包围。淋巴细胞（图5-5E，图5-5G）和造血组织（图5-5H）也可见于肾单位附近。在刀鱼（图5-5D）和电鳗（*Rhamphichthys* sp.）中（图5-5H）发现马氏小体、近端小管（Pt）和远端小管（Dt）聚集在一起。肾小管的不同部分在细胞学上是不同的。它们通常都由立方或柱状细胞的单一上皮包围的腔组成。近端小管的特点是管腔较宽，并且存在微绒毛，构成伸入管腔的刷状缘。远端小管通常具有小的管腔，缺少近端小管的刷状缘。在一些物种中，远端小管相当大，单一上皮具有浅染的血浆，如在斑马鱼中所见（图5-5G）。

第三节　肾脏的功能

一、前肾

前肾作为多种鱼类主要的淋巴器官之一，其主要功能是造血还是参与免疫应答反应，不同的研究学者有不同的观点。对鲤前肾的组织学超微结构的研究，表明鲤前肾的结构类似于哺乳动物的造血组织红骨髓，功能以造血为主。而对于硬头鳟的前肾研究结果则表明，其与哺乳动物淋巴结的结构和功能有很大的相似性，免疫细胞主要来源于前肾，其主要功能是参与免疫应答反应。在对虹鳟的免疫机制研究中，得出鱼类前肾抗菌抗炎的机制与哺乳动物相似。

此外，黄颡鱼的前肾组织中还有黑色素巨噬细胞或是黑色素巨噬细胞中心存在。在黑色素巨噬细胞中心通常有红细胞和颗粒细胞的碎片存在，有学者认为它与红细胞的凋亡有一定的关系。但黑色素巨噬细胞的起源和具体功能尚未完全研究透彻，大多数学者认为，其具有从鱼的循环系统中清除颗粒物质和可溶性物质的作用。因此被广泛作为鱼体健康状况的生物标记。

二、中肾

中肾包含众多肾小管、较少的造血组织和淋巴组织，可以行使泌尿机能、调节渗透压的功能，并且在一定程度上也是一个分泌器官。

1. 泌尿机能　有肾小体的鱼类，其肾脏的泌尿功能借肾小体的滤过作用和肾小管的重吸收作用而完成。首先，肾小球的滤过作用（filtration）形成原尿，动脉血流经肾小球时，因肾小球入球小动脉比出球小动脉粗，肾小球内血流进入得快，流出得慢，肾小球毛细血管内血压高，加上肾小球毛细血管壁通透性强，血液中的某些血浆成分（如水分、糖类、无机盐及代谢产物尿素等）均可透过肾小球毛细血管壁滤出到肾小囊内形成原尿，这就是原尿的形成过程。之后，原尿经肾小管的重吸收作用（reabsorption）最终形成终尿，如近曲小管吸收85%的水和氯化钠，此外，葡萄糖、氨基酸、蛋白质、维生素C和无机物也被重新吸收，此过程称为终尿的形成过程。缺乏肾小体的鱼类其滤过和重吸收作用由肾小管完成。终尿经集合管、输尿管流入膀胱，再经泄殖腔排出体外。另外，肾小管和集合管具有分泌作用，肾小管把血液带来的一些离子和代谢产物，如尿素、肌酸、尿酸、有机酸及各种离子主动分泌到滤液中去，这些分泌作用主要在近端小管部位进行。

2. 调节渗透压　除盲鳗可随环境变化调节渗透压外，其他鱼类都是恒渗动物。已有的研究表明海淡水鱼类都有调节渗透压的能力。淡水鱼类肾脏的首要任务是产生极稀的尿液，用以排除鳃和表皮被动进入鱼体的水分,所以淡水鱼类肾小体发达,肾小体数目多,排尿量比海水鱼要多,尿液稀薄,其尿液的渗透压仅为海水硬骨鱼类的0.5%。另外肾小管长,且有一段吸盐细胞,将通过肾小管的滤液中的大部分盐重新吸收回来,同时可以借助鳃上特化的吸盐细胞从周围水环境中吸收盐离子,从消化管也可以吸收一些盐分,其特点可总结为"保盐排水"。海水鱼类体液的渗透浓度低于海水,需要通过"保水排盐"的途径调节渗透压。海水鱼类肾小体不发达,肾小球小,数量少,肾小管短,排尿量也比淡水鱼少,使水分不会大量消耗在尿液排泄方面。除从食物中获取水分外,它们还需多吞海水,以补充水的流失。吞下的海水经消化管吸收进入血液,再由鳃中的排盐细胞将多余的盐分排出,把水留下来。因此海水板鳃类血液中存在大量的尿素和氧化三甲胺,导致其渗透压略高于海水,甚至还要有少量水渗入体内才正好满足肾的排泄需要,因此没有失水之忧。海水板鳃鱼类基本不饮海水,原尿中70%~90%的尿素可被重吸收,当血液中的尿素累积到一定程度,从鳃进入的水分就会增多,冲淡了血液中的尿素,排尿量增加。

三、肾脏的起源、发育及进化

在进化过程中,脊椎动物器官发育的方向通常是从前往后的。肾脏的发育过程也遵循这种模式。肾脏前段的发育和功能化都要比后段早。产生的顺序为前肾、中肾和后肾。鱼类的肾脏发育经过前肾和中肾两个阶段,高等脊椎动物还有第三个阶段,即后肾。硬骨鱼类的前肾在其胚胎和幼体期具备正常的泌尿功能;随后,中肾开始沿着前肾发育,并最终作为成鱼的肾脏。前肾则失去排泄功能,称为头肾,成为造血器官和免疫器官,功能与高等脊椎动物的红骨髓相当。

生活在海洋中的原始脊椎动物,由于自身细胞外液的渗透压和离子成分与其生存的海水条件相同,可以自由摄取海水并且不影响体内的环境组成。早期的鱼类在进化过程中形成了特有的排泄器官,排泄器官可以在生存环境的渗透压发生变化的时候,维持自身内环境稳定,同时,特化出血管球也就是肾小球,对体内的血液有滤过作用。盲鳗和七鳃鳗等在五亿年前出现了功能性肾脏及早期的肾单位结构——前肾,前肾由体壁中胚层和侧板中胚层之间的部分发育而来。前肾中发达的肾小管由若干肾原基生成。

随着海洋环境的不断变化,物种多样性更加丰富。高级的鱼类在海洋中出现,如鲨和硬骨鱼。这些鱼类在幼年阶段,头肾的作用与低等动物相同;但在成鱼阶段,头肾中的肾单位退化消失,变为主要的造血和免疫器官,失去了泌尿排泄功能。其泌尿功能被更高效的中肾所替代。

动物排泄系统的进化是一个跨越数亿年的复杂过程。在这段时间里,排泄系统已经适应并多样化,以满足各种物种不同的生存挑战。

涡虫中的原始肾管(protonephridia)是排泄系统的最早形式,其具有称为原肾的小管网络。这些小管直接从动物组织中过滤体液,并通过排泄孔将废物排出体外。

环节动物中的后肾(metanephridia)系统在蚯蚓等节肢蠕虫中发现,由一系列内部小管组成。蠕虫身体的每一部分都包含一对这样的小管,它们从体腔中收集废物,并通过体表的毛孔将其排出。

昆虫利用马氏管(malpighian tubule)系统来清除废物。这些小管延伸到血淋巴(昆虫的血液)中,并吸收废物。然后废物被转移到肠道,并随着消化废物从体内排出。

脊椎动物的肾脏是爬行动物、鸟类、哺乳动物等动物的主要排泄器官,由数百万个称为肾单位(nephron)的功能单位组成。肾单位过滤血液中的废物和毒素,重新吸收水和有用的物质，并产生尿液，排出体外。

在鱼类中，排泄系统在渗透调节中也起着关键作用，以维持体内水和盐的平衡。淡水鱼主动泵入盐分，让水分扩散出去，而海水鱼则相反。

在鸟类和爬行动物中，排泄系统已经可以保存水分。这些动物产生尿酸，尿酸是一种相对无毒的废物，可以以半固体糊状物的形式排泄，减少水分流失。

在哺乳动物中，肾脏在从滤液中重吸收水和有用物质方面变得更加复杂和有效。这使得哺乳动物可以生活在从沙漠到水生栖息地的各种环境中。

第六章
生 殖 系 统

大多数鱼类是雌雄异体（bisexualism），但是也有少数鱼类是雌雄同体（hermaphrodite），即一条鱼体内既有精巢也有卵巢。雌性和雄性可以进行两性生殖（bisexual reproduction），但是自然界有一些鱼只存在雌性，它们可以进行单性生殖（unisexual reproduction），如通过孤雌生殖（parthenogenesis）或雌核发育（gynogenesis）的方式完成世代的延续。

鱼类的受精方式既有体外受精也有体内受精。前者多见，后代为卵生。体内受精之后有可能马上产卵，或一段时间后产下发育时期各异的胚胎。因此鱼的繁殖方式有卵生、卵胎生或胎生。卵胎生的胚胎虽然也在母体中孵化发育，但是与母体基本没有物质交换，而胎生的胚胎与母体可进行营养与气体交换。

大多数体外受精的鱼卵没有亲鱼的保护行为，其生存率受环境影响，只能以数量取胜。例如，海洋翻车鱼（*Mola mola*）可以在一次生殖过程中排出3亿枚卵子。进行体内受精的鱼类的雄性有特化的交接器，可把成熟的精子注入雌性体内。也有少数鱼类的雌性体外有从输卵管延伸出来的产卵管（ovipositor），如雌性鳑鲏（*Rhodeus sericeus*）通过产卵管把卵子产入河蚌（Unionidae）外套膜内的鳃丝之间，而雄性鳑鲏将精液排在河蚌入水口附近，受精卵在鳃腔孵化，使孵化与成活率增加，3~4周后发育成为幼鱼才自行离开。胎生的现象在某些软骨鱼（cartilaginous fish）中多见，这种利用胎盘（placental）孵育胎儿的某些机制是脊椎动物中首次出现且足够完善的，甚至与哺乳动物一致。少数硬骨鱼，如海鲫科（Surfperches）也行胎生。雌鱼携带胚胎长达12个月直到幼鱼长至54~61mm，胚胎发育的营养和气体通过卵巢壁进行交换。小丑鱼筑巢、护巢的行为也会将后代的照料延续到受精卵孵化之后。雌性罗非鱼会将体外受精的受精卵含于口腔，停止进食直至仔鱼卵黄囊消失能够自主摄食并离开为止。

鱼类生殖系统主要由生殖腺和生殖道构成。生殖腺是生殖细胞发育和成熟的器官，包括精巢（testis）和卵巢（ovary）。鱼类的生殖腺通常成对并双侧对称，由富含血管和神经的系膜（mesentery）固定于体腔背壁和肾脏之间。生殖腺还具有内分泌功能，能够产生类固醇激素（steroid hormones）。而生殖道是输送生殖细胞并使其成熟的导管，包括输精管（deferent duct）和输卵管（oviduct）。生殖乳突（genital papilla）是鱼体的泌尿泄殖孔，通常位于肛门之后，雌性短而圆，雄性长而尖，可以用来区别雌雄性别。

鱼类具有生殖周期，即生殖腺发育按一定的规律发生周期性变化。不同个体多样的性周期使其性腺发育过程也呈现极大差异。单周期鱼一生仅繁殖一次，繁殖后死亡，如七鳃鳗（lamprey）及某些鲑科（Salmonidae）和鳗鲡（catadromous eel）等。多周期鱼一生可反复产卵、排精。有些鱼每隔2~3年繁殖一次；有些鱼，如盲鳗（hagfish）或胎生品种可以常年繁殖；而更多的鱼类每年繁殖一次或多次。大部分鱼类的生殖周期与性腺发育被划分为5个阶段：Ⅰ期未成熟阶段（immature），Ⅱ期发育阶段（developing），Ⅲ期繁殖阶段（spawning capable），Ⅳ期退化阶段（regressing）和Ⅴ期再生阶段（regenerating）。单周期鱼仅经历Ⅰ期到Ⅳ期4个阶段，多周期鱼繁殖多次，性腺发生周期性变化。

第一节 雌性生殖系统

一、卵巢

（一）卵巢的形态与结构

大部分鱼类的卵巢为一对两侧基本对称的柱形囊状器官，位于体腔背壁肾脏与消化道之间，腹中线两侧。多数鱼类在繁殖季卵巢偏黄、粗长且挤压其他内脏，甚至几乎占据整个体腔，很容易看到大量颗粒状的球形卵子（图6-1）。在非繁殖季，卵巢细小偏红，肉眼分不清卵子。在环境不适合繁殖的情况下，鱼卵巢退化形成闭锁卵泡（atretic follicle）不能再产卵。例如，大西洋鳕（*Gadus morhua*）繁殖季不能正常产卵的比例高达30%。此外，有些鱼类仅有一个卵巢。例如，某些胎生鲨只保留左侧卵巢，某些胎生鳐保留右侧卵巢。

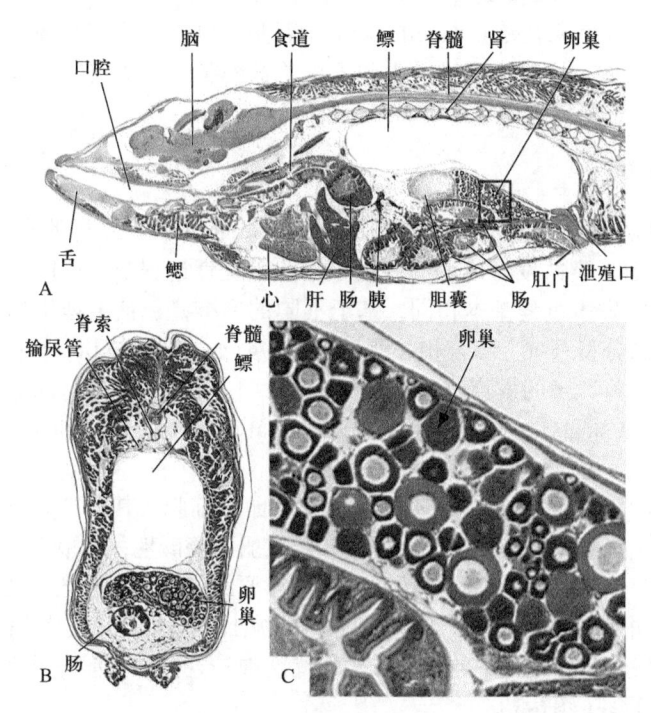

图6-1 青鳉卵巢组织学结构（HE染色）
A. 腹腔纵切面；B. 腹腔横断面；C. 箭头所示为卵巢

（二）同步性卵巢与非同步性卵巢

鱼类的生殖周期受到光照、温度和营养的影响。根据卵子的不同发生模式能够划分出两种类型的卵巢：同步性卵巢（synchronous ovary）和非同步性卵巢（asynchronous ovary）。单周期鱼的全部卵母细胞处于同一发育阶段，如丽鱼（*Cichlasoma dimerus*）。青鳉等有较长的繁殖期且常年多次繁殖的鱼类卵巢中含有全部发育阶段的卵母细胞，具有非同步性卵巢（图6-2）。

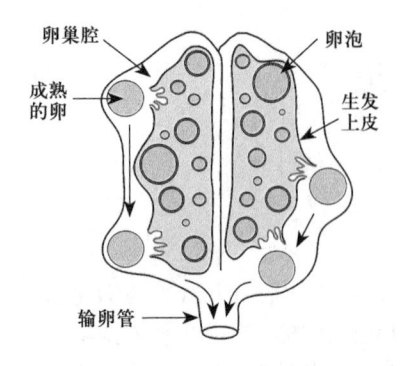

图6-2 青鳉非同步性卵巢

（三）被卵巢与裸卵巢

根据卵巢的结构可划分为两种类型：有卵巢膜的被卵巢（cystovarian）和无卵巢膜的裸卵巢（gymnovarian）。真骨鱼大多为被卵巢，腹膜延伸所形成的卵巢膜将卵巢封闭起来并将卵巢附着在体腔背壁，卵巢末端经卵巢膜延伸出的输卵管通向生殖孔。卵巢膜从外到里通常为三层：外层为上皮组织构成的间皮（mesothelium）；中层为结缔组织构成的白膜（tunica albuginea），其中分布血管；内层为由少量平滑肌构成的肌肉组织。卵巢白膜与平滑肌层向卵巢腔延伸，其内衬由卵原细胞（oogonium）构成的生发上皮（单层扁平上皮）及许多卵母细胞共同形成产卵板（oviposition plate），其厚度随着生殖周期发生改变。卵子从产卵板发育成熟后突破卵泡落入卵巢腔，沿卵巢膜延伸形成的输卵管排出体外。裸卵巢在硬骨鱼中不多见，在如鳟、鲑（*Salmo salar*）和淡水鳗（Anguillidae）中常见。裸卵巢没有卵巢膜，其排出的成熟卵子从卵巢直接落到腹腔，经过输卵管的腹腔入口（板鳃类、全头类等）或无输卵管（圆头类等）直接排出体外。一般认为裸卵巢代表原始类型的构造。

（四）卵子的发生

卵子的发育包括了原始生殖干细胞卵原细胞（oogonium）进行的有丝分裂及卵母细胞（oocyte）进行的减数分裂并发育成熟的过程。在卵巢发育过程中，可以观察到不同时期的卵细胞。硬骨鱼卵子的发生过程基本相同，基于不同的标准，包括生理生化、形态学和组织学等，已有几种不同的分型系统。综合相关资料，根据卵子的形态体积、核酸与卵质（ooplasm）含量、卵膜的差异，将卵子的发育过程划分出6个时期：卵原细胞期（oogonium stage）、发育初期（primary growth stage）、皮质囊泡期（cortical alveolus stage）、卵黄生成期（vitellogenic stage）、成熟期（maturation）和排卵期（ovulation）。

1. 卵原细胞期 发育初期的卵巢中有大量的卵原细胞，其成簇分布于产卵板的生发上皮基部，是最小的生殖细胞，呈球形，胞质少，胞核弱，嗜碱性，有单个核仁。卵原细胞通过有丝分裂得到一部分储存的卵原细胞，还有一部分卵原细胞则进行有丝分裂，形成一簇通过细胞间桥连接的细胞并进入减数分裂。卵原细胞周围被上皮细胞与卵泡前细胞包裹形成生殖包囊，继续进行后续发育。卵原细胞的发生在生殖周期中一直存在且形态没有显著差异，但数量随性周期的发展而变化（图6-3）。

2. 发育初期 卵母细胞发育初期可分为染色质核仁期（chromatin nucleolar phase）和核仁周围期（perinucleolar phase）。染色质核仁期卵母细胞核中高度折叠的染色体解旋成为线状染色质并充满核质，合成RNA的核仁数量增加并散乱分布，卵质强嗜碱性（图6-4A）。核仁周围期卵细胞核仁数量增加并排列在细胞核内周，细胞核占据细胞大部分体积，卵质中出现嗜碱性的圆形团块卵黄核（balbiani body），其通常靠近核周或卵质内周（图6-4B）。此阶段卵母细胞直径逐渐增加，外周包围着单层扁平的卵泡膜上皮细胞（squamous follicular epithelium）。卵巢产卵板在非繁殖季很薄但含有大量卵原细胞与染色质核仁期卵母细胞。

3. 皮质囊泡期 在这个阶段的卵母细胞核增大且形状开始不规则，细胞核中有许多核仁，大量核仁分布于核内周，这与卵子发生过程中的各种代谢活动有关（图6-4C）。细胞质弱嗜碱性，体积迅速增大且透明小泡在质膜边缘大量积累形成皮质小泡，接着在核周胞质也出现

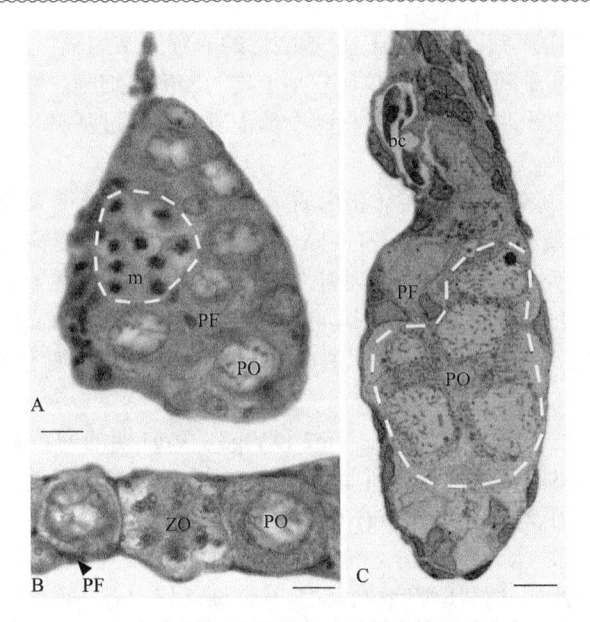

图 6-3　慈鲷（*Cichlasoma*）卵原细胞的发育（透射电镜照片）（Meijide et al., 2016）

A. 卵巢横断面显示卵巢进行的早期分化，卵原细胞进行有丝分裂并形成一簇细胞囊（虚线所示）；
B. 中间一簇减数分裂的偶线期卵原细胞囊两边各一个粗线期卵原细胞，外面包裹着前卵泡细胞；
C. 卵巢纵断面显示进行减数分裂的细胞囊（虚线所示），其内处于减数分裂粗线期的卵原细胞，短而粗的同源染色体互相紧靠缠绕，在粗线期卵原细胞周围是卵泡前细胞；标尺＝10μm。

m. 有丝分裂的细胞；PF. 卵泡前细胞；PO. 粗线期卵原细胞；ZO. 偶线期卵原细胞；I. 间充质干细胞；bc. 毛细血管

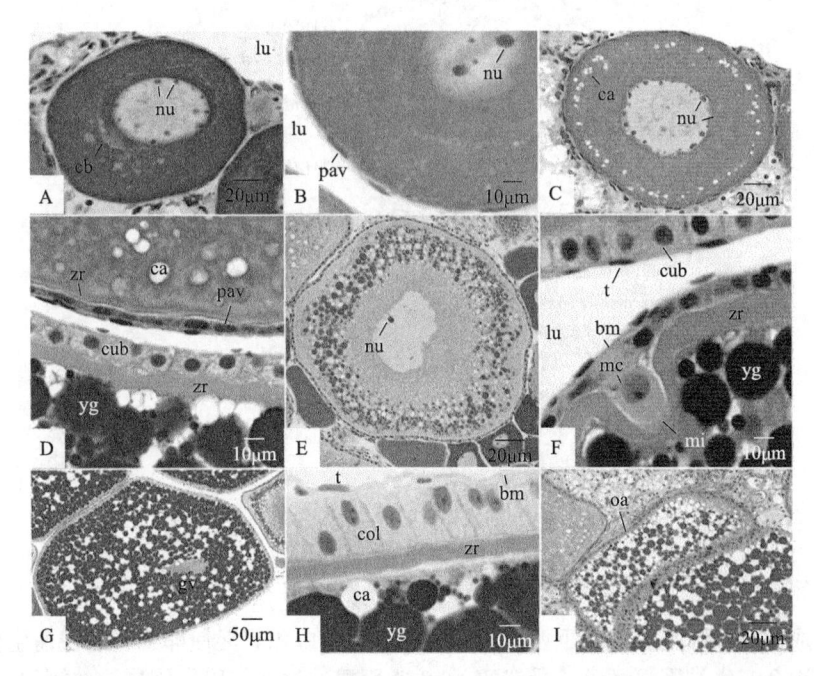

图 6-4　短鲷（*Laetacara araguaiae*）卵泡发育（HE 染色）（Dos Santos-Silva et al., 2015）

A，B. 发育初期；C，D. 皮质囊泡期；D，E，F. 卵黄生成期；G，H. 成熟期；I. 闭锁卵泡。

nu. 核仁；lu. 卵巢腔；cb. 卵黄核；pav. 卵泡细胞；ca. 皮质小泡；zr. 辐射带；cub. 立方形细胞；t. 卵泡膜细胞；mc. 精孔细胞；bm. 基膜；yg. 卵黄颗粒；mi. 受精孔；gv. 生发泡；col. 柱形卵泡细胞；oa. 闭锁卵泡

透明小泡。卵细胞周边由里到外依次包围着嗜酸性的非细胞结构辐射带（zona radiata）、单层立方上皮的卵泡细胞、卵巢间质形成的单层扁平上皮的卵泡膜细胞。注意卵泡细胞和卵泡膜细胞的极性，这两种上皮组织基膜叠加，并使整个卵泡复合体通过基膜与生发上皮保持连接，并由此获得养分（图6-4D）。

4. 卵黄生成期　　随着卵黄颗粒（蛋白质）的积累，卵黄囊增大为卵黄球，从胞质内周向核周辐射排列形成卵黄小板（vitellin platelet），含有大量脂质小囊泡的剩余细胞质被薄薄的挤压在其外层，核仁减少（图6-4E）。辐射带增厚，其外是单层立方（或柱状）上皮的卵泡细胞和单层扁平的卵泡膜细胞（图6-4D，图6-4F）。由卵泡细胞特化而成的一个特殊细胞内嵌于受精孔，称为精孔细胞（micropylar cell）（图6-4F）。受精孔和精孔细胞在硬骨鱼类卵子中普遍存在，是受精时精子进入的通道。

卵黄生成期被分为三个阶段：Vtg1、Vtg2和Vtg3。Vtg1期的卵黄颗粒首先出现在细胞膜内周或核外周，根据鱼的种类不同而有所差异。卵泡复合体结构比之前更清晰。Vtg2期的卵黄颗粒变大且整个细胞质中均有分布。Vtg1和Vtg2期胞质卵黄颗粒周围均有小油滴分布。Vtg3期是卵黄形成的关键阶段，卵黄积累基本完成，因此这时的细胞又称为卵子。大量卵黄囊泡和油滴（如果存在）充斥胞质并挤压细胞核，细胞核逐渐从核中心向卵细胞的动物极靠近，形成生发泡（图6-4G～I）。

精孔细胞是卵泡中专门的造孔细胞，位于卵母细胞的动物极。精孔细胞形成穿过绒毛膜的单个珠孔（micropyle），精子通过它进入卵子完成受精（图6-5）。

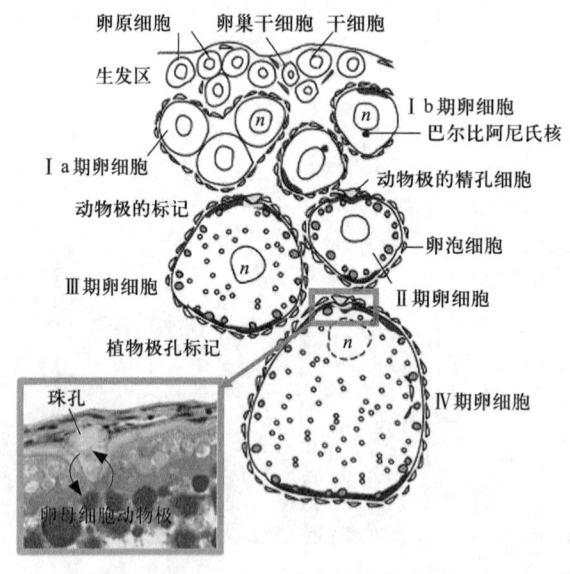

图6-5　斑马鱼卵的精孔细胞
红色. 卵细胞动物极；蓝色. 卵细胞植物级；黄色. 精孔细胞。
精孔细胞（micropylar cell）内嵌于受精孔（oocyte animal pole）

卵黄生成期是卵细胞发育的重要阶段，大量卵黄蛋白积累促使卵细胞的快速生长。生长中的卵巢，卵泡会产生类固醇激素（雌二醇）。该类固醇通过卵泡膜细胞层的血管被运输到肝脏，在肝脏中诱导产生卵黄蛋白原（vitellogenin）。卵黄蛋白原又通过血液循环转移到卵巢，作为受精后的能源物质，被卵细胞吸收并以卵黄颗粒大量积累。

5. 成熟期　　成熟期卵泡复合体的辐射带达到最厚，卵泡细胞为单层柱状上皮，基膜及最外层的卵泡膜细胞为单层扁平上皮。卵细胞质膜内壁出现许多大囊泡，而卵黄小板大量出现并不断与油脂小球融合形成一个熔融态的整体，其不断迁移构成卵细胞的植物极。由于卵黄不断充满细胞质，在光镜下很难观察到细胞核。细胞核逐渐从核中心向卵细胞的动物极靠近，形成生发泡（germinal vesicle）（图6-6）。随着卵黄球的聚结导致的卵细胞体积迅速增大和生发泡（核）破裂，标志着卵细胞成熟。随后排卵进入卵巢腔。由于核膜的解体，遗传物质分散在细胞质中，因此成熟的卵子并没有核。此外，辐射带、柱状的卵泡细胞和扁平的卵泡膜细胞构成的滤泡层达到最厚。活跃的卵黄生成过程反应了卵泡类固醇激素分泌功能的增强。在繁殖季，卵巢腔充塞着饱满的产卵板。

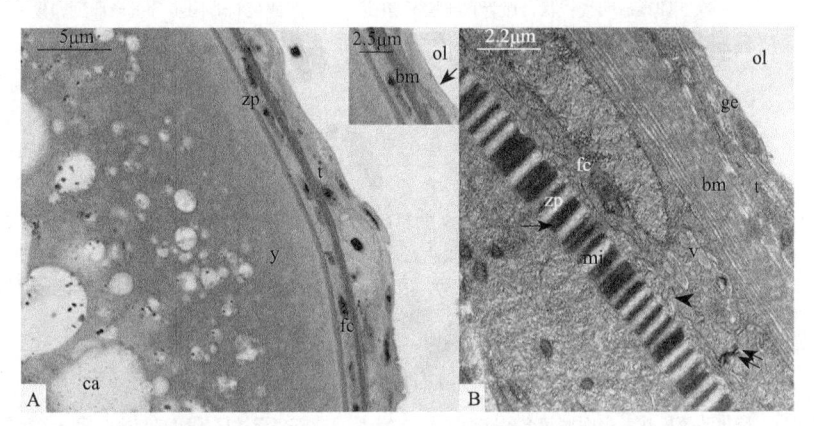

图6-6 卵泡复合体结构［以鳗（*Anguillidae*）卵黄生成初期（Vtg1）为例］

A. 光镜照片，PADS/苏木精/间胺黄染色；B. 透射电镜照片，卵泡膜细胞向辐射带内突出的微绒毛使得辐射带呈现辐射状结构（箭头）。卵泡细胞朝向卵细胞面也突出形成微绒毛结构（箭头），卵泡细胞之间有桥粒连接（双箭号），细胞内部含有许多细长囊泡。

zp. 辐射带；bm. 基膜；y. 卵黄；ca. 皮质小泡；fc. 卵泡细胞；ge. 生殖上皮；ol. 卵巢腔；mi. 微绒毛；t. 卵泡膜细胞；v. 囊泡

6. 排卵期 卵泡排出成熟卵子后马上生成排卵后卵泡复合体。卵泡外周的卵泡细胞和卵泡膜细胞向卵泡腔塌陷，形成不规则折叠结构，卵泡内部溶酶体等在囊泡结构作用下表现出退化迹象。排卵后卵泡复合体随着卵泡细胞的吞噬作用被迅速吸收，在卵巢中保留的时间短暂，末期与晚期闭锁卵泡很难区分（图6-7）。

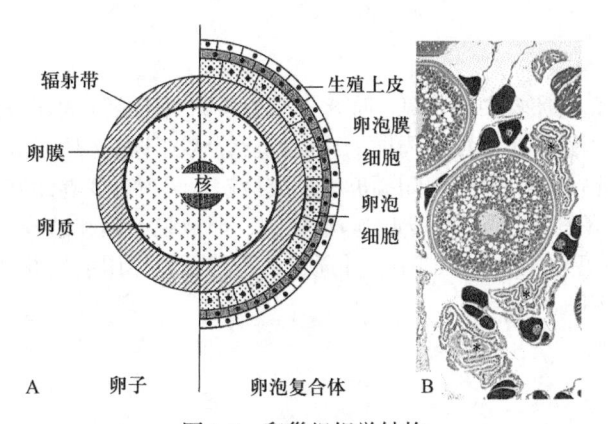

图6-7 卵巢组织学结构

A. 卵子与完整卵泡图解；B. 排卵后卵泡复合体（星号），以黄鳍金枪鱼（*Thunnus albacares*）为例

（五）卵巢发育分型

依据生殖周期将卵巢划分为5个阶段。表6-1总结了卵巢发育各阶段解剖结构与组织学结构特点。

表6-1　卵巢发育各阶段解剖结构与组织学结构特点

卵巢发育阶段	解剖结构	组织学结构
Ⅰ期　未成熟阶段（图6-8A）	未达性成熟的低龄个体所具有，此阶段仅会出现一次。卵巢透明细线状，血管和卵粒不清晰	含卵原细胞与发育初期卵母细胞。不能区分为同步产卵型与非同步分批产卵型卵巢
Ⅱ期　发育阶段（图6-8B，C）	卵巢增大，颜色改变，血管明显	含发育初期、皮质囊泡期、卵黄生成1期和卵黄生成2期卵母细胞。无卵黄生成3期卵母细胞和排卵后卵泡复合体。可能出现少量闭锁卵泡。同步产卵型卵巢的卵母细胞处于同一发育阶段；非同步分批产卵型卵母细胞发育进度不同
Ⅲ期　繁殖阶段（图6-8D，E）	早期卵粒不够大也不够圆，且不能从卵巢褶皱上分离剥落；晚期卵巢体积和重量达到最大，完全成熟呈松软状，被卵巢膜甚薄，表面的血管十分发达。卵粒中充满卵黄，卵粒极易从卵巢褶皱上脱落下来，排至卵巢腔（或腹腔）中，提起亲鱼或轻压腹部即有成熟卵排出	卵黄大量积累并融合，早期出现卵黄生成3期卵母细胞，晚期出现成熟卵子和排卵后卵泡复合体。闭锁卵泡增多。有较长的繁殖期且多批次产卵的鱼类卵巢长期处于本阶段
Ⅳ期　退化阶段（图6-8F）	卵巢萎瘪松弛，表面血管突出充血	存在各阶段闭锁卵泡与排卵后卵泡复合体，还有少量皮质囊泡期、卵黄生成1期和卵黄生成2期卵母细胞。产卵率高比产卵率低的品种有更少的闭锁卵泡。对于许多鱼类而言，进入本阶段表明繁殖期结束
Ⅴ期　再生阶段（图6-8G）	形态细小与Ⅰ期相似，卵巢壁厚，可能存在肌肉束与扩张的血管	仅含卵原细胞与发育初期卵母细胞。含闭锁卵泡和降解的排卵后卵泡复合体。本期鱼体虽然性成熟但无繁殖能力

鱼类的卵巢发育模式大多数可分为同步产卵型或非同步分批产卵型。同步产卵型鱼类在繁殖季节卵巢中通常存在两个发育阶段的卵母细胞：初级卵母细胞与一批"同步"发育的次级卵母细胞，或者卵黄发生期的卵母细胞；非同步分批产卵型鱼类中，卵子来源于不同阶段分批成熟的卵母细胞（图6-8）。

（六）闭锁卵泡

闭锁卵泡在硬骨鱼的卵巢中很常见。卵母细胞处于卵黄生成期的卵泡比之前的阶段更容易闭锁。这可能是环境因素（水温或光周期）恶劣或营养状况不理想所引起的，甚至繁殖季时卵巢退化，卵泡全部闭锁而不会产卵。闭锁卵泡形成最初，辐射带变卷曲并开始破裂，卵泡收缩退化并折叠导致形态不规则。围绕卵泡的卵泡细胞、卵泡膜细胞和结缔组织增厚，血管增生；卵泡细胞通过破裂的辐射带侵入卵细胞，并通过活跃的吞噬作用消化并吸收卵细胞中的卵黄，形成许多吞噬小泡（图6-9）。

二、输卵管

被卵巢的末端经卵巢膜延伸通向生殖孔的管道称为输卵管（裸卵巢不与输卵管相连）。输

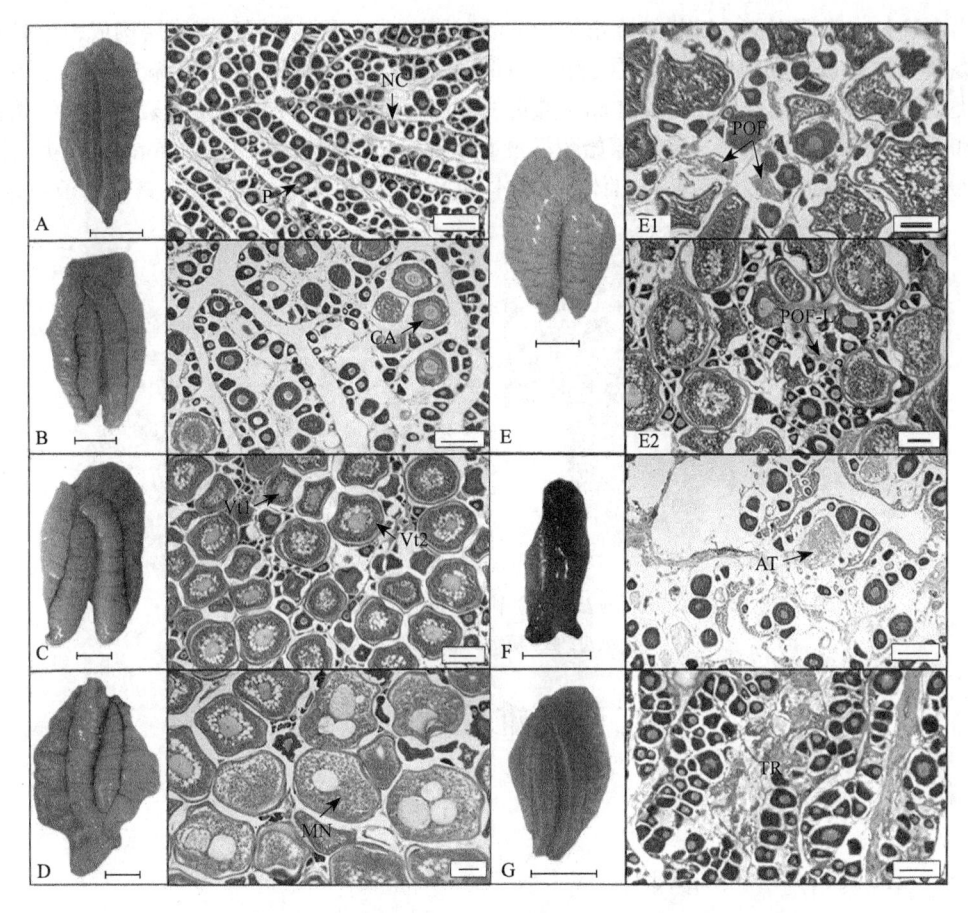

图 6-8 非同步分批产卵型卵巢发育分型与卵子形态（HE染色）
[以中间低鳍鲳（*Peprilus medius*）为例]

A. Ⅰ期未成熟阶段；B. Ⅱ期发育早期阶段卵巢；C. Ⅱ期发育晚期阶段卵巢；D. Ⅲ期繁殖产卵早期阶段卵巢；E. Ⅲ期繁殖产卵晚期阶段卵巢（E1. 排卵早期，出现排卵后卵泡；E2. 排卵晚期，出现排卵后晚期卵泡）；F. Ⅳ期退化阶段卵巢；G. Ⅴ期再生阶段卵巢；标尺为100μm（光镜）或1cm（常规）。
NC. 染色质核仁期；P. 核仁期；CA. 皮质小泡期；Vt1. 卵黄生成早期；Vt2. 卵黄生成中期；MN. 生发泡核迁移；POF. 排卵后卵泡；POF-L. 排卵后晚期卵泡；AT. 闭锁卵泡；TR. 重吸收的组织

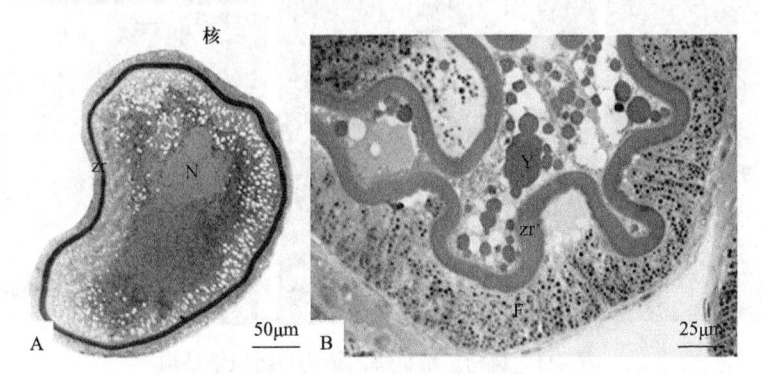

图 6-9 闭锁卵泡 [以斑马下钩鲶（*Hypancistrus zebra*）为例]
A. 早期闭锁卵泡；B. 晚期闭锁卵泡（亚甲蓝染色）。
N. 核；Y. 卵黄；zr. 辐射带；F. 卵泡细胞

卵管由内到外由黏膜上皮、疏松结缔组织构成的黏膜下层、平滑肌层和浆膜层构成，由黏膜上皮和黏膜下层构成的黏膜层向管腔曲折折叠（图6-10）。输卵管不仅具有传输卵子的作用，有些鱼类的输卵管有分泌作用，可以在卵子通过的同时覆盖保护卵子的物质。某些胎生的幼鱼在母体卵巢或者输卵管内发育。有些原始鱼类没有输卵管，如圆口纲（Cyclostome）鱼类的卵直接由卵巢释放至体腔，经泄殖孔排出体外；软骨鱼的全头类（holocephalan）具有两条输卵管。

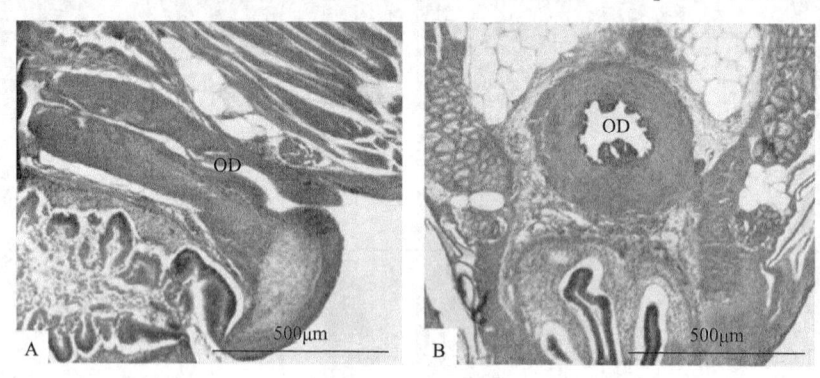

图6-10 青鳉（*Oryzias latipes*）输卵管组织学结构观察（HE染色）
A. 纵切；B. 横切。OD. 输卵管腔

第二节 雄性生殖系统

一、精巢

（一）精巢的形态与结构

大部分鱼类的精巢为一对两侧基本对称的窄长柱形囊状器官，位置与雌性卵巢相似，位于体腔背壁肾脏与消化道之间的腹中线内两侧，如斑马鱼（图6-11）和青鳉（图6-12）。但是不

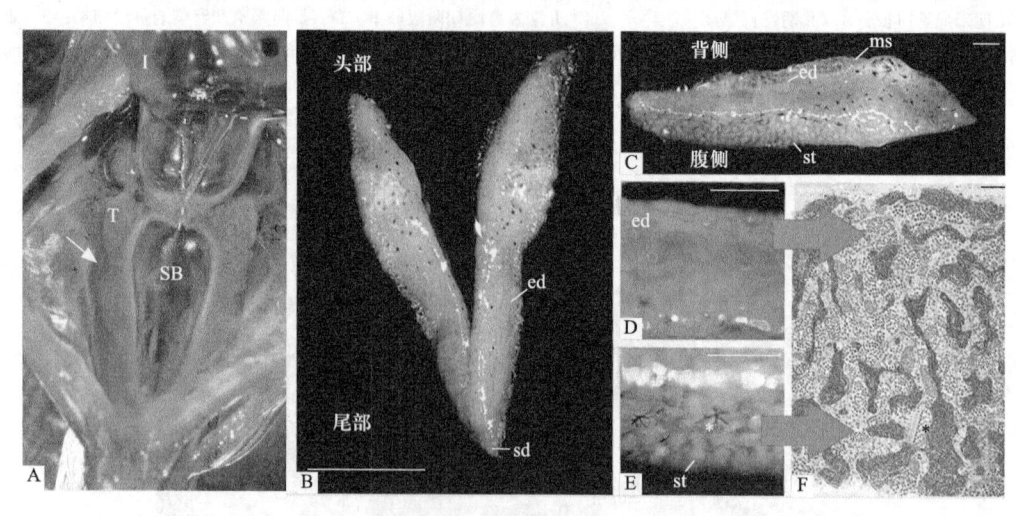

图6-11 斑马鱼精巢解剖结构与组织学结构
A~C. 细长成对的精巢通过系膜结缔组织（箭头）固定于腹腔背壁鱼鳔下方与肠道之间，两侧输出管由精巢背表面延伸出来，之后汇聚于一条输精管；D, E. 输出管细节图；F. 组织切片下交织的精小管（星号）。
B, C图标尺=1mm；D, E图标尺=0.5mm；F图标尺=50μm。
T. 精巢；I. 肠；SB. 鳔；ed. 输出管；sd. 输精管；ms. 白膜；st. 精小管

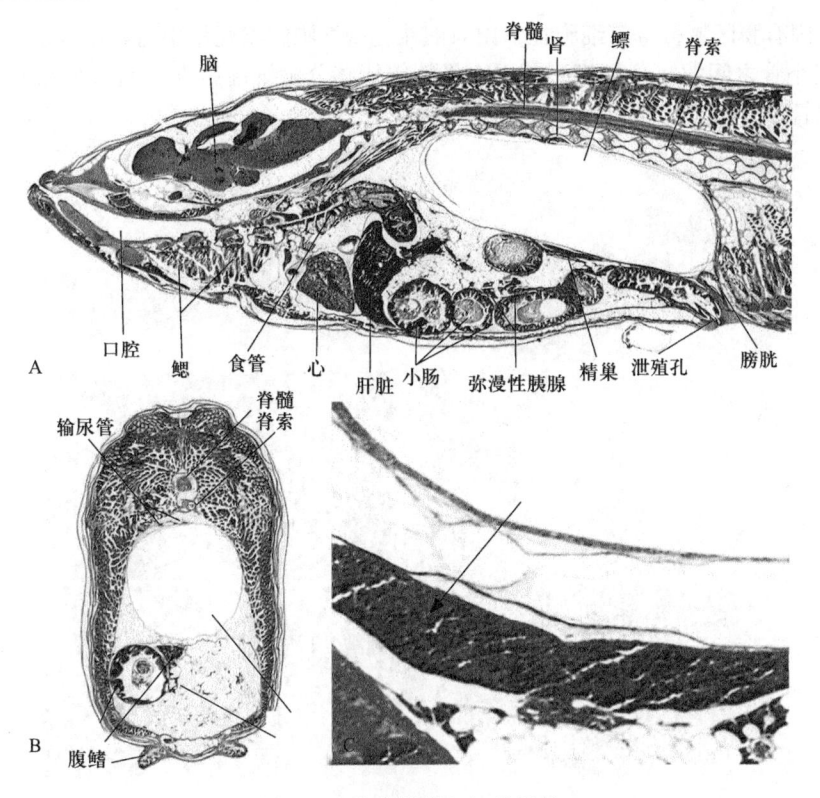

图 6-12 青鳉精巢组织学结构

A. 腹腔纵断面；B. 腹腔横断面；C. 精巢细节图。精巢在腹腔背壁鱼鳔下方与腹腔下壁肠道和胰腺之间，精巢前端贴着胆囊，后端延伸并连接输精管，周围由脂肪组织填充，精巢中有许多体积很小的精细胞（HE染色）

同鱼类精巢的形态大小差异极大，不一定呈左右对称，位置也不尽相同。成对出现的精巢有的部分连接，如鲈；也有的完全连接，如孔雀鱼。

成熟精巢可能为细长型，囊状或小叶状，横断面有三角形也有圆形。在同一种鱼性周期的不同阶段，精巢的形状、颜色、长度也有很大变化（图6-13）。

包裹精巢的是两层被膜结构，外层由腹膜延伸而来，内侧为白膜（tunica albuginea）。腹膜由一层上皮组织构成，白膜由疏松结缔组织构成。所有脊椎动物的精巢（睾丸）在白膜的包裹下均由两大成分构成：精小管（或精小叶）和间质（intertubular or interstitial）。精小管的管壁由固有膜（tunica propria）（或基膜）和肌样细胞（myoid cell）构成，管壁内为生精上皮。生精上皮仅包含两种细胞类型：支持细胞（sertoli cell）和处于不同发育阶段的生殖细胞（germ cell），支持细胞通

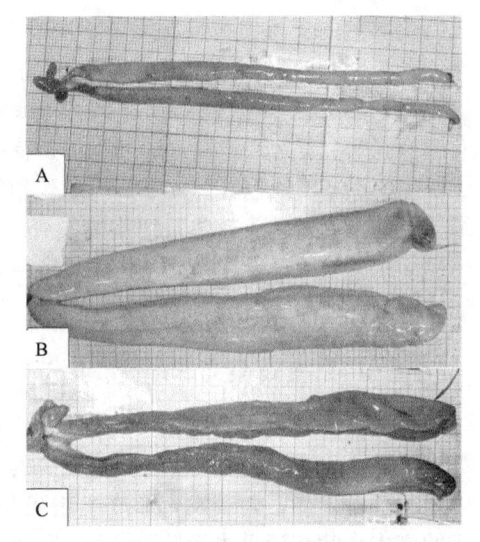

图 6-13 不同时期的精巢［以大西洋白姑鱼（*Argyrosomus regius*）为例］

A. 非繁殖季节的Ⅰ期未成熟阶段精巢；B. 繁殖季的Ⅲ期繁殖阶段精巢；C. 繁殖季结束的Ⅳ期退化阶段精巢

常位于靠近固有膜区域，生殖细胞在体内只能在支持细胞的相互作用与紧密联系下存在。精巢的间质是精小管之间的结缔组织，其中有类特殊能够分泌雄性激素的间质细胞（leydig cell），此外还有血管、淋巴管、神经等（图6-14）。

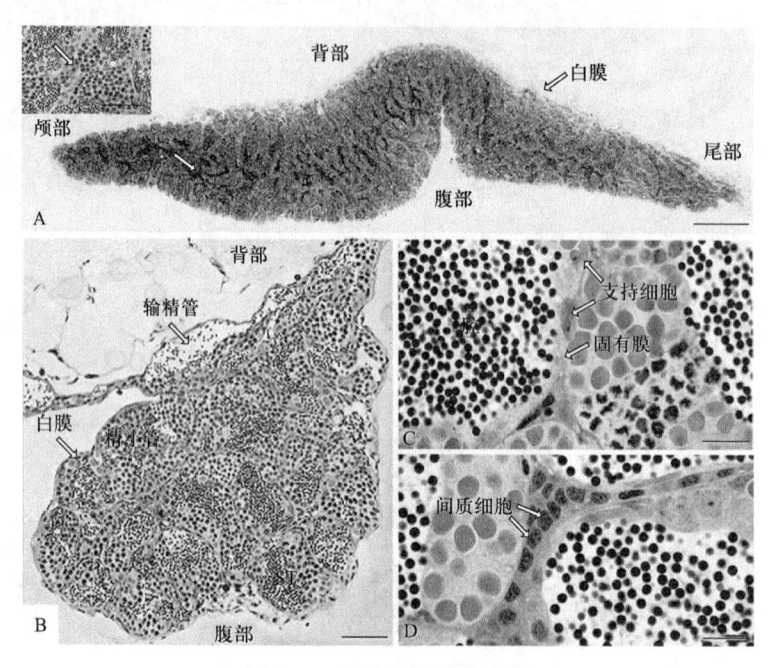

图6-14　斑马鱼的管型精巢
A. 精巢纵切，箭头与小图显示精小管交织汇集，大图标尺＝400μm，小图标尺＝50μm；B. 精巢横切，标尺＝50μm；C. 固有膜围绕着充满精子的精小管，标尺＝10μm；D. 间质细胞，标尺＝10μm

在羊膜脊椎动物（amniote vertebrate）（爬行动物、鸟类、哺乳动物）中，性成熟的睾丸中包含特定数量的支持细胞并支持着不同发育阶段的生殖细胞。而在非羊膜脊椎动物（anamniote vertebrate）（鱼类、两栖动物）中，其与羊膜脊椎动物在精子发生的过程主要差异在于生精上皮中出现的囊性小泡，称为生精囊（spermatogenic cyst）。一个生精囊是单个原始生殖细胞被支持细胞围绕着并同步发育的细胞群，支持细胞也保持着随生精囊变大而增多的增殖力，在精子发生的不同阶段包含着大小不同的生殖细胞群。比较囊性和非囊性精子发生过程，囊性支持细胞可能更有效地支持生殖细胞的发育。例如，通过浓缩每个发育阶段所需的特定生长因子，生殖细胞凋亡的百分比降低，从而导致生精率增高。相反，非囊性支持细胞几乎无增殖力，在适应同时护理不同生殖细胞的多重要求下更加复杂（图6-15）。

（二）管型精巢与叶型精巢

根据组织结构，鱼类精巢可以分为两种类型：管型（tubular）与叶型（lobular）。管型精巢被疏松结缔组织隔离出许多相互交织的小管，在精巢边缘处无盲端出现精原细胞分布在小管内壁的生精上皮，随着发育形成生精囊并最终释放成熟精子。叶型精巢内被疏松结缔组织隔成的许多小叶在精巢边缘处形成盲端（图6-16）。根据精原细胞的分布方式，叶型精巢分为两种：精原有限性精巢和精原无限性精巢，其中精原有限性精巢（restricted spermatogonia type）的精原细胞集中于小叶盲端，随着发育生精囊逐渐向输出管移动，并最终释放成熟精子，又称为有限性叶型精巢（restricted lobular testis）（图6-17）。而精原无限性精巢（unrestricted

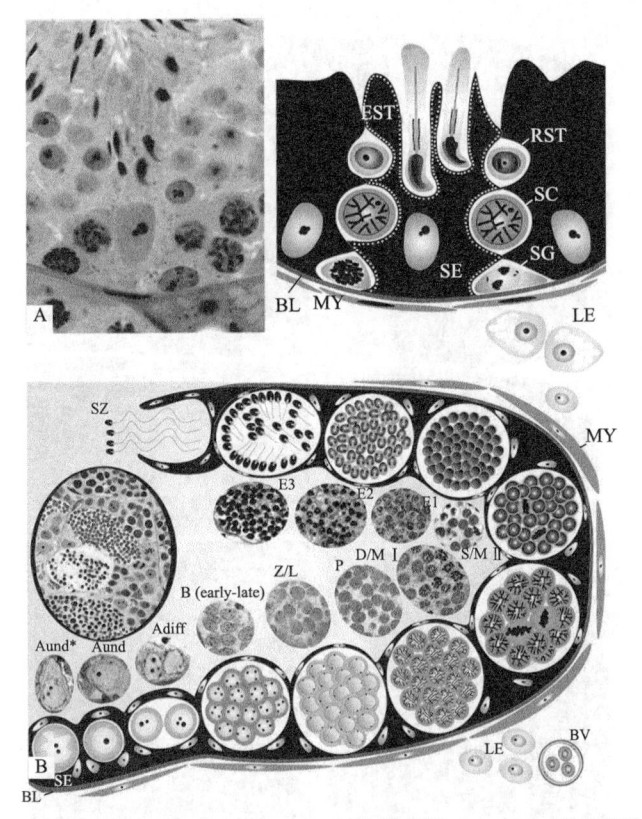

图6-15 哺乳动物的非囊性（non-cystic）与鱼类的囊性（cystic）精小管横截面示意图
[以小鼠（A）和斑马鱼（B）为例]

Aund*. A型未分化精原干细胞；Aund. A型未分化精原细胞；Adiff. A型分化精原细胞；B（early-late）.
B型精原细胞；Z/L. 细线期/偶线期初级精母细胞；P. 粗线期初级精母细胞；D/MⅠ. 终变期初级精母细胞/中期Ⅰ；
S/MⅡ. 次级精母细胞/中期Ⅱ；E1. 精子细胞早期；E2. 精子细胞中期；E3. 精子细胞晚期；SZ. 精子

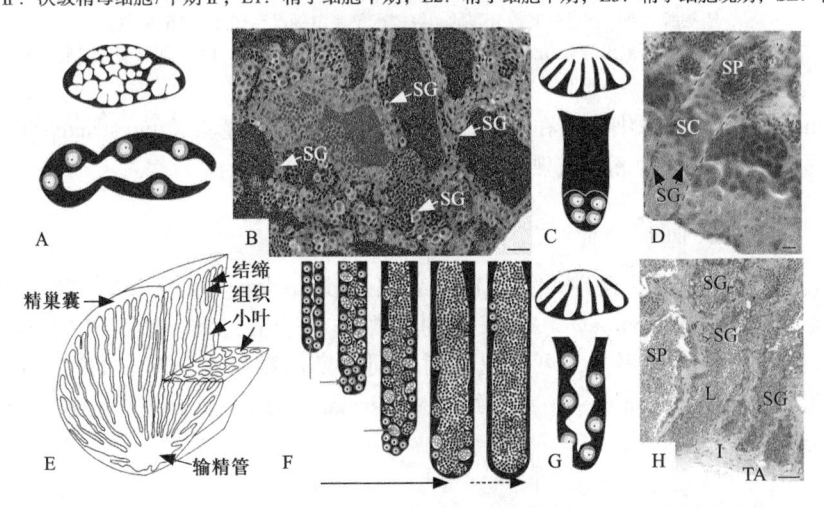

图6-16 鱼类管型与叶型精巢

A, B. 管型精巢；C, D. 有限性叶型精巢；E, F. 叶型精巢；G, H. 无限性叶型精巢；A, C, G. 精巢横截面（上图）与
精小管或小叶横截面（下图）示意图；B. 蓝色阴影显示两个交织的精小管，精原细胞散在分布；D. 红色虚线显示一个精小
叶，精原细胞在小叶盲端；H. 精原细胞散在分布于精小叶内壁；B, D图标尺＝10μm；H图标尺＝50μm。
SG. 精原细胞；SC. 精母细胞；SP. 精子；TA. 白膜；I. 间质；L. 精小叶腔

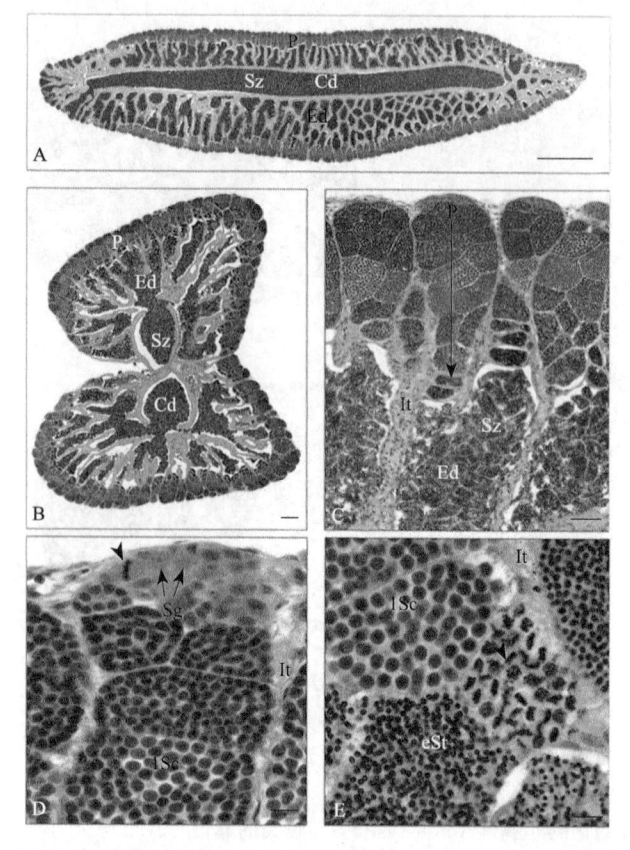

图6-17 有限性叶型精巢［以黑鳍谷鳉（*Goodea atripinnis*）为例］

A. 精巢纵切，标尺=1mm；B. 两个精巢的横切，标尺=200μm；C. 精子的发生从精巢边缘或末端开始，标尺=50μm；
D. 精小叶的末端是最原始的精原细胞，箭头所示为正在进行有丝分裂的精原细胞，标尺=10μm；
E. 稍远离精巢边缘的精小叶里含有初级精母细胞、早期精子细胞和晚期精子细胞的生精囊，
箭头所示为正在进行减数分裂的初级精母细胞，标尺=10μm（HE染色）。
P. 精巢外缘；Sz. 精子；Cd. 中央输出管；Ed. 输出管；It. 间质；Sg. 精原细胞；1Sc. 初级精母细胞；eSt. 早期精子细胞

spermatogonia type）的精原细胞散在分布，又称为无限性叶型精巢（unrestricted lobular testis）。生精囊散在分布，随着发育逐渐成熟并释放精子进入精小叶腔。

（三）精子发育阶段

精子的发育包括了原始生殖干细胞精原细胞（spermatogonium）进行有丝分裂及进行减数分裂为精母细胞（spermatocyte）并发育为成熟的精子的过程（图6-18）。随着季节变化即性周期，在精巢发育过程中，可以观察到不同时期的精细胞。精子的发育划分出4个时期：精原细胞（spermatogonium）、精母细胞（spermatocyte）、精子细胞（spermatid）和精子（spermatozoa）。

图6-18 鱼类精子的发育过程

1. 精原细胞 精原细胞（spermatogonium）相对于其他雄性生殖细胞，体积是最大的，细胞核一般也比较大，位于细胞中央。根据精原细胞的发育过程，可细分为A型未分化精原细胞、A型分化精原细胞和B型精原细胞。A型精原细胞即原始生殖细胞，体积最大且单细胞被一个支持细胞包裹。在胞质线粒体与细胞核之间出现的电子致密团状物质，称为"nuage"。研究表明，"nuage"是原始生殖干细胞的特征之一，成分包括特定mRNA（如vasa、piwi）与核糖核蛋白。随着A型未分化精原细胞即将进入分化阶段，"nuage"变少，细胞核膜褶皱减少，且出现明显核仁。当A型未分化精原细胞进入分裂步骤，则形成2~8个A型分化精原细胞的生殖细胞囊，其外由支持细胞包裹。A型分化精原细胞单细胞体积变小，核圆形或卵圆形，有一个或多个核仁，胞质中基本无"nuage"。B型分化精原细胞存在于16个或更多精原细胞的生殖细胞囊中，数目取决于精原细胞进行减数分裂前有丝分裂的周期数。B型分化精原细胞单细胞体积更小，细胞核中逐渐出现更多异染色质。也有人根据发育阶段将精原细胞分为初级精原细胞和次级精原细胞。初级精原细胞相当于A型未分化精原细胞，次级精原细胞是初级精原细胞有丝分裂后形成的生殖细胞囊中的细胞，相当于A型分化精原细胞和B型精原细胞。精原细胞在精小管或精小叶的内壁多见，且在生殖周期所有阶段的精巢中均存在，不过繁殖季的成熟精巢中精原细胞相对较少。

2. 精母细胞 精母细胞（spermatocyte）分为初级精母细胞（primary spermatocyte）和次级精母细胞（secondary spermatocyte）。B型分化精原细胞经过生长，体积增加而发育形成初级精母细胞。随后初级精母细胞进行第一次减数分裂形成次级精母细胞，细胞变小。次级精母细胞在发育过程中存在的时间很短暂，组织学观察中很难区分，因此通常以精母细胞概称这两个阶段。精母细胞胞质为嫌色性，着色淡；核嗜碱性比精原细胞强，染色更深，无明显核仁。

3. 精子细胞 次级精母细胞进行第二次减数分裂形成精子细胞（spermatid），体积更小，无明显细胞质，细胞核强嗜碱性，有些物种中精子细胞核呈圆形，有些呈锥形（Billard，1986）。

4. 精子 精子细胞经过一系列变态过程发育为精子（spermatozoa），这是精巢中最小的细胞。

（四）精巢发育分型

依据生殖周期将精巢划分为5个阶段（表6-2）。

表6-2 精巢发育各阶段解剖结构与组织学结构特点

精巢发育阶段	解剖结构	组织学结构
Ⅰ期 未成熟阶段	白粉色，细小松弛呈线状	只有初级精原细胞，精小管（精小叶）中无空腔（图6-19）
Ⅱ期 发育阶段	逐渐饱满	次级精原细胞、精母细胞、精子细胞、精子的各时态生精囊出现。但精子未在空腔中出现。早期阶段，出现次级精原细胞。晚期阶段，出现含有精母细胞等生殖包囊（图6-20）
Ⅲ期 繁殖阶段	精巢成熟亮白，饱满粗壮，对鱼腹按压时很容易流出乳脂状精液	精小管空腔与输出管中出现精子。所有时态的生殖细胞均出现早期阶段，精小管空腔出现精子。晚期阶段，精小管空腔充满大量精子（图6-21）
Ⅳ期 退化阶段	精巢退化松弛，呈棕白至深棕色，体积骤缩，按压无反应	精小管中残存少量精子，生精上皮中散在分布次级精母细胞、精子细胞与精子的生精囊
Ⅴ期 再生阶段	形态细小	通常不存在精小管腔，含有少量精原细胞与精母细胞，腔管中偶见少量精子

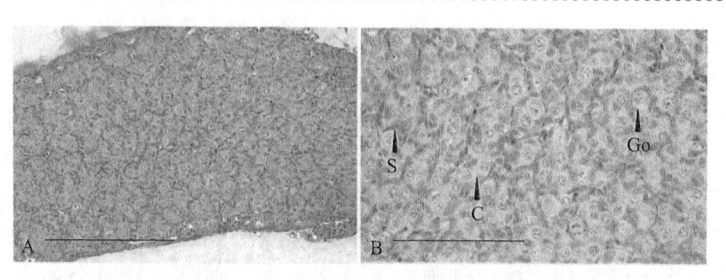

图6-19 管型精巢的Ⅰ期未成熟阶段［以虹鳟（*Oncorhynchus mykiss*）为例（HE染色）］

S. 支持细胞；C. 早期精小管；Go. 精原细胞；标尺A＝100μm；标尺B＝50μm

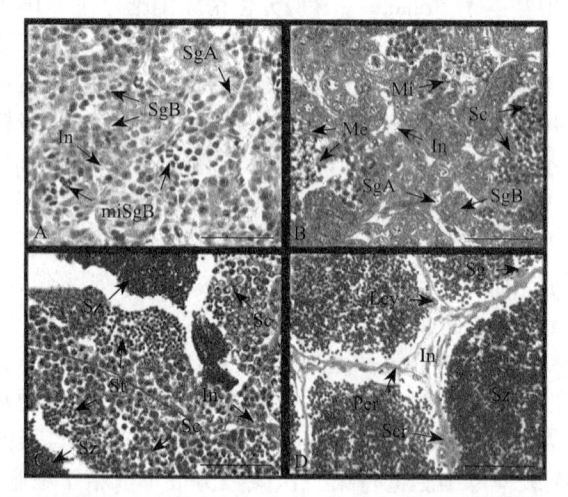

图6-20 管型精巢的Ⅱ期发育阶段（A、B）与Ⅲ期繁殖排精阶段（C、D）

［以虹鳟（*Oncorhynchus mykiss*）为例］

SgA. A型精原细胞；SgB. B型精原细胞；In. 间质；Mi. 有丝分裂；Me. 减数分裂；Sc. 精母细胞；Sz. 精子；St. 精子细胞；Per. 周细胞；Ser. 支持细胞；Sg. 精原细胞；标尺＝50μm

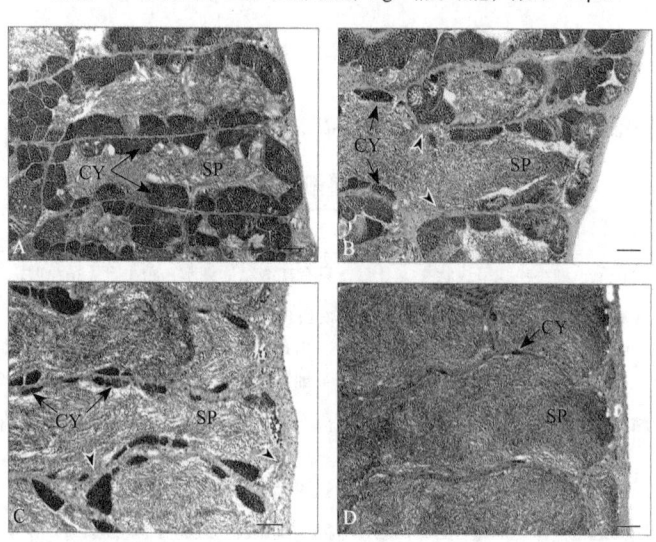

图6-21 无限性叶型精巢的Ⅲ期繁殖排精阶段［以鲻（*Mugil cephalus*）为例］

A. 早期阶段，生精上皮在精小叶内壁连续分布；B、C. 中期阶段，生精上皮变得不连续（箭头），大量精子从生精囊中释放到精小叶腔内；D. 晚期阶段，几乎无生精上皮与生精囊，精小叶腔内充满精子；标尺＝50μm（HE染色）。

CY. 生精囊；SP. 精子

二、输精管

输精管紧接精巢，一对输精管后段合并为总输精管，其末端以泄殖孔开口在肛门与腹鳍之间（图6-22，图6-23）。

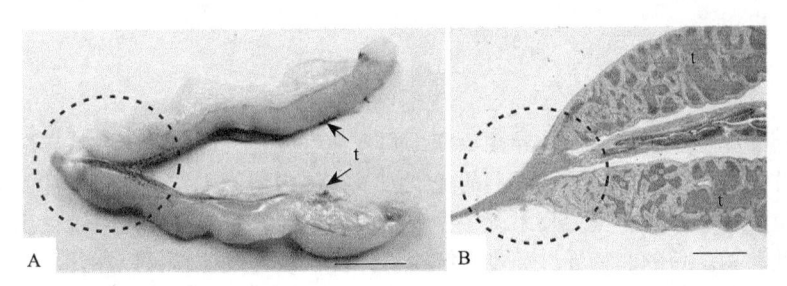

图6-22 丽脂鲤（*Astyanax altiparanae*）输精管
A图标尺=500μm；B图标尺=100μm；染色：PAS/苏木精/甲硝黄；t. 精巢

大部分鱼类都是雌雄异体，自然界中少数鱼类中存在雌雄同体现象，也有一些鱼类由于某些因素（激素干扰或污染物）导致的雌雄同体个例。雌雄同体的鱼类精巢和卵巢有两种发育方式：同步发育和非同步发育（先雌后雄或者先雄后雌）。在组织学中，鱼类雌雄同体性腺的结构（图6-24）分为三种形态：分界型、分离型和混合型。分界型精巢与卵巢之间界线明显，由结缔组织隔离。分离型精巢与卵巢组织之间分离，但无结缔组织隔离。混合型的整个性腺中精巢与卵巢组织混合。此外，学者发现许多决定性别的重要基因，如在生殖细胞中表达的*foxl3*基因。敲除*foxl3*基因的雌性青鳉卵巢出现精子发生的现象，导致雌雄同体产生。

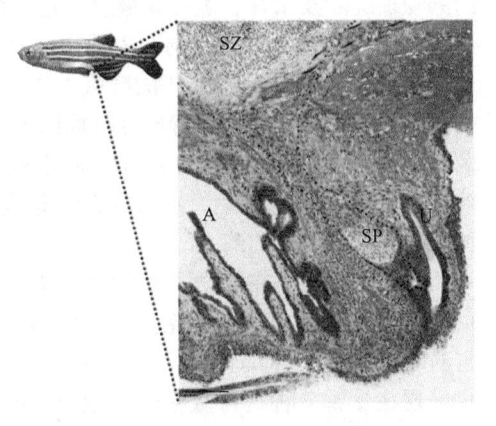

图6-23 泄殖孔结构（以斑马鱼为例）
输精管用虚线划出，内部充满精子；标尺=100μm；
A. 肛门；SZ. 精子；SP. 输精管；U. 输尿管

图6-24 鱼类雌雄同体性腺的结构

第七章 免疫系统

脊椎动物的免疫系统包括非特异性免疫（固有免疫或先天性免疫）和特异性免疫（获得性免疫或适应性免疫）两类。这两种类型的免疫因子在体内协同工作，非特异性免疫在激活特异性免疫中起重要作用，在鱼类免疫系统中扮演主要的角色。特异性免疫系统被认为起源于最早的有颌类脊椎动物。鱼的非特异性免疫系统给机体提供快速反应，可以在几分钟或几小时内被激活，而特异性免疫作用需要几周甚至几个月的时间。鱼类有以下三道免疫防线。

第一道防线是相对坚固的保护，防止外来因子渗入鱼体，如皮肤、鳃表皮、鳃腔和胃肠道内的物理屏障及鳞片、表皮黏液层。它们在控制和预防真菌、细菌或寄生虫感染中最重要。上皮的结构在免疫和渗透压调节中的作用对鱼是极其重要的。鱼类保护屏障受损后愈合非常快。幼鱼被刺激性外部因素损坏的呼吸上皮的修复也很快，常见快速的增殖甚至会导致增殖性鳃病。第一道防线有一些非特异性抗病原因子，如转铁蛋白和凝集素、溶解酶（如几丁质酶、溶菌酶）。白细胞中形成的几丁质酶能溶解真菌、致病性甲壳动物和线虫的体表的几丁质结构。溶菌酶由吞噬细胞产生，不仅存在于黏液中，也存在于鱼的血清和卵中，是一种直接针对细菌、寄生虫和病毒的酶。

第二道防线是在生物体受到病原体攻击后启动的。这种反应的特点是特异性低，不产生免疫记忆。这类免疫反应包括产生一种成分血清C-反应蛋白（serum C-reactive protein，CRP），它对各种细菌产生的内毒素、炎症因子和自身组织的损伤作出反应。另一种成分是干扰素，它出现在受到各种病毒攻击的细胞中。第二道防线由非特异性吞噬作用组成，包括颗粒细胞（granulose cell）、巨噬细胞（macrophage）、单核细胞（monocyte）和血栓细胞（thrombocyte）等非特异性细胞参与其中。鱼类的吞噬细胞分散在鳃和鳃腔及肾、脾和胸腺等淋巴器官内。

第三道防线指针对特定抗原的特异性免疫反应，包括淋巴细胞、体液因子和在免疫反应中与淋巴细胞一起发挥作用的其他细胞。这种特异性反应由淋巴细胞（B淋巴细胞和T淋巴细胞）负责，产生针对特定抗原的特异性免疫球蛋白（抗体）和免疫记忆。

鱼类免疫系统的功能受水环境的影响，水体温度对鱼体影响最大。对一个物种来说，最佳的免疫反应发生在一个最佳的温度。一般来说，热带鱼比冷水鱼免疫反应更快。低温不会影响哺乳动物的免疫反应，但低温可能会引起鱼类免疫抑制。其他许多物质或因素也会导致鱼体内的免疫抑制或免疫激活。免疫刺激剂，如益生菌（probiotic）、益生元（prebiotic）和植物提取物在水产养殖中都有重要的应用价值。与高等脊椎动物相比，鱼类的抗体反应较弱，并有一定的延迟。此外，鱼体内不同部位免疫反应的速度也会有所不同。哺乳动物的免疫记忆反应较强，鱼类的记忆反应弱。哺乳动物有5种免疫球蛋白（IgM、IgA、IgD、IgE和IgG）。硬骨鱼有IgM和IgD，而软骨鱼有IgM、IgX/IgR和IgW。

主要组织相容性复合体（MHCII）、CD8、IgM、IgT和SAA（serum amyloid A）等免疫分子在鱼体的多种器官和组织中都有表达。SAA主要在肝脏产生，具有促进巨噬细胞吞噬的功能。虹鳟（*Oncorhynchus mykiss*）仔鱼假鳃中SAA表达率较高，可见大而圆的免疫反应细胞。

第一节 免疫器官

哺乳动物的胸腺和骨髓属于初级淋巴器官（中枢淋巴器官或一级淋巴器官），而脾脏、淋巴结和派伊尔结（Peyer's patches）属于次级淋巴器官。此外，哺乳动物可能会区分出其他被称为三级淋巴器官的淋巴组织（tertiary lymphoid organ，TLO），包括没有包膜的淋巴器官，包埋在其他器官内。TLO更多地被认为是一个功能单位，是可以产生免疫效应细胞的总称，而不是组织学上确定的结构。目前还没有确定鱼类中是否含有TLO的结构。鱼没有淋巴结，也没有派伊尔结。但是类似的结构如鳃间淋巴组织成为鱼类免疫系统中的重要组成部分。

一、胸腺

淋巴中心的发育水平决定了动物的免疫能力。胸腺是脊椎动物的中枢淋巴器官，发挥重要的作用。胸腺负责幼体免疫系统的形成、外周淋巴组织的发育和胸腺依赖T淋巴细胞的成熟。少数物种成体的胸腺会退化，其功能可能被其他免疫器官代替。

胸腺存在于除无颌类以外的几乎所有鱼类中。盲鳗在咽膜肌中有白细胞群，七鳃鳗鳃区有淋巴细胞群，这可被认为是一种原始胸腺。软骨鱼金谷曼（如 *Chimera monstrosa*）的胸腺位于咽的上部，腺体分为皮质和髓质，有大量的淋巴细胞，胞质少呈圆形。不规则的巨噬细胞数量较少。大淋巴细胞有伪足。上皮内的网织红细胞长，可达100μm。它们与淋巴细胞密切接触。软骨鱼（如Holocephali）的胸腺也会退化，如狗鱼（*Esox lucius*）成年时胸腺退化。而在虎鲨这样的原始鲨中，胸腺不随年龄的增加而退化。

多数鱼如鲤或虹鳟，胸腺通常出现在其他淋巴细胞中心形成之前，因此它被称为初级淋巴器官。但是在一些鱼类中，脾脏和前肾比胸腺出现得早，如在褐菖鲉（*Sebastiscus marmoratus*）和真裸南极鱼（*Harpagifer antarcticus*）中。但即使这样，胸腺在鱼类免疫系统的发育中都起着重要的作用，并且在发育成熟后继续发挥功能。硬骨鱼胸腺所在的位置靠近鳃腔上皮（图7-1），而生活在海底的鲅鳒鱼的胸腺位于鳃腔的后方。胸腺通常是由左右两部分组成的器官，每个鳃腔有一个，但杯吸盘鱼（*Sicyases sanguineus*）的每个鳃腔有一对胸腺。虹鳟幼鱼每个鳃腔中的胸腺分三个部分。很多鱼类的胸腺可以暴露在鳃腔的环境中，其仅被一层非常薄的咽上皮覆盖，而在琵琶鱼（angler fish）中，胸腺外有一层疏松结缔组织保护，位置更深。从内部看，胸腺被外膜分隔，外膜由上皮细胞组成。胸腺周围的包膜内陷到胸腺基质中，产生小梁，毛细血管穿透其中。

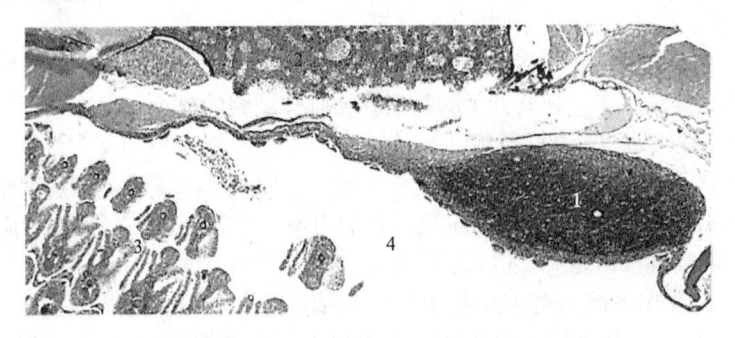

图7-1 鳜幼鱼的胸腺（HE染色，40×）
1. 胸腺；2. 头肾；3. 鳃；4. 鳃腔

胸腺的组织结构不仅取决于其在体内的位置，还取决于个体的年龄、性别、遗传、环境条件和营养状况。胸腺和其他淋巴器官中的所有细胞都位于网状细胞构建的纤维网内。胸腺起源于脊椎动物的咽囊（pharyngeal pouch），是个体发育过程中第一个贮存淋巴细胞的器官。它是淋巴细胞发育和成熟所必需的器官。

鱼类胸腺上皮中常见以下几种类型的细胞：包囊细胞（capsular cell）、皮质和髓质网状细胞（cortical and medullary reticular cell）、血管周围内皮细胞（perivascular endothelial cell）、中间细胞（intermediate cell）、孵育细胞（nurse-like cell）和Hassall样小体。

孵育细胞（或中间上皮细胞）出现在皮层，位于皮质和髓质的边界处。这些大约30μm，且形状不规则的细胞具有一个或多个细胞核。这些细胞的任务是为T淋巴细胞的成熟创造环境。Hassall样小体是椭圆形的上皮结构，约50μm，存在于鱼类胸腺的皮层和髓质中。它们的细胞质中有许多囊泡，参与T细胞的分化。

在胸腺中，存在具有杆状内含物的分泌细胞，即为杆状细胞（rodlet cell）。它们类似于杯状细胞，但功能尚不明确。除淋巴细胞外，有文献明确记录胸腺还有以下多种细胞：浅色网状上皮细胞（pale reticular epithelial cell）、深色网状上皮细胞（dark reticular epithelial cell）、被膜下上皮细胞（subcapsular epithelial cell）、血管周细胞（perivascular cell）、中间上皮细胞（intermediate epithelial cell）、肌样细胞（myoid cell）、分泌细胞（secretory cell）和巨噬细胞（macrophage）等。只有杆状细胞没有在哺乳动物体内发现。

浅色网状上皮细胞出现在皮质中，有时出现在皮质的外部。这些细胞大小为8～12μm，形状不规则，包含一个浅色的圆形细胞核，有1～3个核仁。这些细胞的功能是为胸腺细胞的发育创造合适的微环境。

深色网状上皮细胞（髓质上皮细胞）存在于髓质、皮质和髓质的交界处。这些细胞呈星形，形状有些不规则，有长突起，包含一个不规则形状的细胞核，含有大量异染色质。它们通常被周围的大量淋巴细胞所扭曲。这些细胞的作用是参与胸腺髓质区和淋巴细胞微环境的形成。

被膜下上皮细胞呈细长形，包含一个圆形细胞核。它们出现在包围胸腺的包膜下，负责调节胸腺上皮功能和成熟胸腺细胞的迁移。被膜下上皮细胞与胸腺素（一种胸腺激素）的产生有关，胸腺素能够使T淋巴细胞成熟和增殖。

血管周细胞或限制细胞为胸腺皮质中血管周围的单层细胞，特别是在包膜下的区域。这些细胞呈金字塔形，具有长的胞质突起。不规则形状的细胞核，在核膜附近出现明亮的浓缩异染色质。血管周细胞有助于胸腺血管周围胶原纤维的形成，使其更强韧。

中间上皮细胞细长，细胞核椭圆形。它们经常在皮质中被观察到，而在胸腺的髓质区很少见。这些细胞通常以簇的形式出现，并有形成桥粒的趋势。与浅色和深色网状上皮细胞不同，IEC旨在通过桥粒连接聚集和建立细胞间的联系。

肌样细胞存在于胸腺中，大的约30μm，呈卵圆形，细胞核色浅，位于髓质。在澳大利亚肺鱼胸腺的电子显微照片中，观察到了胸腺细胞与肌样细胞的靠近，但在电镜下没有发现细胞间的连接（Mohammad et al.，2007）。

分泌细胞呈椭圆形或不规则形，在细胞中央有一个明亮的细胞核。这些细胞与分泌的小杆细胞（secreted rodlet cell）位于不同的位置。它们出现在包膜下皮质区或血管附近，沿着结缔组织。它们的功能没有精确定义，但它们产生细胞因子和调节因子。

鱼类胸腺中的巨噬细胞与哺乳动物中的巨噬细胞相似。它们的大小可达12～17μm，细胞核大而明亮，有1～3个核仁，偏心排列在细胞内。这些细胞的功能是进行吞噬和抗原呈递。有非活化的和活化的两类巨噬细胞，后者的特征是存在异质物质、电子致密体和吞噬的胸腺细胞。巨噬细胞存在于皮质和髓质中，但是能够吞噬凋亡淋巴细胞的巨噬细胞主要位于髓质区。

二、脾脏

脾脏是主要的造血组织，负责产生红细胞、颗粒细胞和血栓细胞。脾脏中也有淋巴组织，但与哺乳动物不同，鱼类的脾脏中没有生发中心（germinal center）和明显的白髓（white pulp）。白髓是高等动物脾实质中主要由淋巴细胞密集构成的淋巴组织。新鲜脾切面上呈分散的灰白色小点，沿动脉分布，分散于红髓之间，包括动脉周围淋巴鞘和脾小体（图7-2）。

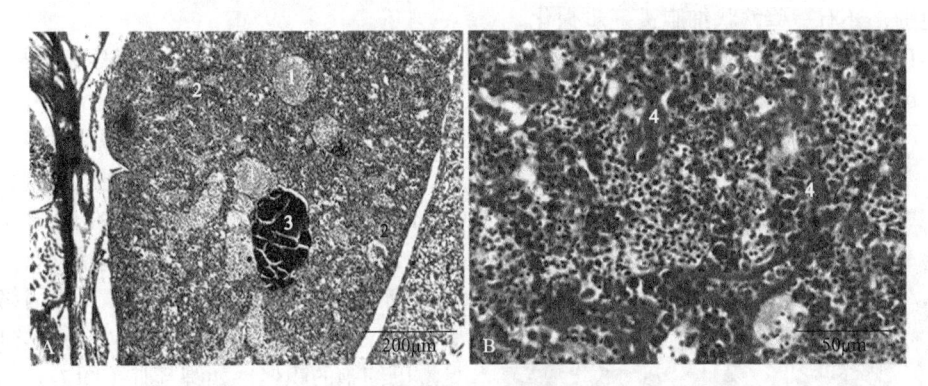

图7-2　低倍显微镜（A）和高倍显微镜（B）下鳉（molly fish）脾脏（HE染色）
1. 白髓；2. 红髓；3. 黑色素巨噬细胞中心；4. 椭球体。
硬骨鱼的脾脏可以滤除异物、清除有缺陷的红细胞。它主要由红髓（红色）组成，而白髓（淋巴样区）边界不清晰（浅色）。红髓由混合着各种血细胞（红细胞、血栓细胞）的成纤维细胞组成

在个体发育过程中，脾内微细结构和功能及其比例在不同品种体内有所不同。在虹鳟脾的生长和发育过程中，红细胞生成功能在最初几个月占主导地位，但随着时间的推移逐渐减弱。到12个月大的鱼体时，可见淋巴细胞群，且与红细胞的数量接近。与肾脏相比，虹鳟脾脏中淋巴组织和颗粒细胞的比例明显较小。在野鳟（*Salmo letnica*）雌性生殖周期（卵黄发生前和产卵期之间）中可观察到淋巴组织的生长，产卵后有下降趋势。

脾脏作为一个整体器官被包裹在由结缔组织、立方形的腹膜上皮和巨噬细胞组成的囊中。在鱼的脾脏中，可以分辨出毛细血管和椭球体（ellipsoid）。后者通常具有由内皮细胞、网状纤维和巨噬细胞形成的厚壁。所有鱼类脾脏内都有椭球体。

鲤脾脏中的黑色素巨噬细胞位于结缔组织囊内，与淋巴细胞和椭球体细胞非常接近。脾脏包含实质的两个组成部分，即白髓和红髓（red pulp），它们在哺乳动物中清晰可见，并且都被网状纤维所包围。鱼脾脏中白髓边界不清，淋巴组织是分散的，常见以围绕血管的簇群的形式存在（图7-2）。鲟的脾实质包含白髓和红髓。在杂交鲟［Beluga（*Huso Huso*）和sterlet（*Acipenser ruthenus*）杂交］及白色太平洋鲟（*Acipenser transmontanus*）中，脾脏的白髓以囊泡的形式出现，包含淋巴细胞、嗜酸性粒细胞和巨噬细胞。

板鳃亚纲动物的脾脏形状不同，可以分成两部分或更多部分，最多有上百个。组成鲨脾脏的结构单元取决于鱼的大小。脾动脉分为较小的血管，其末端为通向红髓的椭圆形小动脉（ellipsoid，椭球体）。白髓由动脉周围淋巴鞘（PALS）形成，PALS由网状结构内的大量淋巴细胞组成。此外，还来自与免疫球蛋白产生相关的大量浆细胞。椭球体由结缔组织细胞同心排

列的薄片组成。在一些代表性的鳐（rays）中，在脾脏中发育几周后形成淋巴心（lymph heart）。

三、肾脏

硬骨鱼的肾脏是一个具有多种功能的器官，包含多种成分：造血组织、网状内皮、内分泌和排泄等不同部分。肾的前部（pronephros 或 head kidney）主要由造血成分组成，而肾的后部（opistonephros 或 excretory kidney）是负责排泄的部分。

在鱼的免疫系统中，肾脏起着二级淋巴器官的作用，与抗体的产生相关，并且在某种意义上它也作为一级器官行使这一功能，因为该组织富含干细胞。鲤鱼的头肾被一层规则的结缔组织所包围，还有一些网状细胞进一步强化。

淋巴组织是分散的，但其聚集物出现在血窦之间，并沿着静脉和动脉血管形成白髓（white pulp）。在非淋巴组织（红髓）中，有代表红细胞生成和颗粒细胞生成过程中不同阶段的细胞。肾脏的各个部分都可见黑色素巨噬细胞，但最常见的还是在较大的血管和血窦周围（Lamers and De Haas，1985）。在鲤的体肾中，在肾小管间有髓样和淋巴样薄壁组织，它们由网状细胞与薄壁的血管交替形成的网络支撑。黑色素巨噬细胞簇不多，位于肾通道之间，可见淋巴细胞的积聚，如鲤肾脏（图7-3）。

在鲟的肾脏中，排泄和淋巴结构都存在。后者参与完成造血组织的功能，主要与鲟肾的前段相关。在这一部分，发现大的（13～20μm）原始细胞，包括许多有丝分裂期。也有类似于浆细胞的大细胞，具有高度染色的嗜碱性细胞质和偏心定位的细胞核；除此之外，还有淋巴细胞、颗粒细胞和巨噬细胞。

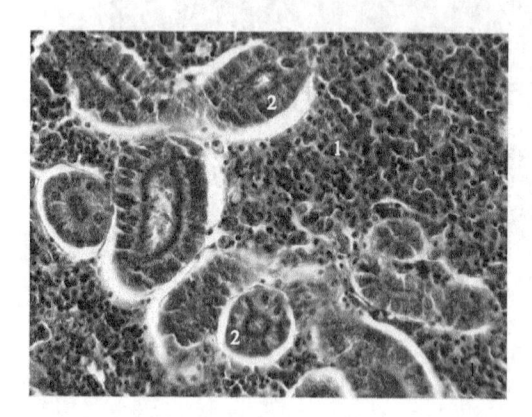

图7-3 鲤肾脏（Masson's 三色染色，200×）
（改自 Mokhtar，2021）
1. 造血组织；2. 肾小管

第二节　淋巴组织

鱼类的淋巴和淋巴髓系组织（lymphomyeloid tissues）有很高的多态性。除胸腺、肾脏和脾脏外，还包括与食道相关的赖迪氏器（Leydig organ），它是软骨鱼类食道黏膜层下方扁平的器官，能生成白细胞，当脾脏移去后，它也能产生红细胞。还有与性腺相关的性腺上器官（epigonal organ）、围绕心脏的心包组织（pericardial tissue）、位于鱼眼区域的眼眶和眶前组织（orbital and the preorbital tissues）及七鳃鳗体内食道相关的淋巴组织，有时会出现淋巴细胞群。

赖迪氏器是位于食管黏膜下层的造血器官，但并非所有的物种都有。这种器官有时只有残留部分。赖迪氏器是软骨鱼体内防御系统的一个组成部分，其中包含大量淋巴细胞和颗粒细胞。在小点猫鲨（*Scyliorhinus canicula*）的个体发育过程中，免疫球蛋白阳性细胞出现在赖迪氏器中，两个月后出现在肝脏和肾脏中。在一些物种中，赖迪氏器和性腺上器官都具有。这两个器官的发生有一定的关系，当其中一个不存在或很小时，另一个往往会更大。性腺上器官是有粒白细胞成熟的部位，有粒白细胞表现出不同的发育阶段，成熟后再进入血管。器官中存在的淋巴细胞有时形成簇，淋巴细胞有大有小（7～14μm），圆形，有时有不规则的胞质突起，但未发现浆细胞。在犁头鳐（*Rhinobatos rhinobatos*）中该器官有许多血窦（毛细血管网）。根据性腺的结构，这种成对的双侧器官可以有不同的构造，也可能是单个的。性腺上器官围绕着精巢、卵巢和肝脏。其组织结构与赖迪氏器相似。赖迪氏器和性腺上器官都富含粒细胞，其特点是具有高活性的细菌溶解酶、溶菌酶、甲壳素酶。铰口鲨（*Ginglymostoma cirratum*）性腺上器官（图7-4）是B淋巴细胞形成的地方。

心包组织类似于淋巴结，围绕着心脏。这个器官的任务是维持鲟血管内皮和淋巴细胞的相互作用。淋巴细胞在白鲟和杂交鲟的心包组织中占

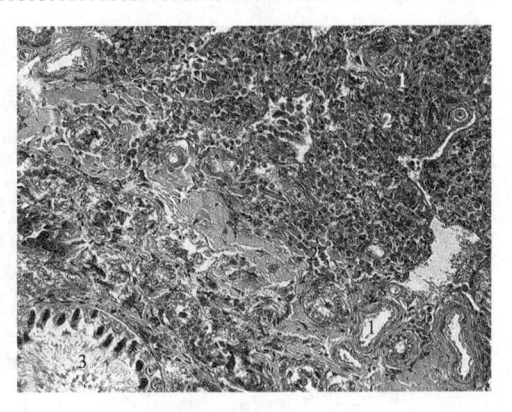

图7-4 性腺上器官（Masson's三色染色，200×）
1. 血管；2. 白细胞；3. 精小管

优势。该器官分成更小的部分，由一层结缔组织相互隔开。它们的中心含有许多不规则细胞，被充满血液或淋巴的窦所包围。心包组织中存在以下细胞：淋巴细胞、网织红细胞和颗粒细胞，巨噬细胞很少。整个细胞集合被静脉窦的内皮覆盖，用电子显微镜观察可见淋巴细胞通过内皮细胞之间的空间迁移。

眼眶组织（orbital tissue）和眶前组织（preorbital tissue）是特殊的淋巴髓样组织，可在某些全头亚纲（Holocephali）品种中发现，它扮演着骨髓的角色。这些组织位于大西洋银鲛（*Chimaera monstrosa*）的眼睛周围和颅骨的眶周管内。超微结构研究揭示其主要由颗粒细胞（嗜酸性细胞和异嗜性细胞）组成，约占组织所有细胞的80%。浆细胞少，它们约占细胞组成的5%。这些细胞的大小可达15μm，其特征表明它们是蛋白质生产的场所。眶前组织还含有淋巴细胞、巨噬细胞和原始细胞，尽管数量很少。

第三节　黏膜相关淋巴组织

黏膜相关淋巴组织（MALT）是动物体不同黏膜组织内聚集的或分散的淋巴细胞的总称。根据在硬骨鱼体内出现的位置，MALT分为以下几类：肠道相关淋巴组织（GALT）、皮肤相关淋巴组织（SALT）、鳃相关淋巴组织（GIALT）和鼻咽相关淋巴组织（NALT），后者与嗅觉器官密切相连。鱼类MALT有三个特征：淋巴细胞分散，无固定结构；特异性黏膜IgT免疫球蛋白和IgT＋B细胞占优势；被鱼类黏膜免疫球蛋白覆盖的有多种共生细菌。

GIALT由一些分散的成分组成，只有鳃间淋巴组织（ILT）内淋巴细胞非常集中，这是在脊椎动物鱼体内发现的独特结构（图7-5）。其位于鳃腔中，容易与外部环境接触，可以在其中发现抗原，是鱼类免疫系统的重要组成部分。例如，鲑科鱼类中证实存在的鳃间淋巴组织是T淋巴细胞聚集的部位，其分布的位置方便和抗原相遇。虹鳟和性成熟大西洋鲑鳃的组织学横切面上已经确定了其鳃间淋巴组织。有研究认为上皮网状组织中的白细胞是T淋巴细胞，鳃间淋巴组织是一个次级淋巴器官。成年大西洋鲑ILT几乎是胸腺的13倍，但是不能完成主要淋巴器官的功能。这个器官还能参与外周免疫耐受，因为它位于鳃间隔的远端，可能接触到水中存在的无害抗原。在致病因素的影响下，ILT的结构可能发生不同方向的变化。大西洋鲑中ILT体积的减小和轻微的炎症反应是由导致鲑传染性贫血的ISA病毒感染引起的。再如，海洋变形虫是一种引起变形虫鳃病的病原体，在海水环境中引起网箱养殖的鲑接近50%的死亡率，引发淋巴细胞的ILT扩大和增殖。

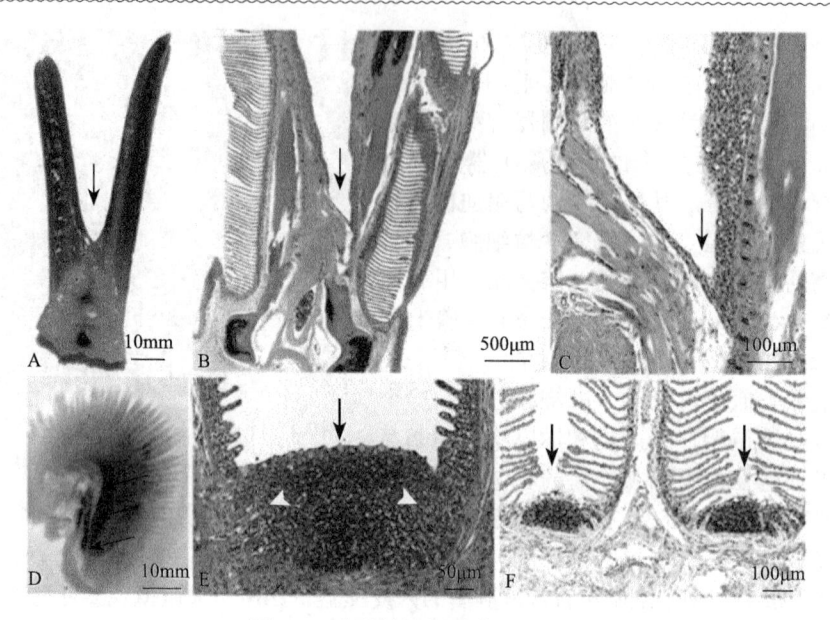

图 7-5　欧洲鲈鳃相关淋巴组织

A. 一个鳃片的两个半鳃，箭头指鳃裂末端；B, C. 鳃横切，鳃裂底部没有淋巴样结构；D. 鳃纵向外形；E, F. 鳃纵切，鳃裂底部有淋巴样细胞结构；F. 淋巴细胞的免疫组化染色（anti-Zap-70 抗体标记）

鱼体内还有鼻咽相关淋巴组织（nasopharynx-associated lymphoid tissue，NALT）（图 7-6）。鼻咽相关淋巴组织在鸟类和哺乳动物中作为第一道防线的一部分。在虹鳟、澳大利亚鳗鲡、金鱼的嗅板中散布着许多髓样细胞和淋巴样细胞。淋巴细胞以分散的形式存在于虹鳟鱼的 NALT 中。鱼类的嗅觉器官可以参与特异性和非特异性的防御反应，虹鳟鱼嗅觉器官的上皮层中存在 IgT＋和 IgM＋细胞。免疫反应过程中嗅觉器官内神经元和免疫细胞之间具有复杂的相互作用。神经和免疫相互作用可能控制硬骨鱼所有黏膜组织的免疫反应。

图 7-6　鳜鼻黏膜（HE 染色）

1. 鼻黏膜层底部的淋巴细胞；2. 鼻黏膜上皮层；3. 皮肤内的黑色素细胞；4. 黏膜下层

多聚 IgT（polymeric IgT）作为鱼类肠道相关淋巴组织中主要的免疫球蛋白。在哺乳动物中，这种作用由 IgA 发挥，鱼类的这些免疫球蛋白包裹肠道共生生物。在针对肠道寄生虫的反应中，鱼类和哺乳动物分别产生特异性 IgT 或 IgA。在鱼体内，由于免疫球蛋白多聚体受体的作用，分泌型免疫球蛋白可以转运到肠腔。硬骨鱼与消化道相关的淋巴组织以分散细胞（淋巴细胞、浆细胞、粒细胞和巨噬细胞）的形式或存在于固有层和上皮中，或以小群体的形式存在。在成年莫桑比克罗非鱼中，高密度的肠道相关淋巴组织出现在肠道中。在澳大利亚肺鱼中，与 GALT 相关的防御系统在性未成熟的鱼中比在成熟的个体中更活跃。一些鲟胃肠道相关的组织内含有大量的淋巴细胞，主要位于螺旋瓣中。

脊椎动物中的皮肤相关淋巴组织（SALT）存在于鱼类和两栖动物中。鱼类的皮肤是一个很大的器官（幼体皮肤的相对比例更高），具有多种功能（如保护屏障和防御反应的场所、呼吸、渗透调节、运动、感觉和分泌功能)。鱼类的皮肤与其他脊椎动物不同，其特点是缺乏角质化且上皮细胞均为活细胞。它们与暴露在水环境中的鳃和鳃腔上皮细胞相似，SALT的结构接近肠道相关淋巴组织，因为肠道相关淋巴组织也包括各种微生物群，它们被分泌的免疫球蛋白所包围，特异性IgT蛋白作为对病原体的反应会出现在这两种组织中。各种鱼类的皮肤结构不同，分泌的黏液成分或分子的存在也有差异。健康的鱼表皮在上皮细胞之间含有一定数量的分泌细胞（杆状细胞、囊状细胞、杯状细胞、马氏细胞）。在压力下，分泌细胞会更多。皮肤中的分泌细胞负责产生黏膜分泌物；其中马尔皮基细胞和杯状细胞可能还具有其他功能，如吞噬作用。

存在于鱼皮肤的黏液内的抗体在对抗细菌感染中非常重要。鱼类的细菌性疾病是最常见的疾病类型，占所有疾病患病率的一半以上。欧洲鳗的浸泡疫苗对弧菌的有效性不仅体现在全身性（血清），也体现于局部（黏液）反应。黏液中的抗体在感染初期起着重要的作用，可保护身体免受细菌定植的影响。

第四节　免疫系统的特殊细胞

一些淡水和海水鱼类中观察到的杆状细胞分布在鳃上皮、肠和肾脏的黏膜下层，而且数量很多，杆状细胞呈椭圆形，其长度略大于鱼类的红细胞。胞体拉长并垂直于上皮表面，如赤梢鱼肠黏膜层杆状细胞（图7-7）。在罗非鱼幼体（孵化后22d）的肠道中也有极少数这种细胞。在鱼的胸腺中，它们与这个器官的包膜（capsule）有关。这些细胞的核位于细胞的一极，小杆的形态稳定，即使在细胞死亡过程中也能保持不变。

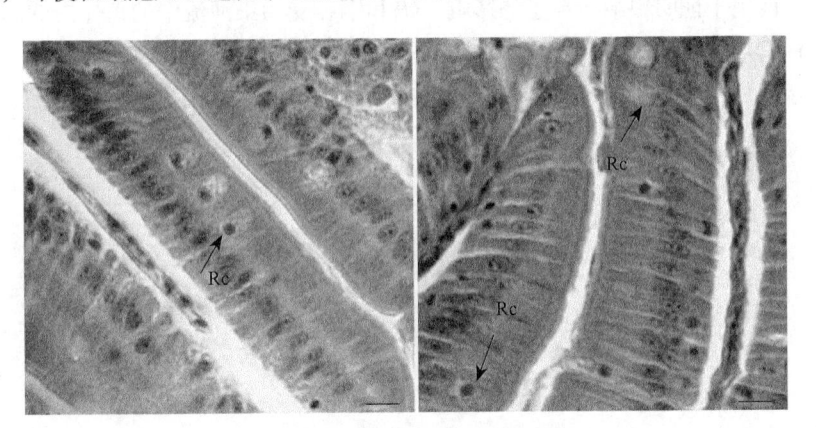

图7-7　赤梢鱼肠黏膜层杆状细胞
Rc. 杆状细胞；标尺=10μm

在鱼类、两栖动物和爬行动物中可以观察到黑色素巨噬细胞聚集体或黑色素巨噬细胞中心（MMC），它们不只是包括有巨噬细胞特性的一类细胞。其存在于各种器官中（通常在鱼的脾、肾和肝中）。在鱼的组织中，MMC在仔鱼进食后开始出现。随着鱼类年龄的增长，MMC的数量增加，在饥饿期间可见其发展。黑色素巨噬细胞中心的结构因鱼类的不同而不同。MMC呈结节状，由来自周围组织的一层扁平的细胞形成的胶囊隔开。在小的MMC中，边界一般不清晰。巨噬细胞最常见的色素是脂褐素、黑色素和含铁血黄素。硬骨鱼的黑色素巨噬细胞中心是捕获抗原与免疫系统相互作用的地方，因此在这些中心内靠近巨噬细胞的地方发现了小淋巴细胞，也是抗原提呈的细胞（图7-8）。

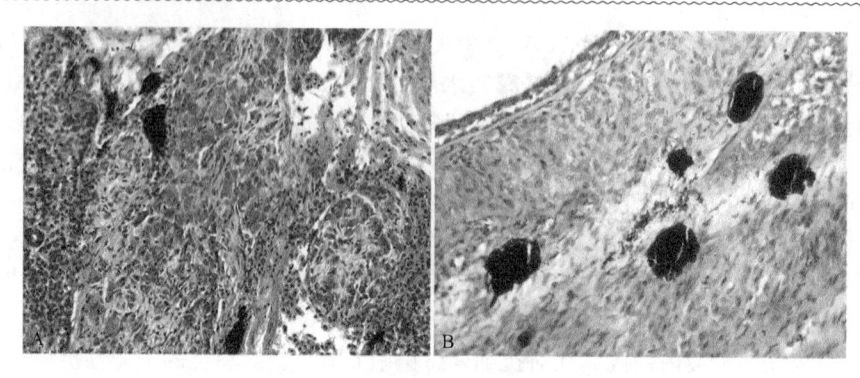

图 7-8 鳜的黑色素巨噬细胞中心
A. 中肾；B. 鼻旁皮肤

耐抗生素的细胞内细菌，包括那些导致细菌性肾病（bacterial kidney disease）的细菌，可以在MMC内积累；这种积累可能导致慢性消耗性疾病的发展。有研究认为，细胞内寄生虫[微孢子虫（*Microsporidia*）和顶复门（*Apicomplexa*）]几乎不会诱导任何宿主的免疫反应。在这种寄生虫的情况下，巨噬细胞可以像特洛伊木马一样用于在鱼类体内传播感染。成簇的和单个的MMC可以在器官中各种细菌的位置周围积累，或者接近包囊内寄生虫的幼虫。

在鲤疱疹病毒感染期间，鲤的鳃和肝脏中观察到大量带有坏死、嗜酸性细胞碎片的巨噬细胞。黑色素巨噬细胞中心也是一种非特异性工具，用于监测和评估水生环境中各种污染物的影响。在胡鲶（*Clarias gariepinus*）的肝脏、肾脏和脾脏中，黑色素巨噬细胞中心作为免疫组织学生物标志物被用于证明银纳米粒子的影响。镉和铜在受污染河流中的鱼体内的高积累与免疫系统的反应有关，表现为鳃的炎症、肝脏中的炎症、淋巴细胞浸润和巨噬细胞群。

第八章
内分泌系统

内分泌系统包括几个大的腺体，还有众多弥散的内分泌细胞分布在身体的各个部位。它们控制消化、发育、新陈代谢、生长、繁殖等生理活动。内分泌腺与神经系统一起参与维持相对稳定的生理状态，称为内稳态。它们的功能密切相关，相互协调，相互促进，如下丘脑-垂体复合体。与高等脊椎动物相比，硬骨鱼具有一些特殊的内分泌器官，如斯坦尼斯小体、尾垂体、后鳃腺和假鳃。硬骨鱼缺乏甲状旁腺（图8-1）。

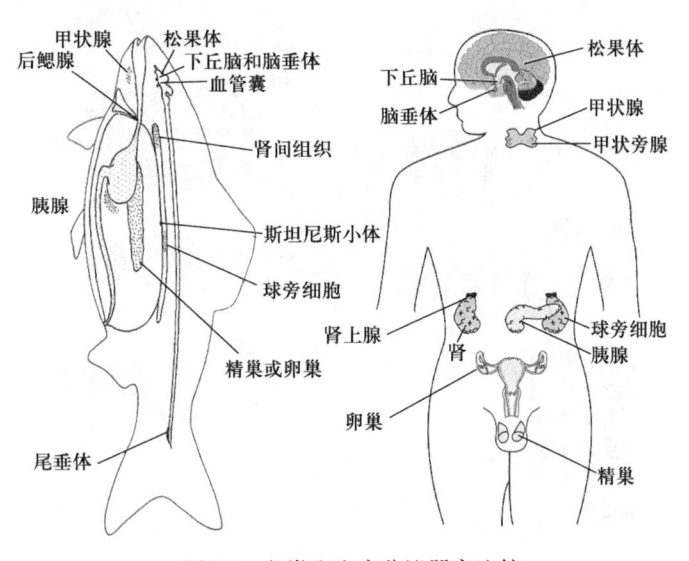

图 8-1　鱼类和人内分泌器官比较

第一节　下丘脑和脑垂体

下丘脑（hypothalamus）作为中枢神经系统间脑的一部分，接收体内外的信息进行综合分析，通过分泌释放或抑制激素来调节垂体的激素分泌。下丘脑中最重要的激素如下：①生长激素释放激素（GRH），以刺激垂体远侧部生长激素（GH）的分泌和对抗释放抑制激素生长抑素（SS）。生长激素的主要目标是肝脏产生胰岛素样生长因子-Ⅰ，也影响鳃渗透调节。②促甲状腺激素释放激素（TRH）作用于腺垂体远侧部的细胞，调节甲状腺的活性。③促性腺激素释放激素（GnRH）通过调控远侧部细胞增加促性腺激素、黄体生成素（LH）和卵泡刺激素（FSH）的分泌，影响性腺配子发生和性类固醇、孕激素、雄激素和雌激素的类固醇生成。④远侧部催乳素（PRL）可能受到下丘脑衍生的催乳素释放素（PRH）和催乳素释放抑制素（PRIH）的拮抗调节。然而，在硬骨鱼中，特定PRH和PRIH的明确证据仍不足，并且PRL

的释放是由于多因子调节，因为PRL还影响与渗透调节和繁殖有关的多种功能，这些功能在不同物种之间差异很大。⑤腺垂体的中间部，释放黑素细胞刺激素（MSH），以影响许多鱼类的颜色变化和与光周期相关的生理效应。而MSH的分泌主要受促黑素抑制素（MRIH）的影响。⑥在下丘脑中，硬骨鱼产生两种九肽，精氨酸血管收缩素（VT）和一种催产素样激素，异收缩素或中收缩素。合成九肽的下丘脑细胞的轴突投射到神经垂体（neurohypophysis）或神经部，九肽从神经垂体或神经部释放到血液循环中，主要影响渗透调节，但也提供进一步的生理作用。

垂体（pituitary）是鱼类的内分泌系统承上启下的核心器官。它位于间脑（下丘脑）下方，视交叉后面，血管囊前面，并通过柄与间脑相连。脑垂体完全被结缔组织囊所包裹。鱼的脑垂体是一种复杂的神经上皮结构，虽然在不同物种之间有些不同，但在主要形态和功能上非常相似（图8-2）。哺乳动物大脑半球遮挡了脑垂体，垂体的位置与其他动物相似。

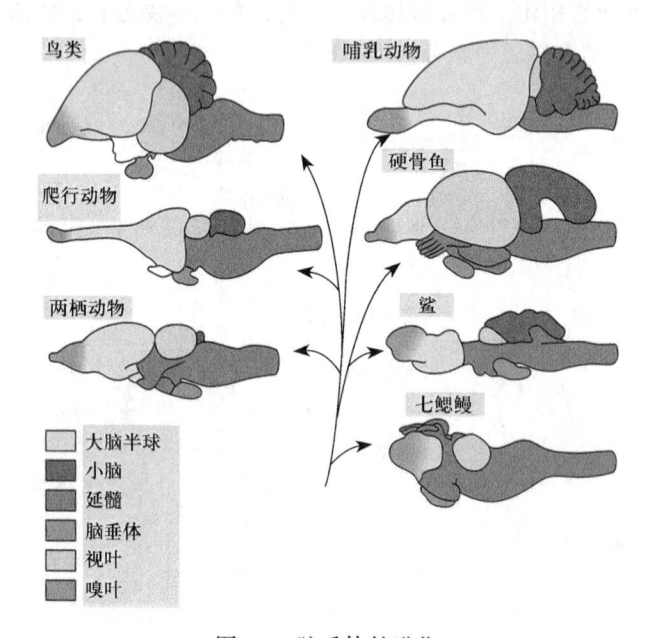

图8-2 脑垂体的进化

脑垂体中起源于原口上皮组织的部分为腺垂体，起源于大脑神经组织的部分为神经垂体，后者由下丘脑-垂体束的神经分泌神经末梢、血窦和胶质细胞（垂体细胞）组成。两个区域有相当大的交错区域（图8-3）。

Pickford等（1957）将腺垂体分为前腺垂体（proadenohypophysis）、中腺垂体（mesoadenohypophysis）和后腺垂体（metaadenohypophysis）三个部分和神经垂体（neurohypophysis）。Gorbman（1965）将腺垂体三个部分称为前外侧部/垂体前叶（rostral pars distalis, RPD）、中外侧部/垂体间叶（proximal pars distalis, PPD）和中间部（pars intermedia, PI）。虽然上述三种命名不同，但是所指的位置一致。前腺垂体位于中腺垂体背侧，呈条状。后腺垂体和神经部密切联系，位于远端。中腺垂体居二者之间，以罗非鱼垂体为例（图8-4）。

大多数物种的前外侧部包含促肾上腺皮质素（ACTH）细胞和催乳素（PRL）细胞。促甲状腺激素（TSH）分泌细胞也可能存在于前外侧部。中外侧部含有生长激素（STH）细胞、促性腺激素（GTH）细胞和促甲状腺激素（TSH）细胞。中间部大多数细胞是促黑素

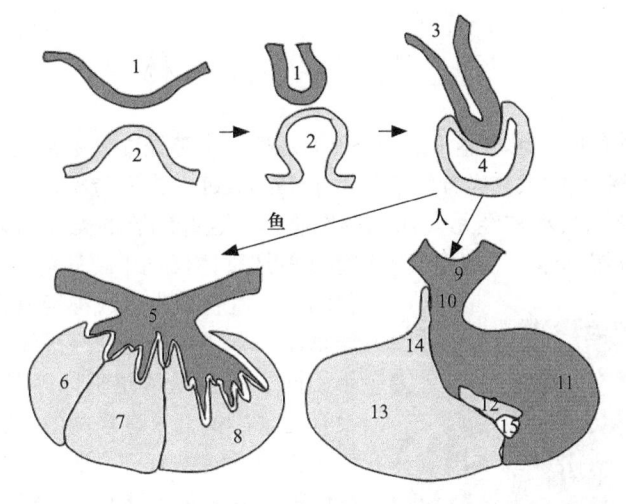

图 8-3 垂体发生示意图

1. 间脑；2. 原始口腔；3. 下丘脑；4. 拉克氏囊；5. 神经垂体；6. 前腺垂体；7. 中腺垂体；8. 后腺垂体；9. 正中隆起；10. 漏斗柄；11. 神经部；12. 中间部；13. 远侧部；14. 结节部；15. 垂体裂（退化的拉克氏囊）；相同的颜色区域表示胚胎发育的起源相同

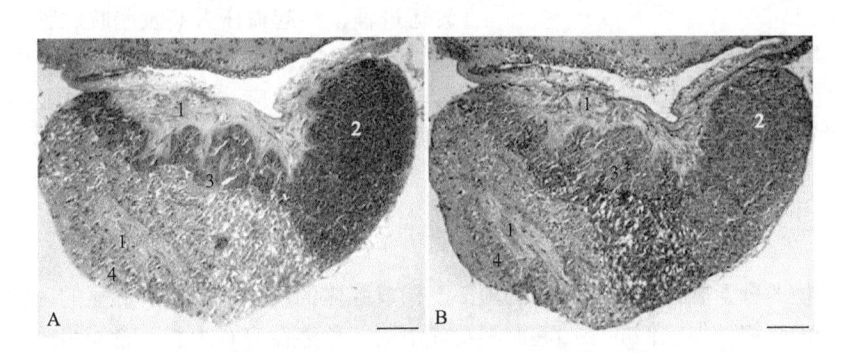

图 8-4 罗非鱼垂体

A. HE 染色；B. PAS 染色。1. 神经垂体；2. 前外侧部；3. 中外侧部；4. 中间部；标尺＝150μm

（MSH）细胞，合成前激素原阿黑皮素原（POMC），把细胞内的肽酶转化成黑素细胞刺激激素（α-MSH 和 β-MSH）和 β- 促脂解素（β-LPH）。α-MSH 主要参与硬骨鱼的应激反应，并可能控制黑色素细胞中黑色素的状态。有些硬骨鱼中发现中间部有生长催乳素（somatolactin）细胞。

硬骨鱼的神经垂体由下丘脑的神经分泌纤维、胶质细胞和血管组成。神经纤维主要是无髓鞘神经纤维，末梢与毛细血管密切相关。与大多数脊椎动物一样，硬骨鱼的神经胶质细胞或垂体细胞被认为是支持细胞，但也作为吞噬细胞。已知有三种神经垂体激素存在于硬骨鱼体内，分别是异亮氨酸催产素（isotocin）、精氨酸催产素（arginine vasotocin）和黑色素聚集激素（melanin-concentrating hormone）。异亮氨酸催产素、精氨酸催产素是非肽，而黑色素聚集激素是 17 氨基酸肽（heptadecapeptide）。虽然我们对神经垂体激素的生物化学和系统发育的认识已经取得了很大的进展，但其很多生理功能仍不清楚。已有许多报道表明精氨酸催产素在鱼类渗透调节中的作用，在硬骨鱼鳃和肾中发现了功能受体。一些研究报告表明了异亮氨酸催产素或精氨酸催产素在一些硬骨鱼的产卵（卵生鱼）和分娩（胎生鱼）中的作用。

第二节 尾 垂 体

板鳃亚纲和硬骨鱼中，尾垂体（urophysis）是第二个神经内分泌系统，位于脊髓尾端的神经-血管区域。板鳃亚纲的大神经分泌细胞（dahlgren cell）沿着脊椎末端延伸，是一类神经分泌细胞。它们有比普通运动神经元大20倍的细胞体。这些细胞的无髓轴突终止于脊髓腹侧表面的毛细血管，形成尾垂体。明确定义的神经血管尾垂体仅见于硬骨鱼。神经分泌细胞的无髓鞘轴突与血管聚集形成神经血管复合体，类似于神经垂体。与哺乳动物神经垂体柄一样，尾垂体柄大小不同，如孔雀鱼尾垂体（图8-5）。鳗（anguilla）没有尾垂体柄，只有轻微的脊髓腹侧膨大，而在其他鱼类如青鳉中有一个明显的柄。位于脊髓内的尾垂体神经分泌细胞体具有多形态细胞核和嗜碱性细胞质。尾加压素Ⅰ和尾加压素Ⅱ是从硬骨鱼尾垂体中分离得到的两种肽激素。它们影响平滑肌活动、促肾上腺皮质激素分泌和与渗透压调节有关的离子转运过程，引起血压升高及膀胱、肠道和生殖道的血管收缩。欧鳗（*Anguilla anguilla*）中也报道了其参与离子调节反应。此外，该器官显示出高浓度的乙酰胆碱。

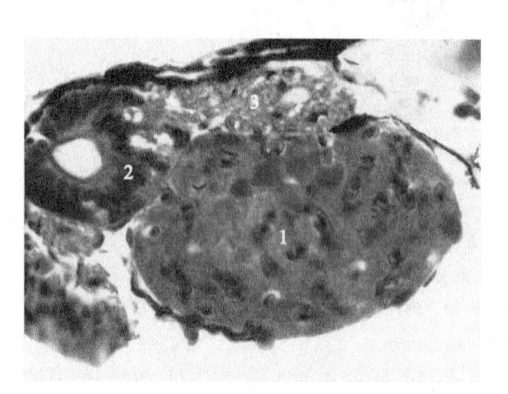

图8-5 孔雀鱼尾垂体
（Masson's三色染色，400×）
1. 尾垂体；2. 尾垂体柄；3. 脊髓末端

第三节 肾间组织和嗜铬组织

哺乳动物的肾上腺位于每个肾脏的顶部。构成腺体的皮质与髓质有明显的区别。皮质和髓质都是内分泌组织，但它们的胚胎起源和功能不同。鱼体没有肾上腺，肾间组织和嗜铬组织替代了哺乳动物肾上腺的功能，它们不是一个紧密器官，会分散在不同地方。

软骨鱼中，肾间组织（interrenal tissue）负责类固醇的合成。嗜铬组织（chromaffin tissue）负责儿茶酚胺生成，形成独立的细胞团，如鲨的肾脏（图8-6）。肾间组织位于肾脏的内侧边缘，嗜铬组织位于主动脉和后主静脉附近。

硬骨鱼肾间组织和嗜铬组织出现在头肾中，并且位于并入主静脉的静脉血管的上皮周围。产生儿茶酚胺的细胞多位于后主静脉吻侧。硬骨鱼不同品种间的肾间组织形态有很大的差异，甚至在种内也有变异。细胞的形状和大小各不相同，有时呈多边形、柱状、立方状甚至纺锤形。这些细胞的形态会随着激素、药物、压力或盐度的变化而变化。肾间组织分泌皮质类固醇。嗜铬组织细胞通常比肾间质细胞更均匀、更圆，细胞质呈轻微嗜碱性。它们的名字来源于它们对铬盐的染色反应，分泌肾上腺素，与应激反应有关。血液中儿茶酚胺水平的升高会导致高血糖，促进鳃中气体和离子交换。

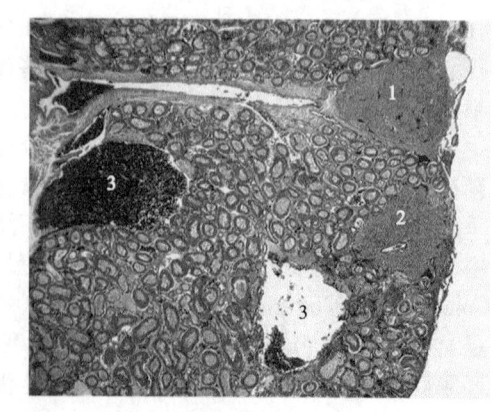

图8-6 鲨（*Scyliorhinus canicula*）的肾脏
1. 肾间组织；2. 嗜铬组织；3. 静脉

第四节 甲 状 腺

成年硬骨鱼类的甲状腺（thyroid gland）通常由许多弥漫性滤泡组成，起源于内胚层，散布在腹主动脉和鳃的输入血管周围，有时也在头肾、肾周膜甚至眼睛或肝脏处。这种散在的滤泡形态也可以在咽部区域外广泛地扩展，这种异位滤泡在咽部区的迁移可能是由于腺体没有被包封和被结缔组织包围所致。有几种硬骨鱼类（如鹦鹉鱼、鹦嘴鱼、剑鱼、旗鱼和金枪鱼）和所有软骨鱼类的甲状腺包含在结缔组织囊中。

硬骨鱼腺体的组织学特征与四足动物的基本相似。甲状腺组织由上皮细胞组成，上皮细胞的大小取决于垂体促甲状腺激素刺激的程度。这些细胞围绕着一个充满胶体的腔，并有微绒毛突出进入滤泡腔。甲状腺的功能是滤泡能够捕获碘并制造甲状腺激素。甲状腺是脊椎动物中唯一的内分泌腺，其分泌产物——甲状腺激素储存在细胞外滤泡腔内，如虹鳟的甲状腺（图8-7）。

软骨鱼的甲状腺是一个独立的器官。鲨甲状腺呈梨形，鳐和𫚉的甲状腺是有点扁平的圆盘形。板鳃亚纲鱼的甲状腺滤泡在结构上与硬骨鱼和四足动物相似。滤泡细胞通常呈立方状。滤泡的直径存在变化，较大的滤泡会出现在老年动物体内。

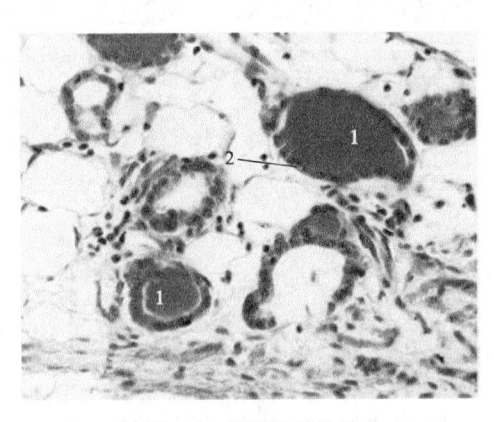

图8-7 虹鳟的甲状腺
1. 甲状腺滤泡腔；2. 甲状腺滤泡细胞

第五节 胰 岛

胰腺包括由胰岛形成的内胚层起源的内分泌细胞。这些胰岛由被毛细血管网包围的激素分泌细胞组成，如兵鲶的胰腺（图8-8）。胰腺是从肠上皮的弥散排列的内分泌细胞中进化而来，这些细胞后来迁移出胃肠系统。由于这些细胞分泌肽激素（胰岛素、胰高血糖素、生长抑素等），它们表现出蛋白质合成活跃的细胞特征。胰岛又称朗格汉斯（islet of Langerhans），其细胞的大小可能因食物和季节而异。有的鱼类，如多数鲤科体内有一个主要的胰岛从胰腺中分离出来，称为布拉克曼小体（Brockmann body）。胰岛素可引起低血糖，但鱼不表现出哺乳动物特有的快速血糖清除反应。胰高血糖素对胰岛素有拮抗作用，它通过肝糖原分解来增加血糖，它还能促进肝脏内糖原异生。光镜研究揭示了胰岛中的三种细胞类型：A细胞、B细胞和D细胞。A细胞产生并分泌胰高血糖素，诱导血糖水平升高。B细胞合成胰岛素，降低血糖水平。生长抑素由D细胞产生和释放。这种激素刺激脂质分解和糖原动员，是代谢和生长的重要调节分子。还有报道发现第4种细胞类型——F细胞。F细胞产生的胰多肽（pancreatic polypeptide）的生理功能尚不清楚。然而有的鱼体内无法区分这些细胞。

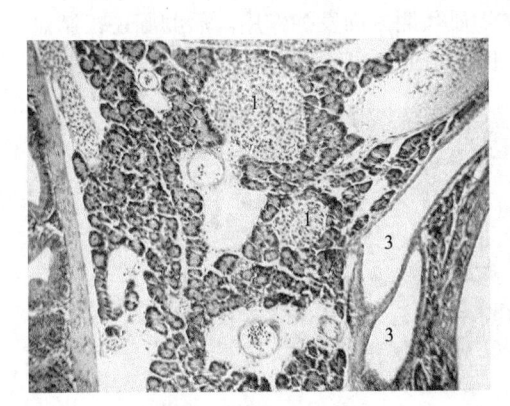

图8-8 兵鲶的胰腺
1. 胰岛；2. 胰腺；3. 胰腺管

鱼体内胰岛分泌的胰岛素和胰高血糖素受到氨基酸浓度的影响，而不是葡萄糖浓度的影响。

第六节　其他内分泌器官

一、斯坦尼斯小体

斯坦尼斯小体（corpuscles of Stannius）于1839年首次被发现，很可能是全骨类和硬骨类鱼所特有的，如鲑的斯坦尼斯小体（图8-9）。它们位于肾脏的侧腹面或侧背面，一般是成对的，但它们的数目可以达到十个或更多。腺体被结缔组织分隔成索状或小叶状，与血管和神经紧密相连。在玻璃刀鱼（*Eigenmannia virescens*）的斯坦尼斯小体中，染色后可见两种细胞类型：具有红色细胞质和具有深蓝色细胞质的细胞，可能是腺细胞活动的两个阶段。腺细胞在基底侧含有较大的分泌颗粒，PAS染色呈阳性，斯坦尼斯小体合成一种糖蛋白激素——斯钙素（stanniocalcin或hypocalcin）。它参与钙的稳态调控。腺体切除会导致血浆钙水平迅速升高（高钙血症）。用斯坦尼斯小体提取物注射到硬骨鱼体内如鳗，会导致钙水平的显著下降。与淡水相比，海水中的钙含量较高，对斯坦尼斯小体的组织学观察表明，海水鱼的腺体比淡水鱼更为活跃。

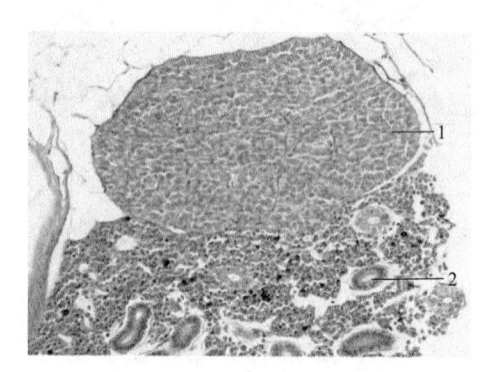

图8-9　鲑（salmonids）的斯坦尼斯小体
1. 斯坦尼斯小体；2. 肾小管

二、后鳃腺

后鳃腺（ultimobranchial gland）来源于胚胎期鱼鳃囊的最后一部分。在鱼的发育过程中，这种组织向后迁移到靠近心包的位置。在立体显微镜下，这个腺体也很难辨认。硬骨鱼后鳃腺不成对，位于中线上，于腹腔和静脉窦之间的横隔，食管的腹侧。一些鲤科鱼（鲤、金鱼、斑马鱼）中后鳃腺由小滤泡组成，而在鳗和鳟中，腺体由两个腺体单元组成，它们排列在中心腔内，如斑马鱼食道壁的后鳃腺（图8-10）。在小型鱼类、孔雀鱼、青鳉中后鳃腺呈片状结构。后鳃腺产生降钙素（calcitonin），其在调节体液、电解质和矿物质代谢方面发挥作用。后鳃腺还控制血清钙浓度，特别是在生殖周期中的雌性血清钙浓度，比斯坦尼斯小体更精确。

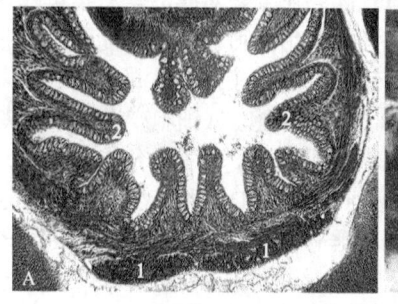

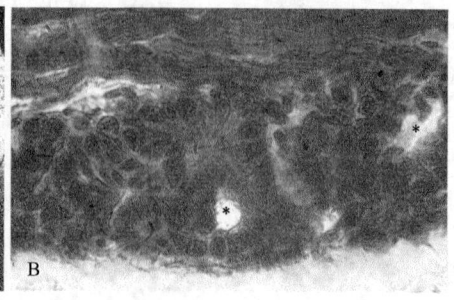

图8-10　斑马鱼食道壁的后鳃腺
1. 后鳃腺（相当于哺乳动物甲状腺的滤泡旁细胞）；2. 食道上皮层；星号表示腺体内的腔

三、松果体

鱼类的松果体（pineal gland）是一种光神经内分泌器官，光照抑制褪黑素分泌，黑暗刺激褪黑素分泌。即使月光的强度也能透过头骨影响激素分泌。褪黑素对于触发昼夜节律和季节节律极其重要，并作用于昼夜活动、免疫系统和生长，此外还作用于受光周期和温度影响的颜色变化。

硬骨鱼囊状松果体具有感光受体和支持细胞。感光细胞大，呈棒状，细胞核和线粒体清晰可见，细胞的分支穿透松果体的管腔。这个腺体柄的管腔与第三脑室相连，完全封闭在一个结缔层囊中，并具有由室管膜细胞内衬的外膜柄。松果体中含有褪黑素（melatonin），褪黑素形成所必需的 HIOMT 酶（hydroxyindole O-methyltransferase）、5-羟色胺和一些游离氨基酸，它们都可能作为化学递质，具有一定的生理作用（图 8-11）。

鳟（trout）松果体有许多囊泡，松果体体积相当大。松果体囊泡由具有神经细胞特征的外层细胞、支持细胞和具有光感受器特征的细胞组成，这些细胞延伸到囊泡的内腔中。

图 8-11 玻璃刀鱼（*Eigenmannia virescens*）松果体的横切面
1. 两个末端小泡；2. 周围的嗜伊红细胞；3. 脑（中心的细胞对苏木精更加亲和）

四、肠道内分泌细胞

与高等脊椎动物一样，已经在鱼的肠道内发现 20 多种小的肽类或小分子激素细胞。可以采用免疫组织化学的方法对其进行鉴定。胃肠道的内分泌细胞位于黏膜中，并将其内容物质传递给血液，因此靶器官可以位于离内分泌细胞任意距离的地方。在硬骨鱼类中已经报道了多种内分泌细胞［如蛙皮素、脑啡肽、胃泌素（图 8-12）、胆囊收缩素、神经降压素、P 物质等］。这些肽的生理功能，通常是由肠道和大脑共同协调的。

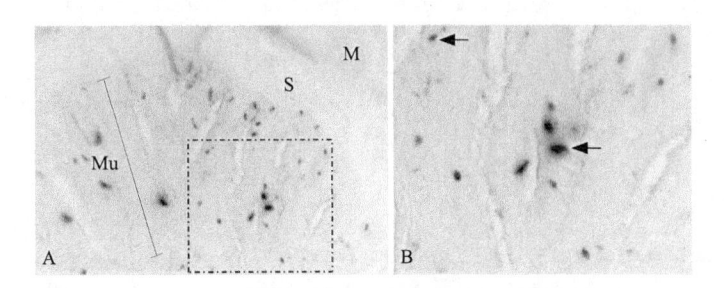

图 8-12 花鲈消化道的胃泌素细胞（免疫组化）
B 图是 A 图虚线框内的局部放大。箭头示内分泌细胞。Mu. 黏膜层；S. 黏膜下层；M. 肌肉层

五、假鳃和脉络膜体

假鳃（pseudobranch）是由第一鳃弓衍生而来的红色鳃状结构，附着在鳃盖的内表面。它

由鳃片、结缔组织和血管组成。鳃片由基底膜上的假鳃细胞组成。血管是细的软骨棒支撑的平行毛细血管网络。鳗缺乏假鳃。自发现假鳃以来，它就被赋予了不同的功能，如体内盐调节、呼吸、控制眼内压力和内分泌。假鳃与脉络膜相连，并对鱼眼视网膜的氧供应起作用。假鳃具有许多融合的鳃小片和大的供血血管。现在有更多的证据表明它是一个生理器官而不是内分泌器官。

假鳃与眼睛脉络膜（choroid body）有直接的血管连接，脉络膜由平行排列的毛细血管［细脉网（rete mirabile）］和成排的纤维样细胞交替组成。不是所有硬骨鱼都有假鳃。不具有这种结构的鱼类（有些鲇科、北美鲶科、弓背鱼科、鳅科、鳗鲡科等）也缺少脉络膜。

六、性腺

精巢间质中有少量的内分泌细胞，称为间质细胞（leydig cell）。已经从几种硬骨鱼的精巢中分离出许多类固醇（雄烯二酮、睾酮、孕酮等）。支持细胞（sertoli cell）和精巢间质细胞在激素生成途径中相互协作。

卵母细胞周围的鞘细胞（thecal cell）和颗粒细胞（granulose cell）构成卵巢的类固醇生成组织。主要的卵巢雌激素——17β-雌二醇是刺激卵黄生成素合成的主要因素之一，是卵母细胞卵黄的主要成分。17β-雌二醇还刺激肝脏合成蛋白质，形成卵母细胞的浆膜。鱼类中的孕酮（progesterone）也被认为可以促进排卵。总之，类固醇既能发挥局部作用，也能发挥远距离作用。

第九章 循环系统

循环系统的功能是输送营养物质和代谢产物,以保证机体代谢的正常进行。脊椎动物的心血管系统是封闭的管道系统,包括心脏、动脉、毛细血管和静脉。心脏是推动血液流动的动力器官;动脉是引导血液流出心脏的管道;毛细血管最细,管壁最薄,是血液与组织细胞进行物质交换的部位;静脉是引导血液回心脏的管道。淋巴管系统由毛细淋巴管、淋巴管和淋巴导管组成,是单程向心回流的管道系统,可视为心血管系统的辅助装置。

鱼的心脏内是缺氧血,心室泵出的血液经动脉流到鳃进行气体交换,含氧血经动脉分送到全身各处,缺氧血由静脉送回心脏,循环途径只有一条,属于单循环。血液是一种特殊的循环组织,由悬浮在血浆中的细胞组成。硬骨鱼的血量很小,约为体重的5%。鱼类血细胞包括红细胞、白细胞和血栓细胞,后者有凝血功能。

第一节 心 脏

鱼心脏位于鳃腔的腹尾侧,通常由4个串联的腔室组成。硬骨鱼的4个腔室依次为:静脉窦(sinus venosus)、心房(atrium)、心室(ventricle)和高弹性动脉球(bulbus arteriosus)或板鳃亚纲、软骨纲和全骨纲的可收缩性动脉圆锥(conus arteriosus)(图9-1)。

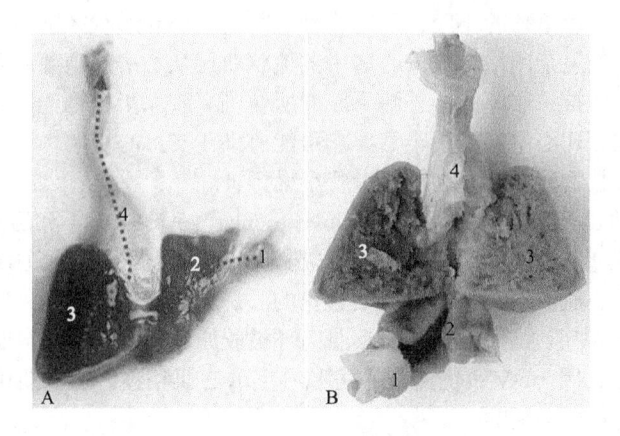

图9-1 鳜的心脏
A. 心脏外形,虚线提示血流方向;B. 心脏内部形态(波恩氏液固定后纵切)。
1. 静脉窦;2. 心房;3. 心室(内含发达的海绵状心肌);4. 动脉球

鱼类的心脏壁由三层组织组成,即心外膜、心肌层和心内膜。各层组织结构的发育分化程度不如高等脊椎动物。

心外膜由单层扁平上皮细胞组成,即间皮,位于薄的结缔组织上,与心包腔内层融合。

心肌层在各部位的厚度不同,在静脉窦的位置薄,但是有弹性,静脉窦的体积和心房接近。心房肌略厚，呈梳状的肌肉从心房底部发出，组成放射形的网状结构。

心内膜与血管内膜同源，由单细胞层（内皮）组成，在某些物种（大西洋鳕、鲽）中内皮细胞具有吞噬作用。

心室在心血管系统中最厚，其厚度和鱼的性别、年龄有关。其包含几层肌纤维，还有海绵状的心肌形成空隙，血液可以在其中流动并且获得高的压力，才能进入后面的动脉。与哺乳动物的心脏不同，硬骨鱼的心肌能够再生。

心房、心室、静脉窦和动脉球间有瓣膜，这些瓣膜也是由内膜层向腔面突出所形成的皱褶，可阻止血液倒流。鱼类的心脏包裹在心包膜内，心包膜通过纤维和周围的组织紧密连接。心包膜和心脏之间形成密闭的空间，内部充满来自血浆的滤液，使心脏在收缩时不会和周围的组织产生摩擦。

构成心肌膜的心肌细胞在结构和机能上也分两种，一种是普通的心肌纤维，即主心肌细胞，另一种是构成心脏传导系的特殊心肌细胞。主心肌细胞的肌原纤维丰富，肌质少，没有自律性，而是通过传导来的刺激进行收缩，可将血液输入动脉进行血液循环。特殊心肌细胞也类似于哺乳动物，胞质内含丰富的肌质、糖原和线粒体，肌原纤维少，具有自律性，而且随着刺激进行收缩。

静脉窦是一个薄壁腔室，其组成结构因物种而异。静脉窦的体积相当于心房的体积，由肌肉和结缔组织形成。然而，这两种成分的比例似乎相差很大。静脉窦壁主要由结缔组织（如斑马鱼）、带有稀疏心肌束的结缔组织（如鲽），或主要由心肌组成（如欧洲鳗鲡）。心肌可以被平滑肌取代（如鲤）。静脉窦将血液输送到心房，并通过窦瓣（sinus valve）与心房分离。窦的一个重要特征是它包含心脏起搏器。在大多数硬骨鱼中，位于窦房结区域的特殊组织环（ring of tissue）的存在已经被确定为是主要的起搏器区域。这个区域有密集的神经支配，包含迷走神经系统和神经节细胞有关的神经纤维。心脏传导系统的其他组成部分，未发现类似于哺乳动物中存在的心脏传导系统。

硬骨鱼的心房是一个单独的小腔，不同物种之间的大小和形状区别明显。它由心肌的外缘和细小梁（梳状肌）的复杂网络构成。心房中的梳状肌层从心房的顶部放射出来，形成一个星形的肌肉网。心房心肌被一层厚的心外膜下胶原所包围。胶原蛋白也包围着心房小梁。一般来说，心房中的小梁胶原比心室中的更丰富。它可能有助于支撑心房结构。板鳃亚纲和鲟的心房有较厚的梳状肌。多数物种如鲟，神经束沿着小梁行进。

心房和心室间的过渡部分有房室瓣（atrioventricular valves，AV）和房室区（atrioventricular segment）的结构。房室瓣构成鱼心脏的独特形态部分。在大多数硬骨鱼中，AV段是一圈紧凑的血管化心肌。这种心肌的致密性与许多硬骨鱼的心房和心室的海绵状外观形成鲜明对比。致密心肌组成的心室和AV肌很容易区分。AV肌肉环被胶原环包围，将AV肌肉与相邻区域隔离。然而，隔离并不完全，因为AV肌仍然与心房和心室的心肌相连。这种肌肉的连续性被认为是心脏起搏器电脉冲传输所必须的。

房室区由支持房室瓣的心脏组织环形成，构成鱼心脏内独特的形态部分。具有完全小梁化心室的硬骨鱼的心脏内，房室区由明显的心肌环形成。这种心肌是致密的，显示了大多数物种的血管轮廓，并含有不同数量的胶原和弹性蛋白。结缔组织环有助于将房室肌与心房和心室肌区分开来。

心室是肌肉围成的腔，具有最厚的心肌细胞层。其壁厚因性别和年龄而异，可包含几层肌纤维。其一个重要特征是包括丰富的海绵状心肌，在腔内留下一些血液循环的腔隙。当心室扩张时，血液从心房经房室瓣流入心室，心室会产生高血压。肺鱼的心室比较特殊，被不完全的肌肉隔膜部分分开，这有助于将流经心脏的氧合血流与缺氧血流分开。心室的外部形状分为三大类：管状（细长型）、囊状和锥形（金字塔型）。这种划分有几个功能上的含义。例如，锥形心室与活跃的生活方式、强健的心室壁和高输出有关，如鲑科和鲭科的心室。活跃的金枪鱼也显示出锥形心室。此外，外部心室形状和内部结构之间的关系不是恒定的。在许多海洋硬骨鱼中观察到囊状心室，在鱼类中经常观察到管状心室，如鳗鱼，呈现细长的身体形状。

另一种心脏分类依赖于心室是否呈现致密层、致密层的相对厚度及心肌血管化的程度。Ⅰ型心脏显示完全小梁化的心室，缺乏致密层。其余心脏类型的心室既有外部致密层，也有内部海绵层。Ⅱ型心脏在致密层有血管，而在海绵层没有，Ⅲ型心脏在致密层和海绵层都有血管。Ⅳ型心脏不同于Ⅲ型心脏，因为它们心室质量的大部分是由致密层形成的。大多数硬骨鱼的心室是完全小梁化的，因此属于Ⅰ型心脏。小梁网被描述为由小腔和小梁板组成的高度组织化系统，从中央腔向外辐射。小梁板将产生足够的收缩力，并且不同管腔之间的连通将促进血液挤压。心脏壁的致密层/海绵层心肌的比率因物种而异，而且在整个生命过程中并不恒定，因为它随着盐度变化（如洄游）、季节变化和生长而变化。此外，整个心室的致密层厚度也不一致。致密层中的心肌细胞排列成显示不同方向的层。

动脉圆锥的长度是可变的，包含多达两行瓣膜，总共有四至六个瓣膜。这些圆锥瓣膜调节心室血流动力学。它由致密心肌形成（在完全小梁化的心室中非常明显），比心室肌含有更多的胶原、弹性蛋白和层粘连蛋白。

动脉球在腹主动脉开口。这部分包含结缔组织和弹性纤维。球是一个具有弹性储存功能的腔。它在心室射出血液时膨胀，储存了心脏每搏输出量的很大一部分压力，然后逐渐地恢复弹性允许血液稳定地流向鳃，防止脆弱的鳃血管系统受到太大的压力而受损。动脉球壁富含弹性蛋白物质和外部（心外膜下）胶原层，这可能通过限制周向变形来控制球的顺应性。

从形态学的角度来看，大部分动脉球的外形从梨形到细长形，再到粗壮。球的内表面的特征是存在脊（ridge）。它们在球基部较厚，向腹主动脉方向逐渐变细。根据物种的不同，脊可能非常突出或更加分散。脊的内表面被心内膜覆盖。脊的心内膜显示了不同物种间的组织学差异，从扁平状到柱状不等。此外，许多物种的心内膜细胞含有中等密度的小体。致密体的存在表明有分泌功能。动脉球的中间层含有平滑肌细胞和不同数量的弹性蛋白。例如，在普通鳗鱼中，一些胶原层散布在弹性蛋白物质中，或在金枪鱼中，胶原束、血管和神经。然而，它可能缺乏弹性蛋白，如南极硬骨鱼。在这些物种中，弹性蛋白物质被纤维状网络取代，这可能是由糖胺聚糖组成的。心外膜下是富含胶原和弹性蛋白、成纤维细胞、血管和神经的薄层。

动脉球没有瓣膜，构成了腹主动脉的增厚基底，腹主动脉是离开心脏并将缺氧血液导入鳃的主要血管。它的壁包含纤维弹性组织，当血液被心室泵送时，纤维弹性组织充当"减震器"。

整个心脏的心肌细胞显示出肌细胞的典型超微结构特征，它们包含显示Z-discs、"M" "A"和"I"带的肌原纤维，以及与肌原纤维对齐的大量线粒体。心肌细胞由紧密连接和缝隙连接相连。然而，连接复合体的复杂性低于高等脊椎动物。此外，肌原纤维更短。另外，肌原纤维含量变化很大。一般来说，来自活跃物种的心肌细胞似乎充满了肌原纤维，而来自较不活跃物种或来自血压较低物种的心肌细胞呈现出肌原纤维含量减少如南极硬骨鱼、肺鱼和盲鳗。

鱼类心脏的流出通道（outflow tract，OFT）是位于心室和腹主动脉之间的结构。它由两个部分组成：近端的肌肉性动脉圆锥（conus arteriosus）或远端的动脉球（bulbus arteriosus）。原始的圆口动物结构例外，其心脏中主动脉直接从心室的底部产生。动脉圆锥一般由致密的血管化心肌形成。

硬骨鱼动脉圆锥是介于心室和动脉球之间的一个短而不连续的部分。它很容易与完全小梁化的心室中的海绵状心肌区分开来。然而，在心室致密化的心脏中可能更难区分。一般来说，圆锥比心室肌包含更多的胶原蛋白、弹性蛋白和层粘连蛋白。除少数例外，即使相邻的心肌没有血管化，圆锥也包含血管。在基底硬骨鱼（basal teleost）中，动脉圆锥相对更长更厚，也是由紧密的血管化心肌形成的（图9-2）。

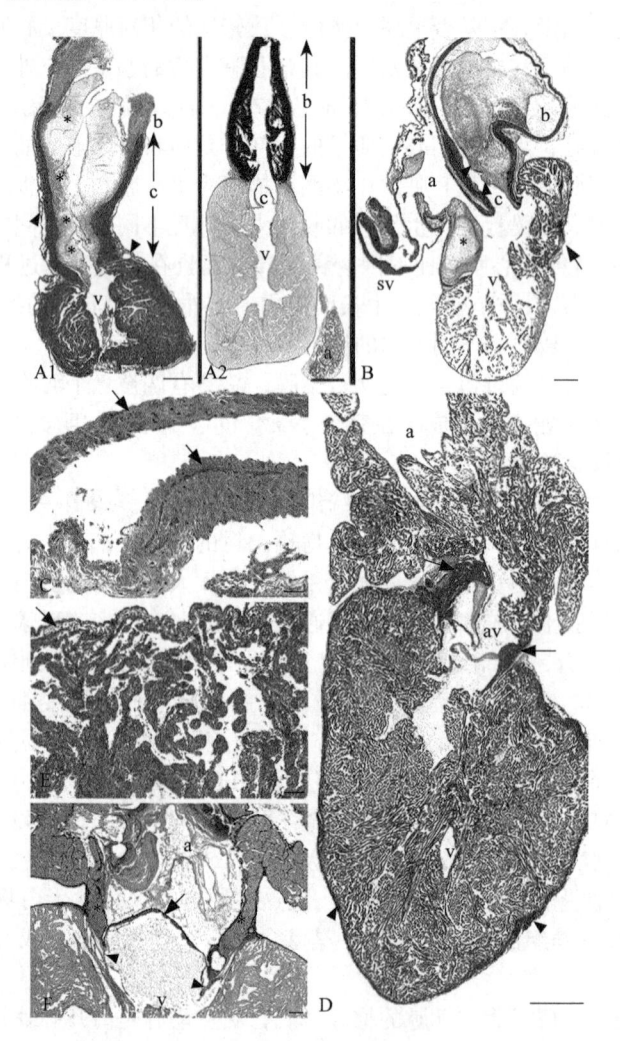

图9-2 几种鱼心脏的组织学形态（改自 Kirschbaum et al., 2019）

A1. 鳐（Rajiformes），Martin's trichrome 染色，脉圆锥瓣（星号）、冠状血管（箭头），标尺＝0.1cm；A2. 鲂鮄（*Satyrichthys rieffeli*），Orcein 染色，标尺＝0.1cm；B. 肺鱼（*Protopterus annectens*）心脏，肺鱼三色，一大块软骨，即房室塞（星号）；圆锥瓣（箭头），箭头表示一条将心脏腹侧表面连接到心包壁的肌腱，标尺＝0.1cm；C. 肺鱼（*Protopterus annectens*）静脉窦，Martin's trichrome 染色，不连续的肌细胞层（箭头），标尺＝100μm；D. 龙䲢（*Echiichthys vipera*），马丁三色，血管化心肌厚环所包围（箭头），房室肌环通过富含胶原蛋白的结缔组织与心房和心室、心肌部分隔离，房室瓣叶也富含胶原蛋白，心室的结构受心肌小梁的支配，然而，它也有一个薄的紧凑区域（箭头），标尺＝100μm；E. 鹰鳐（Eagle Ray），Martin's trichrome 染色，心房、心外膜下显示胶原层（箭头），标尺＝100μm；F. 长吻椎鲷（*Spondyliosoma cantharus*），Sirius red 染色，动静脉肌环（星号）被胶原环（此处为红色）包围，胶原也存在于心房小梁的心内膜下、心外膜下和房室瓣叶的纤维（箭头）中，箭头表示心室小梁和动静脉肌之间的连接，标尺＝200μm。

a. 心房；b. 动脉球；c. 动脉圆锥；av. 房室区；sv. 静脉窦；v. 心室

第二节 血　　管

鱼类的血管具有与高等脊椎动物相似的基本结构。动脉和静脉的壁分为三层：内膜（tunica intima, inner coat）、中膜（tunica media, intermediate coat）和外膜（tunica adventitia, outer coat）。内膜由内皮细胞和结缔组织组成。这种结缔组织含有胶原纤维和弹性纤维。中膜由构成壁最厚层的圆形平滑肌组成。外膜由结缔组织组成，结缔组织主要由胶原纤维组成。硬骨鱼血管包括入鳃动脉、背主动脉和肝静脉等（图9-3）。

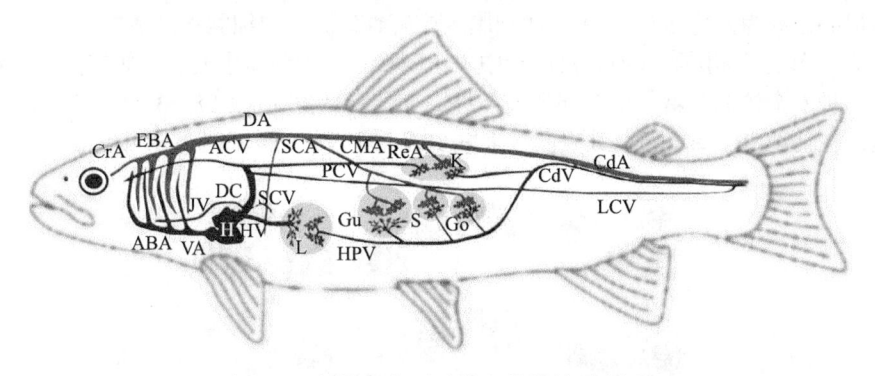

图9-3　硬骨鱼主要动脉和静脉的示意图

ABA. 入鳃动脉；ACV. 前主静脉；CdA. 尾端动脉；CdV. 尾静脉；CMA. 腹腔中动脉；CrA. 颈动脉；DA. 背主动脉；DC. 古维尔氏管；EBA. 鳃动脉传出动脉；Go. 性腺；Gu. 肠道；H. 心脏；HPV. 肝门静脉；HV. 肝静脉；JV. 颈静脉；K. 肾；L. 肝；LCV. 皮侧静脉；PCV. 后主静脉；ReA. 肾动脉；S. 脾；SCA. 锁骨下动脉；SCV. 锁骨下静脉；VA. 腹主动脉

弹性动脉（腹主动脉或鳃动脉）位于心脏附近，其中膜富含弹性蛋白，易被HE和Van-Gieson染色。总的来说，鱼动脉中的平滑肌比哺乳动物中的平滑肌含有更少的纤维物质，这可能是该组织中血压较低的反映。

肌性动脉具有与高等脊椎动物相似的基本结构（内膜、中层和外膜）。内膜包括位于内皮下结缔组织层上的单细胞厚的内皮，中膜的特征是具有或多或少厚的平滑肌纤维层，外膜由疏松的结缔组织组成。小动脉由内膜的内皮层、单层平滑肌纤维和纤维外膜组成。

静脉在结构上类似于哺乳动物的静脉，但具有更薄的壁和更少的平滑肌。基本上，静脉在结构上与动脉相似。静脉的中膜，即肌肉层，比相同大小的动脉的中膜不发达且薄，有时甚至不存在。静脉的外膜比动脉的厚（图9-4）。

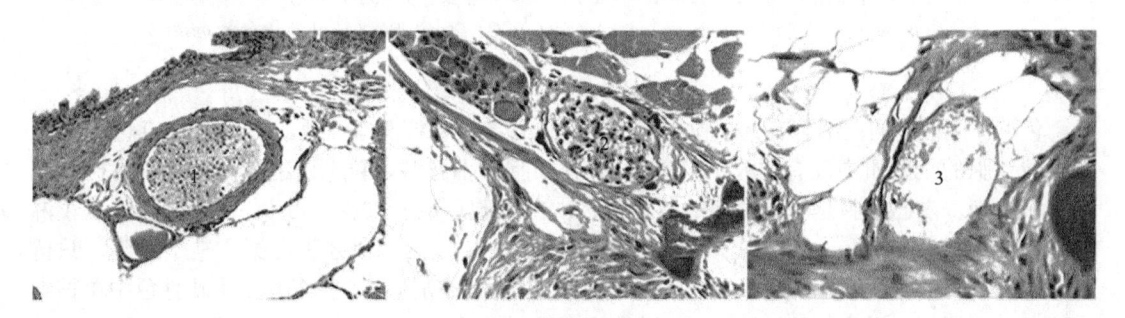

图9-4　虹鳟血管和淋巴

1. 中动脉；2. 中静脉；3. 淋巴囊

鱼类毛细血管在组织学上类似于哺乳动物的毛细血管，但它们的渗透性更强。它们由内皮细胞、基底膜和周细胞组成。根据内皮细胞和周细胞的形态和位置，毛细血管分为不同的类型。一般形成共识的有两种类型的毛细血管：连续毛细管和有孔毛细管。肌肉和视网膜的毛细血管属于前者，而肾小球和胰腺的毛细血管属于后者。

第三节 血 液

鱼类的血液是一种特殊的循环组织，由悬浮在液体细胞间质（血浆）中的细胞组成。硬骨鱼的血量很小，约为体重的5%。鱼的血细胞主要有红细胞、白细胞和血小板。

鱼类的红细胞呈卵圆形，细胞核位于中央（图9-5）。细胞质中充满了血红蛋白。红细胞的数量根据物种及个体的年龄、季节和环境条件而变化。数值为（1.05～3.00）×10^6/mm³。值得注意的是，在几种南极鱼中，血红蛋白大大减少或完全没有，因而没有红细胞。

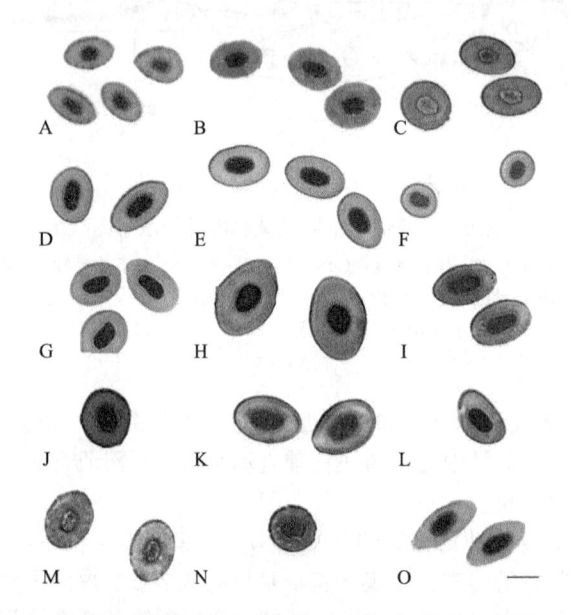

图9-5 硬骨鱼的红细胞形态比较（MGGW染色，标尺=5μm）
A. 饰纹布琼丽鱼（*Bujurquina vittata*）；B. 玉丽体鱼（*Cichlasoma dimerus*）；C. 下口鲶（*Hypostomus plecostomus*）；D. 条纹原唇齿脂鲤（*Prochilodus lineatus*）；E. 线纹丽脂鲤（*Astyanax lineatus*）；F. 花鳉（*Poecilia reticulata*）；G. 斑点银板鱼（*Metynnis maculatus*）；H. 合鳃鱼（*Synbranchus marmoratus*）；I. 细鳞肥脂鲤（*Piaractus mesopotamicus*）；J. 鸭嘴鲶（*Pseudoplatystoma corruscans*）；K. 红腹锯鲑脂鲤（*Pygocentrus nattereri*）；L. 大鳞石脂鲤（*Brycon hilarii*）；M. 克林雷氏鲶（*Rhamdia quelen*）；N. 糙唇裸背电鳗（*Gymotus inaequilabiatus*）；O. 恩氏鱿脂鲤（*Hyphessobrycon anisitsi*）

鱼类外周血中的白细胞有无颗粒细胞（agranulocyte）和粒性白细胞（granulocyte）（图9-6）。无颗粒细胞的细胞质中没有颗粒（溶酶体），其细胞核不分裂。粒性白细胞有两种：淋巴细胞和单核细胞。淋巴细胞是数量最多的白细胞，占白细胞总数的70%～90%。在硬骨鱼中，小淋巴细胞的直径在5～8μm（大淋巴细胞的直径可达12μm）。细胞核几乎占据了整个细胞，只留下一个狭窄的嗜碱性细胞质边缘。它含有一些线粒体和核糖体。一些作者否认硬骨鱼中单核细胞的存在，可能是因为单核细胞不多（占白细胞总数的0.1%～0.5%）。在组织化学上与哺乳动物单核细胞相似，有一些细小分散的颗粒，用高碘酸希夫（PAS）和酸性磷酸酶染色呈阳性。

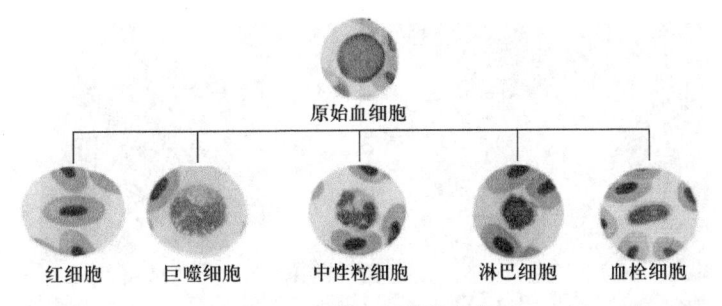

图9-6　虹鳟血细胞的分化

偏心细胞核的染色质分散在边缘。溶酶体电子密度很高。高尔基体发达。在适当的环境下，它们发育成单核吞噬细胞系统（巨噬细胞）的成熟细胞。

在粒性细胞中，中性粒细胞是最丰富的。报道的鱼类循环中性粒细胞的数量在相当大的范围内变化（白细胞的1%~25%）。硬骨鱼嗜中性粒细胞有灰色颗粒状细胞质（Romanowsky染色）。在血涂片中，中性粒细胞呈圆形或椭圆形，通常比红细胞大。正常情况下，偏心核的形状类似于人的肾脏，但在成熟细胞中，可以识别二叶或三叶核。中性粒细胞显示过氧化物和苏丹黑阳性反应。

硬骨鱼血液中的嗜酸性粒细胞有不同的报道。研究者在各种鲑、鳟的血液中发现了它们，但据报道它们很少或不存在于虹鳟的血液中。一些学者同意嗜酸性粒细胞存在于鲫的血液中的观点。这些细胞已经通过大的细胞质颗粒的存在而被识别，这些大的细胞质颗粒用Romanowsky染色或曙红染色为鲜红色。

与嗜酸性粒细胞一样，关于鱼类血液中嗜碱性粒细胞存在的报道也各不相同。当存在时（金鱼、鲑科鱼、鲤），对这种粒性细胞的描述，用Romanowsky染料染色，提到一个大的偏心核，具有同质染色质和大的紫蓝色细胞质内含物。鱼类中的肥大细胞是根据其与哺乳动物的相似性（结缔组织生境和异染细胞质颗粒）来鉴定的。

血栓细胞主要呈梭形，细胞核与细胞形状一致。当用Romanowsky染色时，细胞质是透明的。血栓细胞在细胞质中具有泡状和微管结构，这一点与所有其他白细胞明显不同，还发现了糖原颗粒。在吉姆萨染色的标本上，富含染色质的细胞核呈深蓝色或深紫色。细胞质极其稀少，通常在纺锤形细胞核的一极附近有一个浅蓝色区域。除参与血液凝固之外，据报道，鱼类血栓细胞是血液巨噬细胞，其形成对抗外来物质的保护屏障之一，并且可以被认为是真正的消化细胞，因为它们可以通过吞噬作用直接去除循环细胞碎片。此外，据报道，鱼类血栓细胞在功能上与高等脊椎动物的血小板同源，血栓细胞的总数为60 000~70 000个/mm^3。电镜下，鱼血细胞富含各种细胞器和聚合的颗粒（图9-7）。

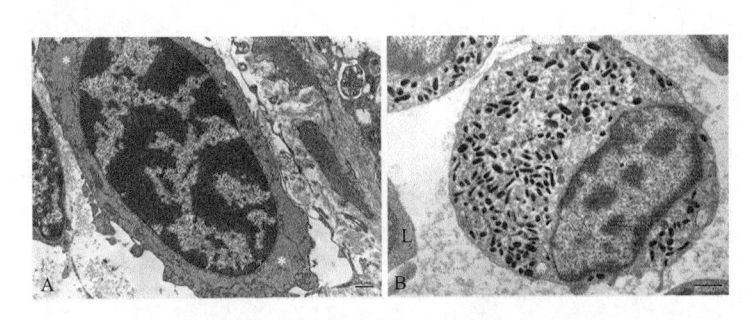

图9-7　血细胞超微结构（Kirschbaum et al.，2019）

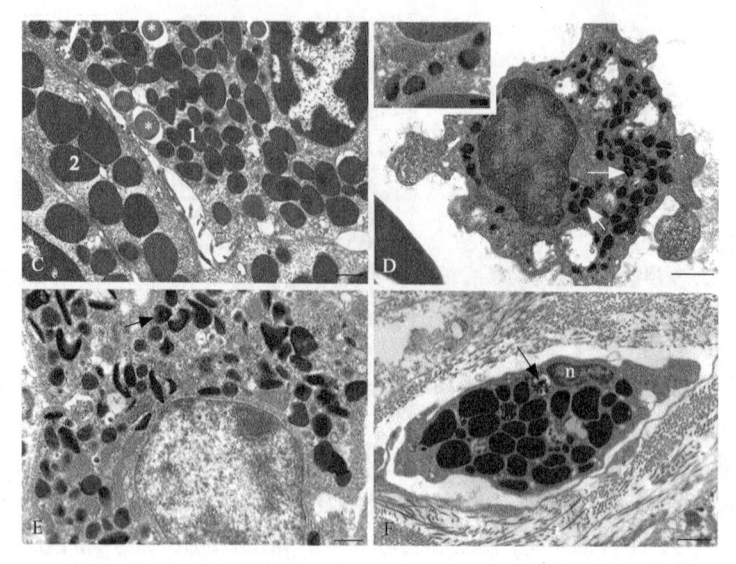

图9-7 血细胞超微结构（Kirschbaum et al., 2019）（续）

A. 非洲肺鱼（*Protopterus annectens*）脾脏内的浆细胞，星号表示粗面型内质网内含Ig，标尺=1μm；B. 盲鳗（*Myxiniforms*）两个粒细胞表现出深色的、有膜的、内容均匀的棒状包涵体，类似的细胞类型在其他原始鱼类中被归类为中性粒细胞，标尺=1μm；C. 肺鱼（Protopterus annectens），两种不同类型的有粒细胞；1. 显示膜结合的颗粒，包含一个致密的球状核心，周围是密度较低的物质，几个颗粒（星号）被部分排空，类似的细胞已被归类为Chimera monstrosa的嗜酸性细胞，但它们也类似于中性粒细胞；2. 显示较大的颗粒，内容密集、均匀，肥大细胞和嗜碱细胞显示类似的形态特征，标尺=1μm；D. 芦鳗（*Erpetoichthys calabaricus*）外周血内的颗粒细胞包含两部分：透明的核心和周边密集区，颗粒呈空心圆柱型（箭头），左上角图为塞内加尔多鳍鱼（*Polypterus senegalus*）白细胞中颗粒，标尺=1μm，插图内标尺=250nm；E. 巨骨舌鱼（*Arapaima gigas*）嗜酸细胞白细胞，颗粒呈圆形或椭圆形，含有两种不同电子密度的成分，密度大的成分呈盘状，箭头表示完整的圆圈，标尺=500nm；F. 巨骨舌鱼咽上皮肥大细胞，箭头表示脱颗粒溶酶体，标尺=1μm。L. 小淋巴细胞；n. 细胞核

第十章
神经系统和感觉系统

神经系统是调节动物对其内部和外部环境变化产生反应的系统。它广泛分布于全身。神经系统的两个主要部分是中枢神经系统（central nervous system，CNS）和外周神经系统（peripheral nervous system，PNS）。中枢神经系统包括大脑和脊髓。外周神经系统包括所有的脑神经（cranial nerve）和脊神经（spinal nerve）及其相关的根（root）和神经节（ganglia）。由脊髓头端增大而形成的大脑在所有的鱼类中都是相似的，但是它们在不同区域的发育上存在差异。

鱼类有多种感觉器官，包括侧线、嗅觉器官、味蕾、眼、内耳（膜迷路）、韦伯器（Weberian apparatus，也称韦伯氏小骨）、罗伦翁、电感受器等，它们是神经系统最外围的部分，与水栖生活相适应。

第一节 神经系统

一、中枢神经系统

鱼类的大脑具有所有脊椎动物的基本组织特征。与高等脊椎动物相比，鱼类大脑的联合中枢少，缺乏高等脊椎动物发达的大脑皮层结构。不同品种在不同的生态环境下，展示了大脑形态的丰富性，是研究神经系统进化极好的材料（图10-1）。

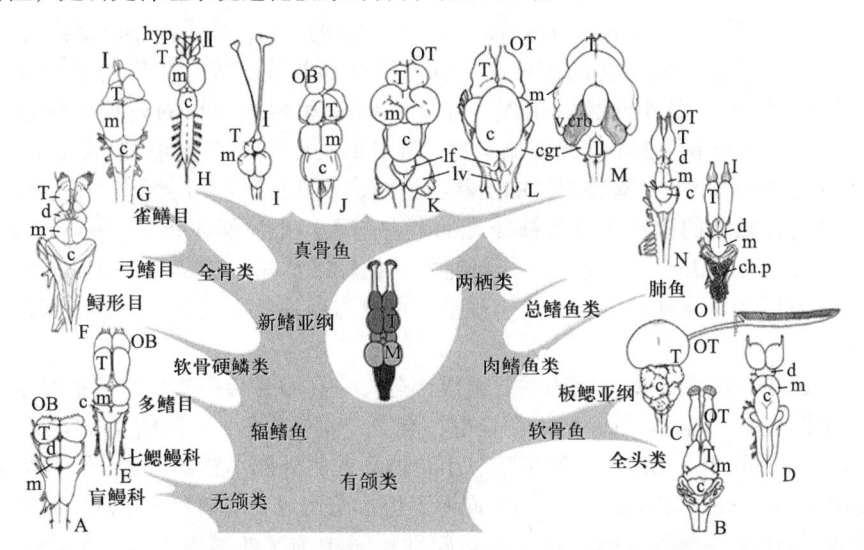

图10-1 无羊膜动物大脑的解剖形态比较（改自Kirschbaum et al., 2019）

A. 盲鳗；B. 大西洋银鲛；C. 白斑角鲨；D. 双髻鲨；E. 塞内加尔多鳍鱼；F. 西伯利亚鲟；G. 雀鳝目；H. 翻车鱼；I. 美洲鲶；J. 欧洲鳗；K. 鲤；L. 蟾拟油鲶；M. 象鼻鱼；N. 矛尾鱼；O. 美洲肺鱼。

c. 小脑；ch.p. 脉络丛；d. 间脑；cgr. 腺隆起；hyp. 脑垂体；lf. 面神经叶；ll. 侧叶；lv. 迷走叶；m. 中脑顶盖；OB. 嗅球；OT. 嗅束；T. 端脑半球；v.crb. 小脑瓣；Ⅰ. 嗅神经；Ⅱ. 视神经

硬骨鱼大脑的 5 个主要区域如下：①端脑（telencephalon）；②间脑（diencephalon）；③中脑（mesencephalon）、视叶（optic lobe）和被盖（tegmentum）；④后脑（metencephalon），主要是小脑（cerebellum）；⑤延髓（medulla oblongata），延髓逐渐变细称为脊髓（spinal cord），其中狭窄的中央腔是脑室的延续（图 10-2）。

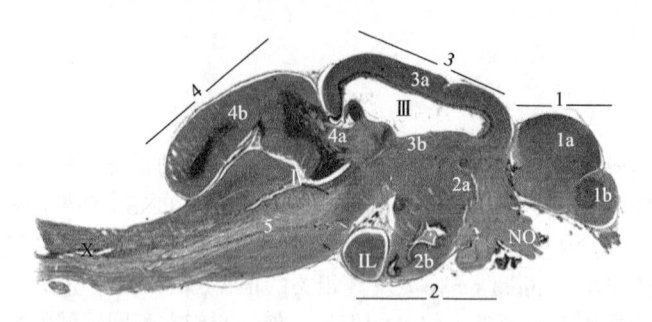

图 10-2　硬骨鱼大脑的侧面图（Masson's 三色染色，40×）（改自 Genten et al.，2009）
1. 端脑；2. 间脑；3. 中脑；4. 后脑；5. 延髓。
1a. 大脑半球；1b. 嗅叶；2a. 丘脑；2b. 下丘脑；3a. 视叶；3b. 被盖；4a. 小脑瓣；4b. 小脑体；X. 脊髓；Ⅲ. 第三脑室；Ⅳ. 第四脑室；IL. 下叶；NO. 视神经

鱼的端脑比哺乳动物小得多，包括嗅叶（olfactory lobe）和大脑半球（cerebral hemisphere）。脑室有时可见，但通常不明显。硬骨鱼的大脑在组织学上与哺乳动物的大脑明显不同的是缺少一个新皮层（neocortex）。硬骨鱼的大脑由相互连接的神经元组成，由广泛的神经纤维束支撑。

间脑分为上丘脑（epithalamus）（松果体和缰神经节组成的背侧上皮层）、丘脑（thalamus）和下丘脑腹侧。下丘脑由漏斗和两个下叶组成，是间脑的主要解剖结构，具有调节脑垂体的功能。

中脑在所有鱼类中都很大，由层状的视顶盖（optic tectum）覆盖；它的底部是被盖（tegmentum）；半环状枕（torus semicircularis，TS）在被盖的上面，TS 是后脑听侧核的主要靶点，后脑听侧核是三个机械感觉系统的统称。听觉、平衡和侧线系统有相似的感受器细胞——毛细胞。它与大脑的许多其他区域相连，并参与听觉和侧线信息的处理。视顶盖（optic tectum）是视网膜神经节细胞轴突的末端，这一区域的发育反映了不同物种视觉的重要程度。视顶盖大致分为两个视叶，具有特征性的层状组织结构，由 5 个主要层组成。这些层的区别在于无髓轴突和有髓轴突的相对含量及神经元的存在与否。垂体漏斗管（infundibulum）后面是血管囊（saccus vasculosus），这是一种与哺乳动物脉络丛相似的高度血管化的组织。这种结构为第三脑室腔产生了连续的脑脊液。该器官由立方或柱状上皮组成，含丰富的毛细血管的纤维间质。

小脑（cerebellum）是后脑背侧的主要组成部分。它在硬骨鱼中执行与其他脊椎动物相同的感觉运动协调功能。硬骨鱼的小脑发育良好，有三个主要部分：小脑瓣（valvula cerebelli）、小脑体（corpus cerebelli）和前庭外侧小脑。小脑体和前庭外侧小脑部可能分别与哺乳动物的小脑体和前庭小脑（vestibular cerebellum）同源，但小脑瓣只在辐鳍鱼中出现。与所有脊椎动物一样，小脑体位于头侧菱形顶部，而瓣膜则位于中脑室的顶盖下面。小脑皮质包含三层：外层分子和内层颗粒，中间有神经节细胞层。外层含有平行纤维（parallel fiber）、浦肯野细胞树突（purkinje cell dendrite）、真树突状细胞（eurydendroid cell）和星状细胞（stellate cell）。这些细胞体大小为 6~8μm。平行纤维位于横断面，与浦肯野细胞树突和真树突细胞交叉；神经节层位于分子层之下。这一层与哺乳动物的浦肯野细胞层相对应，但在硬骨鱼中被称为神经节层，因为它同时包含树突细胞和浦肯野细胞的细胞体。浦肯野细胞呈圆形或梨形，树突细胞的细胞体呈三角形或菱形。树突细胞略大于浦肯野细胞。在神经节层下面的颗粒层包含密集排列的小的多极神经元，即颗粒细胞（granule cell）；这些细胞的细胞体直径为3~4μm。有一些硬骨鱼的小脑很大，如象鼻鱼。其瓣膜已经从中脑的脑室中生长出来，成为一个覆盖了几乎所有大脑的表面结构。这种巨大小脑的不同区域与不同类型的电感受器的输入有关。

延髓是后脑尾端与脊髓相连的部分，它包括一些脑神经的核，Mauthnerian系统是一种神经运动系统，在硬骨鱼中很发达，它是位于延髓中线两侧的2个大神经，接收听觉神经传来的信息再传递给运动神经元，一侧听神经的刺激会导致另一侧躯干快速而有力的收缩，从而引发快速地向前和远离刺激方向的运动，即惊吓反应。

在脊髓中，灰质在排列上与高等动物有明显的不同，因为背角相距很近，它们之间几乎没有白质，这使得灰质呈倒Y形。神经元和神经胶质细胞构成了大脑和脊髓的细胞成分。鱼类的神经元与哺乳动物相似，其细胞质中含有丰富的粗面内质网、高尔基体和一个大核，具有树突和无髓鞘或有髓鞘轴突。硬骨鱼中枢系统神经胶质细胞包括星形胶质细胞、少突胶质细胞和室管膜细胞。常规组织切片很难区分前两种类型。硬骨鱼室管膜细胞具有纤毛、大量糖原和巨大的线粒体，表明其具有特殊的代谢活性。

二、外周神经系统

神经是由神经纤维组成的圆柱形神经束组成，每一束神经纤维内部由非常纤弱的结缔组织支撑，称为神经内膜，外包神经束膜，这是一种相对致密的结缔组织鞘。纤维束由外膜连接在一起，外膜是一种松散的结缔组织。神经由束内和束间血管供应营养。

外周神经系统由神经节和神经组成。神经几乎渗透到身体的每一个部位，感觉神经冲动通过传入途径进入脊髓和大脑。运动神经纤维群产生传出神经冲动向外传递，控制肌肉或皮肤。神经节包含外周神经元的细胞体。

脊椎动物的头部有10对（圆口类、鱼类和两栖动物）或12对（爬行动物、鸟类和哺乳动物）脑神经。这些神经形态表现了很高的多样性。几对脊神经混合后从脊椎之间的脊髓中延伸出来。每个神经具有两个根（背根中的感觉神经元和腹侧的运动神经元），它们在离开脊髓之后融合成一个混合的脊神经。

鱼类有10类脑神经：Ⅰ．嗅觉神经（olfactory nerve），是一条感觉神经，从嗅球延伸到嗅叶；Ⅱ．视神经（optic nerve）从视网膜到视叶，是体内最粗大的神经，如鳜的视神经（图10-3）；Ⅲ．动眼神经（oculomotor nerve），起源于中脑视顶盖，经视孔进入眼眶，控制眼球上、下、前直肌和下斜肌，它是躯体运动神经，支配6块横纹肌中的四块和眼内肌肉；Ⅳ．滑车神经（trochlear nerve），起源于小脑下脑干背外侧，它支配眼睛6条横纹肌之一，即眼球上斜肌；Ⅴ．三叉神经（trigeminal nerve），起源于延髓的外侧。它在功能

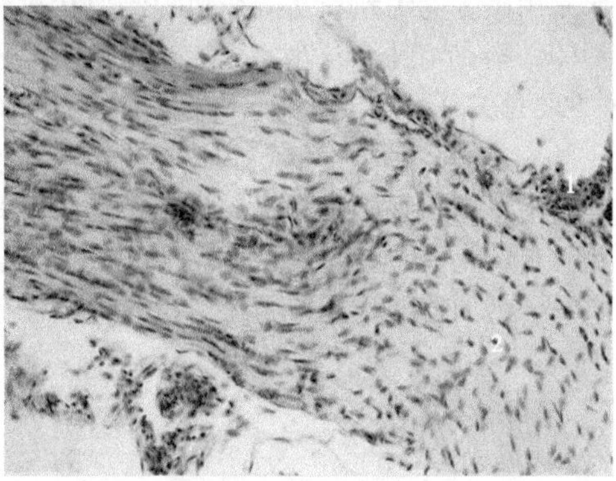

图10-3 鳜的视神经（HE染色，400×）
1. 脑膜内的毛细血管；2. 神经胶质细胞

上是躯体感觉和运动的混合体，它分为眼深支、上颌支和下颌支，支配着头的前部、上下颌区域；Ⅵ．外展神经（abducens nerve），起源于延髓的腹侧，位于三叉神经的正后方，它支配第六横纹肌，即移动眼球的后直肌；Ⅶ．面神经（facial nerve），起源于延髓的两侧，是真正的混合神经，它分为三个分支，眶上、眶下和舌下颌；Ⅷ．听神经（auditory nerve），起源于延髓的两侧，在面部后面延伸。它有两个分支：①前庭支，通向内耳的椭圆囊和壶腹，②囊状支，通向球囊（sacculus）和壶状体（lagena）；Ⅸ．舌咽神经（glossopharyngeal nerve），起源于延髓的腹外侧，就在第八神经后，常与迷走神经Ⅹ融合，为混合神经，它支配腹侧咽黏膜和第一鳃裂的肌肉；Ⅹ．迷走神经（vagus nerve），起源于舌咽肌后部，是混合神经。

在外周神经中，每个轴突要么被施旺氏细胞形成的髓鞘包裹形成有髓鞘的神经纤维，要么被施旺氏细胞的细胞体包裹为无髓鞘的神经纤维，在光镜水平下并不容易检测到。髓鞘由施旺氏细胞膜的连续层构成，在轴突周围形成高脂鞘。纤维被苏木精-伊红染成淡粉色。纵切面上，外周神经最主要的特征是轴突有明显的波形。

神经节被致密的结缔组织包膜所包围，它被分成小梁，为神经元提供一个框架。在神经节内，横切面和纵切面均可见有髓轴突。此外，血管遍布整个神经节。副交感神经节细胞群位于肠肌层内。

第二节　感　觉　系　统

本节彩图

一、内耳

鱼类缺乏外耳及其他类似高等脊椎动物传递声波到达内耳的各种附属装置。然而，通过头部骨骼到内耳的振动传导可以产生一定程度的听觉。侧线也与听觉密切相关。在大多数鱼类中，要感知到水的振动，就必须通过头部的振动，再引起内淋巴振动，最后传递到内耳的毛细胞。

内耳有典型的脊椎动物特征，包括三个半规管、一个水平面和两个垂直面。内耳有三个耳石室或耳石器官：椭圆囊（utriculus）、球囊（sacculus）和听壶（lagena）。在排列有单层扁平上皮的半规管中，局部扩大称为壶腹部感觉结构，即壶腹嵴（cristae ampullaris）。每个耳石囊（otolithic sacs）都有一个坚硬的石状结构。椭圆囊的微耳石（lapillus）、球囊中的矢耳石（sagitta）和听壶中的星耳石（asteriscus），靠近一种叫耳斑（macula）的感觉上皮组织。耳斑部是由感觉毛细胞和支持细胞的斑块状集合形成的。像半规管一样，耳石囊充满了内淋巴。鱼耳的结构有物种特异性。这些差异包括半规管和耳石囊的大小和形状。耳石有种间和种内变异（主要是矢耳石和星耳石），感觉毛细胞的种类和分布也会不同（图10-4）。

一些硬骨鱼类的鳔被用来接收振动，作为听觉的辅助器官。鳔向外发出一个管状的延伸物，沿着内耳膜质迷路的两侧延伸，从而引起内耳淋巴的振动。鲇形目、鲤形目、鲑鲤目等骨鳔总目的一些硬骨鱼体内有四根前椎骨突起分离并独立发育，形成韦伯器，将鳔与内耳球形囊联系。韦伯器的功能与哺乳动物的听小骨有些类似，它将振动从鳔传递到内耳。

二、侧线

在鱼类、两栖动物幼体和一些水生两栖动物中，存在着一个非常复杂的感觉系统，形态复杂多样，即侧线。侧线和其他感受器类似，都有一个典型的结构，即神经丘（neuromast）。

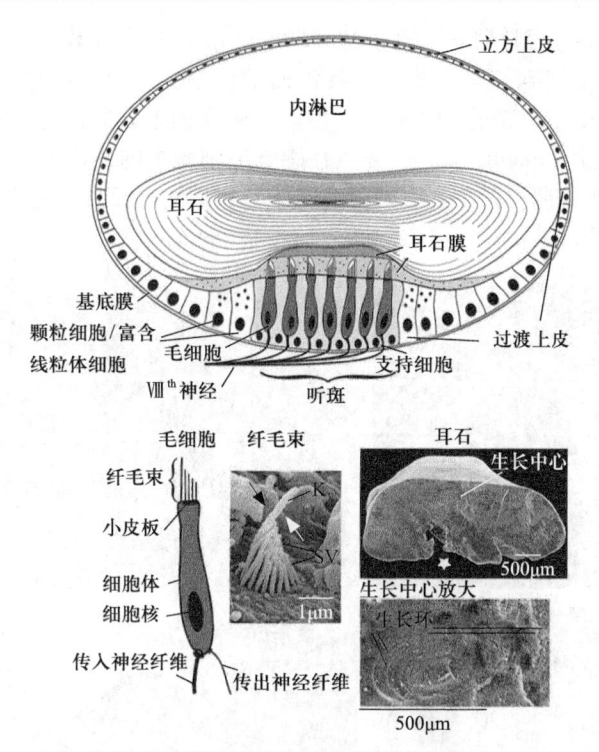

第十章 神经系统和感觉系统 | 103

图 10-4 耳石末端形态图和扫描电镜观察（改自 Kirschbaum et al., 2019）

K. 动纤毛；SV. 静纤毛

神经丘包括感觉毛细胞，其间可能分布有支持细胞，覆盖一层顶（cupula）浸没在水中，有管腔包围，管腔内有能分泌黏液的上皮细胞。神经丘形态简单，包括两类：头部的侧线管由皮肤覆盖或不被皮肤覆盖的骨槽组成，而躯干侧线管道从鳃盖后面延伸到尾部，由鳞片生成（图 10-5）。侧线系统能够探测到低频的水流运动（<200Hz）。侧线管的形态在不同物种间有明显的差异。硬骨鱼和软骨鱼类似，但无颌类（盲鳗和七鳃鳗）和两栖动物只有体表神经丘。

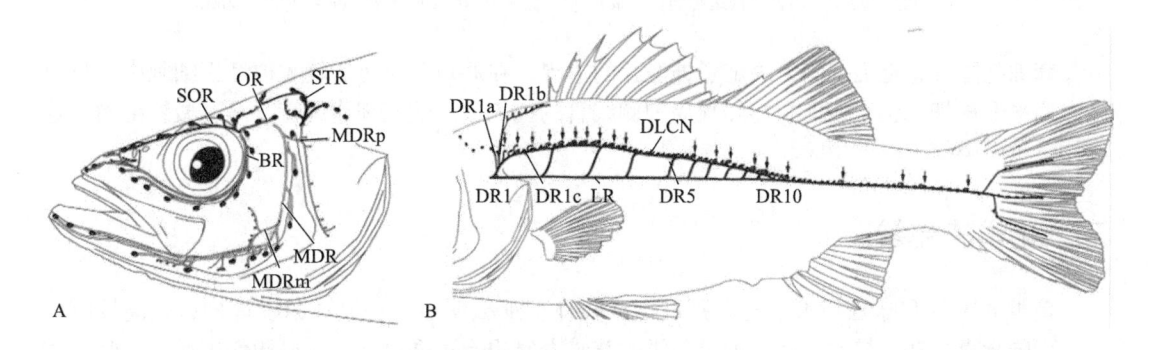

图 10-5 花鲈侧线系统的神经支配（改自 Kirschbaum et al., 2019）

A. 头部的侧视图；B. 躯干和尾鳍的侧面图。

BR. 颊支（绿色）；MDR. 下颌支（黄色）；MDRm. 下颌内侧支（黄色）；MDRp. 下颌支后支（黄色）或耳支（米色）；SOR. 表层眼支（蓝色）；STR. 颞上支（红色）；藏青色和小圆点分别表示神经管和浅表神经丘；DLCN. 背侧纵行神经集合；DR. 背侧支管；LR. 侧支；深色圆点代表神经丘

神经丘是小的多细胞感觉器官（直径10～500μm），由数十到数千个感觉毛细胞和非感觉细胞组成。每个感觉毛细胞都有一些位于其顶面的纤毛，如硬骨鱼神经丘（图10-6）。毛细胞的动纤毛（kinocilium）内微管为（9+2）型。非感觉细胞分散在毛细胞中，包括支持细胞（support cell）和套细胞（mantle cell）。分散在感觉毛细胞中的支持细胞从神经母细胞的顶面延伸到基底膜，位于毛细胞群之下。在硬骨鱼类中，它们的表面只有短的微绒毛。在非硬骨鱼中，它们有长的微绒毛。

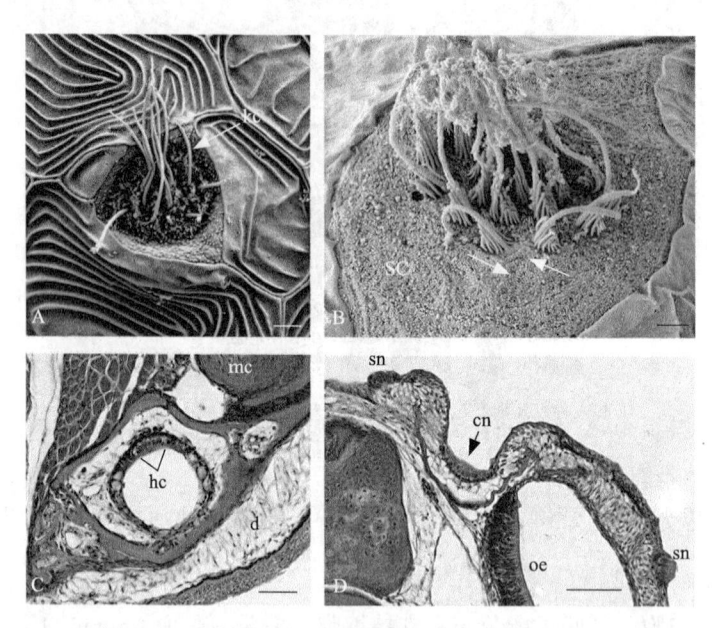

图10-6　硬骨鱼神经丘（改自Kirschbaum et al., 2019）

A. 慈鲷头部表面神经丘扫描电镜观察，长的动纤毛（箭头）和较短的静纤毛从构成感觉上皮的毛细胞延伸；非感觉细胞有短的微绒毛，神经丘被皮肤的几个扁平上皮细胞包围，其特征在于表面上有肌动蛋白支持的微脊，kc. 长纤毛，标尺＝2μm；B. 虾虎鱼头部表面神经丘扫描电镜观察显示具有相反极性的感觉毛细胞，每个都有一个长的动纤毛和较短的静纤毛，毛细胞周围的非感觉支持细胞带有非常短的微绒毛，标尺＝1μm；C. 成年慈鲷下颌侧线管的横向组织切片，齿骨（粉红色）位于真皮中（d. 表皮基底膜下方），感觉毛细胞（hc）具有突出的细胞核，非感觉支持细胞位于毛细胞的两侧，黏液分泌细胞（蓝色）位于管腔内衬的上皮细胞中，标尺＝50μm；D. 慈鲷眶上侧线管神经母细胞的横切面，管状神经丘（cn）包含在槽状鼻骨（粉红色）内，有两个浅表神经丘（sn），嗅觉器官中的纤毛嗅上皮（oe），标尺＝50μm

套细胞围绕感觉毛细胞，决定了神经丘的边界。在幼鱼和成鱼的较大神经丘细胞中数量更多。扁平上皮细胞位于表面和神经丘周围侧线管的内表面。这些细胞的特征是有微绒毛嵴，这在硬骨鱼中类似于一种指纹。

三、化学感受器

鱼类的嗅觉和味觉在水中的区别没有在陆地上那么明显。一般认为嗅觉是远距离接收信息，而味觉靠接触才接收信息，但是鱼类中味觉器官也有可能对远距离刺激作出反应。味觉和嗅觉都需要特定的受体细胞与水中化学物质直接接触，这些受体细胞被称为化学感受器。

（一）味觉

味觉感受器并不像陆地动物那样仅限于口腔，还可能存在于鳃、头部表面、鳍、须等部位。味蕾通常是卵圆形或梨形的，高度为30～80μm，宽度为20～50μm，垂直于表皮表面。它们可以在表皮上突起、齐平或凹陷，味觉细胞顶端有微绒毛，周围有脑神经支配的支持细胞。味觉器官中有两种类型的神经递质，即胆碱能（cholinergic type）和胺能（aminergic type）。研究显示，底栖杂食性鱼口咽腔内的味蕾密度高于肉食性物种。味蕾的数量也与物种生活的环境、活动、其他感觉器官的发展程度和个体的年龄有关。例如，味蕾在不太活跃的淡水鱼类的皮肤上特别多。在底栖物种和生活在洞穴中的物种中发现的味蕾比栖息在清澈水域的鱼类多。味蕾的数量还随着年龄的增长而增加。

味蕾的形态与它们在皮肤或口腔黏膜中的位置无关，如鳜和鲟的味蕾（图10-7）。在硬骨鱼类和非硬骨鱼类中，味蕾位于表皮中，在基膜上方，基膜形成味蕾所在的真皮乳头（dermal papillae）。味蕾通过面神经（Ⅶ）、舌咽神经（Ⅸ）和迷走神经（Ⅹ）的纤维向中枢神经系统传递味道信息。

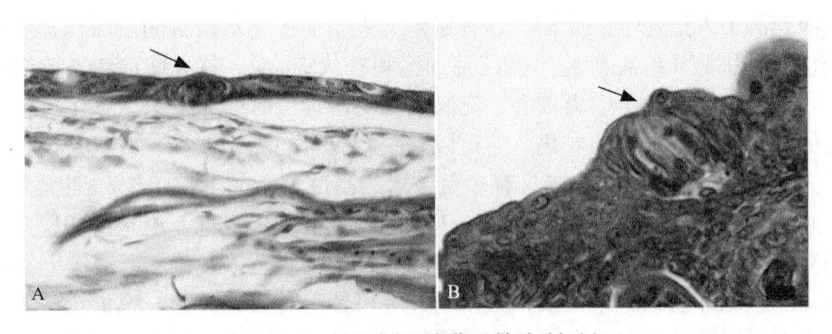

图10-7　鳜和鲟的味蕾（箭头所示）
A. 鳜，HE染色；B. 鲟，Masson's三色染色

味蕾的大小和味蕾中的细胞数量在不同的物种中有所不同。双孔鲤（*Gyrinocheilus aymonieri*）味蕾的高度约25μm，肺鱼（*Neoceratodus fosteri*）味蕾高度可到100μm。鲨（*Scyliorhinus canicula*）的味蕾中有25个细胞，但在多数非硬骨鱼类中有50～60个细胞。硬骨鱼中差异明显，在斑马鱼中有大约23个细胞，带鱼中有110～130个细胞。

电镜下，味蕾由感觉细胞、基底细胞和非感觉细胞（支持细胞）组成。从味蕾顶端到基部的细长细胞容易辨识，其细胞核位于味蕾较宽的底部。一个或几个盘状的基底细胞位于味蕾的底部。味觉细胞和支持细胞的顶突通常形成一个小的圆形感觉区，直径为2～22μm。根据感觉区相对于周围上皮细胞的位置，在鱼类中区分了三种类型的味蕾。味蕾的感觉区可以突出到表皮上方（Ⅰ型），或和上皮高度接近（Ⅱ型），或低于上皮表层水平，形成所谓的"孔"（Ⅲ型）。这种多样性经常在一个物种的味蕾中都能看到，并且与它们分布的位置有关。根据其细胞质的电子密度也可以将味蕾细胞分为"暗细胞"和"亮细胞"。二者都受神经支配，它们在功能上都有类似的功能。

味觉受体细胞（gustatory receptor cell）的顶端形成厚的指状突起，长约2.5μm，宽约0.5μm，细胞质内有张力纤维。在水平切面上，味觉细胞的外观通常是圆形的，它们之间的区域充满了不规则形状的支持细胞。靠近顶面，味觉细胞与支持细胞形成紧密连接，以及更深的桥粒连接。细胞质包含许多滑面内质网池、稀疏的微管和大量线粒体。味觉细胞的细胞核位于细胞的基部，细胞核周围可见大量高尔基体。味觉细胞的基底连接达基底膜。细胞基底区域的细胞质中，常见有突触小泡，突触小泡具有电子致密的核。

基底细胞（basal cell）呈盘状，位于基底膜上，但不形成半桥粒。硬骨鱼的味蕾可以有一到几个基底细胞。在鳕形目的一些物种的味蕾中未发现基底细胞。基底细胞的细胞核很大，通常有一些凹陷。细胞质中有成束的张力纤维、高尔基体的贮池、滑面内质网和糖原颗粒。

支持细胞包围味觉细胞。支持细胞的顶端具有很少的微绒毛，胞质中有各种电子密度和大小的分泌小泡，细胞质富含张力丝、粗面内质网池和多聚核糖体。在泥鳅和箭鱼中，支持细胞也富含微管。支持细胞的近端突起可以到达基底细胞或基底膜，与基底细胞或基底膜一起形成半桥粒。

（二）嗅觉

无颌类（盲鳗、七鳃鳗）的嗅觉器官是不成对的，结构简单。它位于头部背面的一个凹陷处，感觉上皮位于凹陷的隐窝底部。鲨的嗅觉器官或称嗅室高度发达，成对位于鼻腹侧的囊中，每一个都被一个简单的皮瓣覆盖，呈球形，由一系列（初级）嗅板和它们的次生褶皱组成，这些褶皱布满了大量化学感受器。这种皱褶大大增加了与水接触的表面积，从而提高了灵敏度。嗅板由感觉细胞（纤毛细胞、微绒毛细胞和杆状细胞）、黏液细胞和支持细胞组成的上皮构成。在片层的中心是一个中央核心，充满松散的血管化的结缔组织。

硬骨鱼的嗅室形态有很大的变化，它可以是一个简单的鼻管，没有或只有很少的片层（颌针鱼科、竹刀鱼科、花鳉科等），或具有多重皱褶的高度复杂的上皮组织和细胞类型；它通常是成对的，并含有成千上万的受体细胞，位于鱼的嗅觉上皮。嗅觉上皮是由感觉元件和非感觉元件组成的复杂组织。非感觉元件有纤毛细胞和非纤毛细胞，以及位于基底膜上方的基底细胞和杯状细胞。非感觉纤毛细胞呈柱状，其活动纤毛可使嗅觉器官通畅。感觉元件为柱状，假复层，由多个具有顶端纤毛或多个微绒毛的受体细胞组成，由支持细胞隔开（图10-8）。

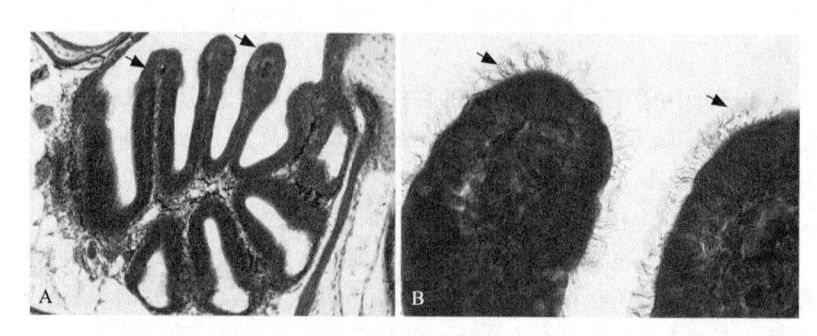

图10-8 斑马鱼的嗅室（Genten et al., 2009）
A. 嗅室的横切，感觉上皮覆盖是折叠的皮肤表面；
B. 嗅室内的两个嗅叶（olfactory lobe）的放大，可见纤毛感觉细胞、支持细胞和黏液细胞等，Masson's三色染色

覆盖嗅室的皮肤有成对的开口，允许水进入鼻孔和离开鼻孔嗅室。而丽科鱼（cichlid）只有一个开口。电镜下，嗅觉上皮有两类主要的细胞：嗅觉感觉神经元（olfactory sensory neuron，OSN）和非感觉细胞。存在三种主要类型的OSN：纤毛OSN、微绒毛OSN和隐窝OSN。存在三种类型的非感觉细胞：纤毛细胞、支持细胞和基底细胞。

纤毛嗅觉感觉神经元在感觉神经元的顶端表面，纤毛呈放射状。纤毛的数量因物种而异，通常在3~10个。斑马鱼的纤毛长2~3mm，西伯利亚鲟的纤毛长约10mm。细胞核通常位于基底部，其上方有许多线粒体。

微绒毛嗅觉感觉神经元类似于纤毛OSN，细长，呈纺锤形。细胞体延伸至嗅觉上皮深度

的2/3左右。细胞的顶端部分稍微增大，并略高于上皮表面。与纤毛OSN相比，球形突起通常不太突出。细胞核和其余细胞器的位置与纤毛OSN相似。

隐窝OSN的特征在于"隐窝"。在隐窝/口袋中，有一些微绒毛没有到达感觉上皮的表面。微绒毛的数量因物种而异（3～10个），并与通常在纤毛OSN上观察到纤毛的大致数量相关。隐窝被支持细胞所包围。隐窝OSN的形状不同于纤毛OSN和微绒毛OSN。最常见的是梨形，可达到嗅觉感觉上皮深度的1/3。细胞质包含细胞器，如高尔基体、线粒体、溶酶体和内质网，细胞核位于细胞的基部。

非感觉纤毛细胞是柱形的，从基底层延伸到上皮表面。它们存在于所有硬骨鱼的嗅觉上皮中，许多纤毛改善了嗅觉上皮表面的循环。纤毛的数量和长度因物种而异。这些细胞中纤毛的长度通常大于OSN中纤毛的长度。在细胞顶部的细胞质中有许多线粒体，在细胞的基部发现一个相对较小的细胞核，通常具有非浓缩的染色质，并被厚的内质网包围。

支持细胞是包围和支撑OSN的特化细胞。单个支持细胞通常与几个OSN相关。它们呈圆柱形，通常基部与基底层相邻。在上皮的上部，支持细胞通过桥粒相互连接。支持细胞最重要的特征是细胞质中存在长簇的张力原纤维，它们通常垂直于细胞的长轴。

基底细胞是不同形状的小细胞，但是细胞核相对比较大，位于基底膜的正上方。这些细胞产生新的非感觉和感觉受体细胞，迄今为止，尚不清楚它们是否也能产生具有有丝分裂能力的支持细胞。

四、眼

鱼的眼睛一般都大且圆，有扁平的角膜，没有眼睑。仅鲨有眼睑，一些鲨可以完全闭上眼睛，而另一些鲨有第三层眼瞬膜，在咬猎物时保护眼睛。一些深海物种拥有不成比例的大眼睛，以捕获有限的光线，而在其他物种如穴居鱼中视觉系统退化。

眼睛有三层结构。外层包括透明的角膜（cornea）和不透明的巩膜（sclera），中层包括虹膜（iris）、睫状体（ciliary body）和脉络膜（choroid）色素层，内层包括神经组织（视网膜）。眼球的其他辅助结构包括房水（aqueous humor）、玻璃体（vitreous body）和晶状体（lens），视神经粗大，穿过眼球壁。硬骨鱼晶状体是完全圆形的，几乎靠近到角膜，给鱼提供了一个广阔的视野。

晶状体是一个无血管组织，由晶状体内细胞分泌的细胞外基质组成。晶状体细胞被分成两个相邻但形态学上非常不同的细胞亚群。面向眼睛前房的晶状体细胞是单层上皮细胞；面向眼睛后房的晶状体细胞浸在玻璃体液中，被拉长成纤维状。晶状体的主要功能是与角膜结合，将进入的光线传输并聚焦到视网膜上。鱼的晶状体硬，视觉调节不是通过改变晶状体的形状，而是通过肌肉和悬韧带前后移动晶状体来实现的。

晶状体通过瞳孔突出到前房，通常突出于体表，获得更宽的视野。许多远洋鱼的晶状体含有色素，通过防止短波长的光到达视网膜而起到过滤作用。因此，除了将光线聚焦到视网膜上，晶状体也可能保护视网膜免受紫外线的潜在有害影响，或通过排除最容易产生色差的较短波长来提高视力。

角膜由无色素的扁平上皮、膜质基质和薄的内皮组成。角膜上皮是多层的，与顶部的表皮相邻。眼后壁由厚厚的成纤维细胞排列形成的巩膜与角膜基质相连。因为角膜是透明的，大多数鱼巩膜不折射光线。鱼角膜的结构与大多数陆生脊椎动物相似，形成限制角膜水合和保持透明的屏障。上皮表面上的微突出物（如微脊）利于氧和营养物的扩散。上皮的下面是一个基底膜，一个厚的基质和一个由厚基底膜支持的内皮。角膜基质由平行的胶原蛋白纤维层（主要是Ⅰ型胶原蛋白）组成。相邻片层的纤维素大约相互垂直，以保持透明度（图10-9）。

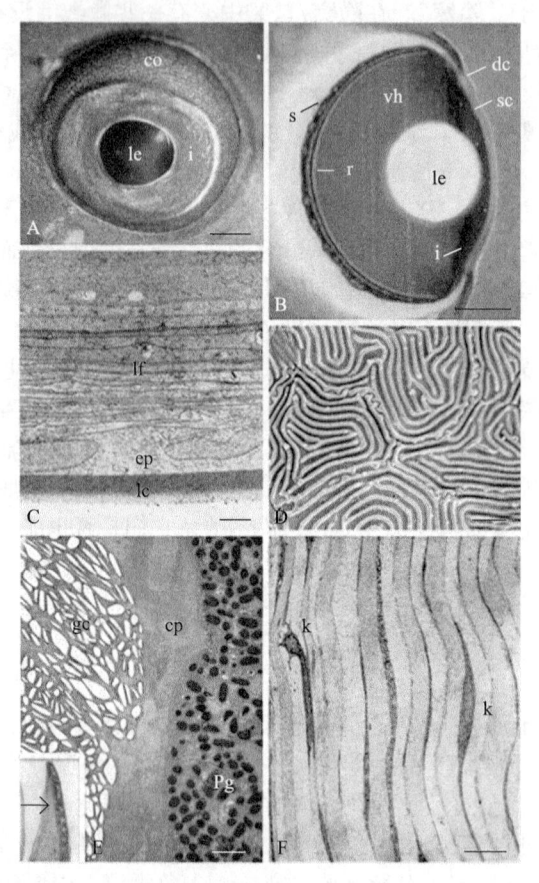

图10-9　眼和角膜（改自 Kirschbaum et al., 2019）

A. 伸口鱼（*Epibulus insidiator*）眼睛的外形显示圆形瞳孔，标尺＝2mm；le. 晶状体；co. 结膜；i. 虹膜。B. 肺鱼眼睛外形，标尺＝3mm；dc. 真皮角膜；s. 巩膜；sc. 角膜；vh. 玻璃体；i. 虹膜。C. 南乳鱼（*Lepidogalaxias salamandriodes*）晶状体前部区域的电子显微照片，显示晶状体，标尺＝2μm；lc. 外囊；ep. 上皮层；lf. 晶状体内纤维。D. 窄额鲀（*Torquigener pleurogramma*）角膜扫描电子显微图示复杂的微脊，标尺＝2μm。E. 海龙（*Syngnathus*）虹膜超微结构，标尺＝2μm；局部放大的图为虹膜，箭头表示入射光的方向；Pg. 色素颗粒；cp. 中间细胞；gc. 鸟嘌呤晶体。F. 雀鳝（*Lepidosteus platystomus*）中央角膜的超微结构，显示胶原层的交替层相互垂直，内含角质细胞，标尺＝4μm；k. 角质细胞

眼睛的中层由脉络膜和虹膜组成。脉络膜由三层组成：巩膜旁的结缔组织层、血管层和第三层毛细血管层，毗邻视网膜。脉络膜是围绕视神经的一组发达、错综复杂的小动脉和毛细血管，它们构成了一个细脉网。这样的结构满足低血管化视网膜的高氧需求。

虹膜是脉络膜的延续，在晶状体前表面形成一层薄薄的膜，经常突出到眼房内。虹膜分离房水腔（aqueous chamber）和玻璃腔（vitreous chamber），前缘中央为瞳孔。

虹膜控制通过瞳孔进入眼睛的光量。大多数远洋鱼的瞳孔不能对光线作出收缩或扩张的反应，尽管有例外。弹涂鱼瞳孔是高度活动的。一个能够快速改变瞳孔大小的虹膜提供了一个调节视网膜照明的动态机制，这将有助于在波动的照明条件下保持最佳的视觉性能。虹膜由厚厚的上皮细胞（与视网膜色素上皮细胞连续）组成，含有色素颗粒。前虹膜的大部分由鸟嘌呤晶体束组成，由基底层经常分离出成束的鸟嘌呤晶体，它们具有高度的反射性，作为

生物镜，有助于在强光下伪装瞳孔。在具有活动能力瞳孔的物种中，虹膜还包括虹膜括约肌或扩瞳肌。

眼睛的内层是视网膜，视网膜由10个不同的层组成：①色素上皮，紧贴脉络膜；②感光层，或光受体层，是视锥细胞和视杆细胞的细长顶端；③外界膜，非常薄；④外核层，光感受器胞体和细胞核外核区；⑤外丛状层，或外网状层，由光感受器细胞的轴突及双极细胞树突水平细胞突起组成；⑥内核层，称内颗粒层，由双极细胞、水平细胞、无长突细胞、Müller细胞的胞核组成；⑦内丛状层，或内网状层，由双极细胞的轴突及神经节细胞的树突组成；⑧神经节细胞层，含有神经节细胞的细胞核，视神经从这里开始；⑨神经纤维层，神经节细胞的轴突沿视神经至大脑；⑩内界膜，由胶质细胞的扩张过程组成的内部限制膜。

大多数鱼类都有一个复式视网膜，既含有视杆细胞又含有锥状细胞。这两种视觉细胞都有一些共同的结构，外层含有感光色素（视紫红质或视紫蓝质），线粒体挤压在一起呈椭球体，一个像脚掌一样的细胞核区域。视锥细胞和视杆细胞被外部限制膜固定在确定的位置上。视杆细胞较长（约100μm），圆柱形或椭圆形外段。视锥细胞外段为圆锥形。视杆细胞在弱光下完成对光的检测，而不同种群的视锥细胞对可见光谱中的红、绿、蓝敏感。大马哈鱼的视网膜也有特殊的视锥细胞，它们对紫外线最敏感。双视锥细胞在一些硬骨鱼中很常见。这些感光细胞的比例在不同的鱼类之间有很大的差异，主要取决于它们的栖息地。例如，大多数深海鱼类的视网膜只有视杆细胞。

光神经纤维层（tapetum lucidum）是一种在多种动物眼睛中常见的特殊结构，位于光感受器下面。它反射光线，像镜子一样将视网膜里的光线反射回去，并再次投射到视网膜上，进而让动物在微弱光线的环境下能看得更清楚。其目的是提高眼睛的光敏性。不同物种的光神经纤维层的位置和质量差异很大。有些物种在脉络膜中含有光神经纤维层，而另一些则与视网膜色素上皮细胞有关。

五、电器官和电感受器

动物界只有少数鱼类具有专门用来产生电流的器官。还有一些鱼类具有感受环境中电流的受体。有电受体的鱼类不一定有发电器官（如鲶、珊瑚鱼）。而有的物种既有发电器官也有电感受器（裸臀鱼科、管嘴鱼科、电鲇科、电鳐科）。除了个别鱼类的发电器官是经过修饰的运动神经元末端，其他鱼类的发电器官是横纹肌纤维的特化结构。

不同动物的发电器官位置不同。电鳐发电器官位于头部两侧，鳃和胸鳍之间。电鳗发电器官沿两侧从躯干延伸到尾。在鳐、象鼻鱼和裸臀鱼（*niloticus*）中，发电器官在尾部（图10-10）。电鲶（*Malapterurus*）发电器官分布在整个身体的皮肤和肌肉之间。䲢（*Uranoscopus*）的发电器官呈块状置于眼睛后面，左右各一片。发电细胞（electrocyte）是多核、扁平或细长的细胞，胞质填充有糖原。一列发电细胞的神经侧面向同一方向的方式堆叠在一起呈柱状。它们可以像电鳐那样垂直地从腹面到背面排列，也可以像电鳗一样，纵向地从尾巴延伸到头部。一种起源于中胚层的含血管的胶质物质，填补相邻的电细胞之间的空隙。发电细胞形态差异较大，但多数为盘状细胞，有光滑的神经支配面和非神经支配面。在电鳐中，每个电细胞柱中有1000多个电细胞，每个器官有500~1000个电细胞柱。电鳗的1个电细胞能产生0.15V电压，细胞通过三磷酸腺苷（ATP）驱动的运输蛋白将钠和钾离子泵出细胞。在突触后，电细胞的工作方式很像肌肉细胞。它们有烟碱型乙酰胆碱受体。电鳗身体每一侧约有60个柱，每个柱约有10 000个电细胞。电鳗的电器官可以产生超500V的电压。发电器官结构上类似于电池，单个元件被缓慢地平行充电，然后可以同时串联放电，以产生高压脉冲。

硬骨鱼中的一种象鼻鱼和非洲电鱼存在电感受器，它们利用电脉冲来定位方向（图10-10）。这些鱼的大脑因其发育奇特的小脑瓣膜而引人关注。小脑瓣膜向前和向后延伸，覆盖背侧的大脑。在成鱼中，有三种类型的电感受器存在于特殊的电感受上皮中：壶腹器（ampullary organ）、壶状器（mormyromasts organ）和结节器（tuberous organ）。通过这种电感受器系统，鱼类能够识别出具有不同电导率的同类、捕食者和其他物体。壶腹器在感知各种生物和非生物源产生的低频信号中起着重要作用。壶状器在电子定位中发挥功能。结节器在电子通信中起着重要的作用（其他鱼类及其同类的电子器官的发射和检测），来自这三种电感受器的传入神经纤维投射到髓质的不同部位。

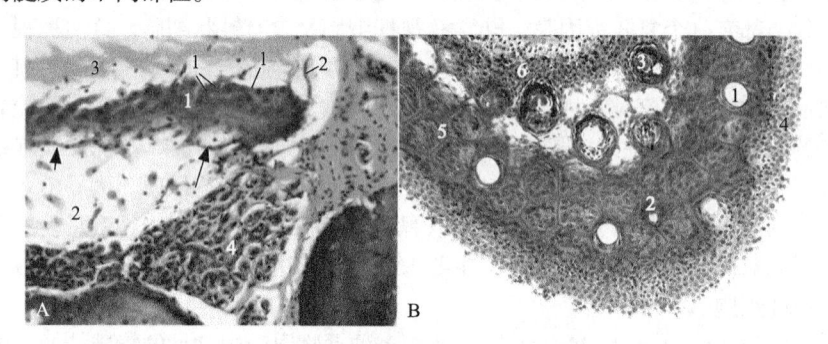

图10-10　象鼻鱼（*Psephuyrus gladius*）发电器官和电感受器（引自Genten et al.，2009）
A．象鼻鱼发电器官；B．象鼻鱼电感受器。
A：1. 发电细胞构成的合胞体；2. 血管；3. 凝胶层；4. 大量的神经轴突；箭头显示许多乳头状的质膜内陷。
B：1～3. 代表三种类型的电感受器；4. 表层多面体细胞；5. 六角柱形细胞；6. 复层基底上皮

壶腹器由一个穿过表皮的管状延伸的腔组成。这个管通常被一种无定形的黏液塞（多糖）所封闭。多个感觉细胞位于管底，周围有不同类型的辅助支持细胞。

壶状器具有一个充满酸性多糖的表皮内腔，并具有两个以形态和位置不同而区分的感觉细胞（A型和B型）。它是最丰富的电感受器类型，主要存在于口腔的表皮。

结节器由许多对电流敏感的上皮细胞组成。每个感觉细胞或神经元被封闭在一个单独的腔内，并通过侧线神经投射到髓质电感觉侧线叶。也有各种各样的支持细胞。这些器官嵌在增厚的表皮中，并突出到真皮中。感觉器官周围有一层基底膜。结节器缺乏从感觉受体细胞到外部环境的充满胶质的管道。

劳伦氏壶腹（ampullae of Lorenzini）是鳐、魟和鲨头部吻侧的一种特殊的电感受器。它们是充满胶状物的管道，通过一个小孔通向皮肤表面，就像一个黑点清晰可见。根管末端是一簇小囊泡，囊泡内充满特殊的胶质，囊泡被胶原结缔组织包裹。壶腹部较深的部分是感觉上皮细胞，其中含有热细胞和电感受细胞。每个壶腹都由一小束面神经纤维支配。通道的长度因动物而异，但电感受器孔的分布有物种特异性。劳伦氏壶腹可以探测到移动的动物产生的电场和地球磁场，从而帮助它们在迁徙过程中定位。

第十一章 被覆系统

被覆是指动物身体最外层的覆盖物，包括皮肤和皮肤衍生结构。被覆系统使动物保证自身内环境的稳定具备了最初的屏障系统。除了能很好地和外环境"隔绝"，同时还使动物机体和外环境进行的排泄、呼吸、分泌、体温调节和各种感觉等相应功能得以实现。当然皮肤最基本的功能是保护身体，防止水分的过度蒸发或大量渗入，防止病原菌侵入，避免损伤或辐射等。

第一节 皮 肤

鱼的皮肤是多功能器官，能在交流、感官知觉、运动、呼吸、排泄、渗透压调节和热调节等方面起重要作用。皮肤是一种自我活跃的分泌器官，其细胞成分可提供许多有用的产物，如杯状细胞分泌黏液，使身体表面保持湿润并保护其免受压力侵害；棒状细胞产生引发警报反应的警报物质；色素细胞产生色素，为鱼类提供特定的颜色。皮肤也是感觉器官的载体，其味蕾和侧线系统能使鱼类感知到掠食者和食物。侧线是一种感官系统，允许鱼类在其周围的水生环境中感知物体和运动。与哺乳动物不同，鱼的皮肤能分泌黏液参与免疫，其结构和功能反映了生物对水生环境的物理、化学和生物学特性及生物自然史的适应，水生脊椎动物的皮肤作为抵御病原体入侵环境的第一道防线是非常重要的。鱼类的皮肤基本上和其他脊椎动物一样，也是由外层的表皮和内层的真皮组成。两者的位置、来源、构造和机能均不相同。鱼的皮肤表现出各种物种间的差异，根据鱼种的不同，结构上也有所差异，某些物种具有鳞片，如鲷科鱼类的体表均具有鳞片；鳗鲡科鱼类的鳞片则是埋入体表；圆口类则是体裸无鳞。鱼的皮肤表现出不同物种间的差异，而另一些则具有特殊的细胞，如囊状细胞、嗜酸性粒细胞等。

一、表皮

鱼类皮肤的表皮（epidermis）起源于外胚层，都由活细胞组成，通常无连续被覆的角质层。一般可分为生发层和腺层两部分。表皮基部最内面是一层呈长柱形的细胞，称为生发层（stratum germinativum）。除去生发层，其余都是腺层，本层因存在各种腺细胞而得名，细胞层数不等。最初的细胞来自生发层，整个表皮层的细胞都具有分裂增殖新细胞的能力。低等脊索动物，如文昌鱼仅由单层细胞构成，但鱼类的表皮则为多层的上皮细胞，其层数的多少随不同种类、不同部位及不同年龄而异（图11-1）。

鱼类表皮一般无角质层，但有些鱼类的表皮有时能局部角质化，如有些鲤科鱼类的唇部角质化，便于摄食。还有一些鱼类一到生殖季节，受生殖腺的刺激，在头部和鳍等处出现一种由表皮角质化而形成的圆锥形突起，称为追星或珠星（pearl organ），生殖完毕即自行消退。

鱼类皮肤的腺体分单细胞腺（unicellular gland）和多细胞腺（multicellular gland）两种，都是由表皮细胞演变而来的。

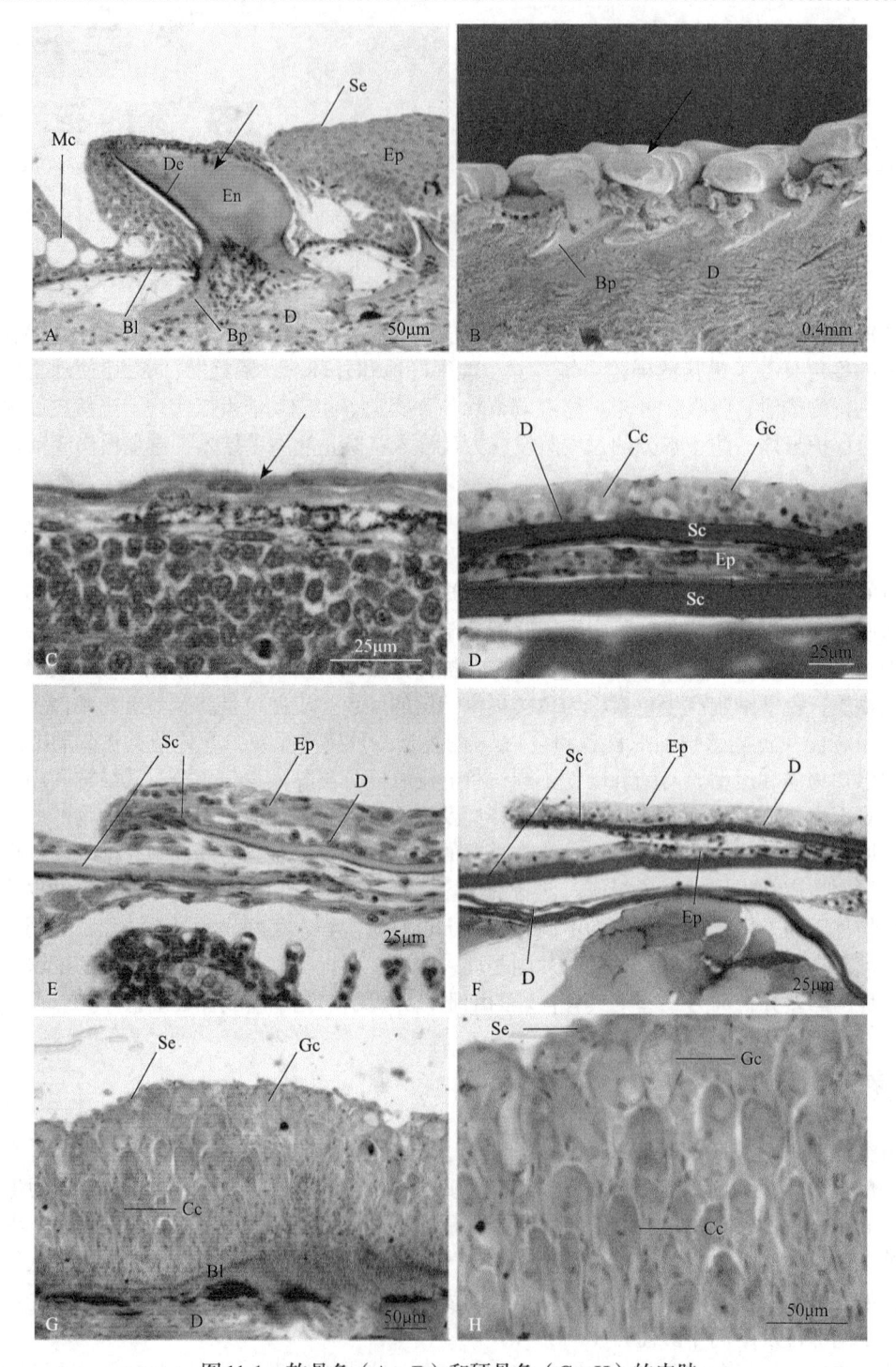

图11-1 软骨鱼（A，B）和硬骨鱼（C～H）的皮肤

A. 角鲨（*Acanthias* sp.）表皮（Ep）中并以根状方式（Bp）嵌入真皮（D）中的盾鳞（箭头）；De. 牙本质；En. 牙釉质；Mc. 黏液细胞。B. 须鲨（*Orectolobus ornatus*）皮肤的横截面显示嵌入真皮；Bp. 基底板中的盾鳞（箭头）。C. 49h龄斑马鱼胚胎的薄双层表皮（箭头）。D. 成年斑马鱼皮肤横切；图中的D为覆盖鳞片表面的薄层真皮；Sc. 鳞片。E, F. 断线脂鲤（*Phenacogrammus interruptus*）和斑马鱼的表皮和真皮，表皮（Ep）和真皮组织（Dt）覆盖在鳞片（Sc）上。G, H. 欧洲鳗鲡表皮的横截面，图H为图G的局部放大；Se. 表层；Bl. 基底上皮细胞层；Gc. 杯状细胞；Cc. 棒状细胞

（一）单细胞腺

通常所称的杯状细胞、棒状细胞、颗粒细胞、浆液细胞等均属于单细胞腺。

1. 杯状细胞　　杯状细胞（goblet cell）是常见的一种腺细胞，分泌黏液，是典型的黏液细胞（mucous cell），绝大多数鱼类有此细胞，细胞一般呈杯状，少数呈球状或管状，细胞核近基部。在表皮的位置有深有浅，形成时间较长者多移到表层。分泌物中含有黏多糖、纤维等，入水后，纤维部分膨胀发黏成为黏液，所分泌黏液的功能大致如下：①保护身体不受寄生物、病菌和其他微小生物体的侵袭；②凝结和沉淀水中悬浮物质，这对于栖息在浑浊度变化很大的水域中的鱼类具有重大意义；③使鱼体中保持适当浓度的盐类，调节渗透压；④减轻水体中的泥土和悬浮物对鱼体的刺激；⑤在鱼体上形成黏液薄膜，体表变滑，减少水的阻力等。

2. 棒状细胞　　棒状细胞（club cell）在一些硬骨鱼，如孔雀鱼中黏液细胞众多且发育良好，棒状细胞稀少或不存在，而在其他物种，如红尾鲨中黏液细胞数量较少，棒状细胞众多且发育良好。据说，细胞的低密度是由棒状细胞的高密度作为有效防御机制补偿。许多鲤科鱼类的棒状细胞，如红尾鲨，在被溴酚蓝染色呈阳性时会分泌蛋白质。棒状细胞与警报物质的产生、储存和释放有关，从而导致在系统发育紧密的物种中发生警报反应。据说这些细胞具有吞噬功能。在一些鱼类的棒状细胞的细胞质中还发现了软骨素和角蛋白，表明其具有愈合功能，从而有助于修复受损的组织。血清素也被证明存在于这些细胞中，与神经元之间的信息传递有关。

3. 颗粒细胞　　颗粒细胞（granular cell）也称颗粒白血细胞。细胞质内含有多数颗粒，核呈分叶型，也可称为多核性白血细胞，多形核白血细胞。根据颗粒对色素的染色性质而分为中性、嗜酸性、嗜碱性等各种类型的粒细胞。其中任何一种都具有对过氧化酶反应呈阳性的骨髓系白血细胞的特征。

4. 浆液细胞　　浆液细胞（serous cell）核呈圆形，偏细胞基底部分布，基底胞质强嗜碱性，顶部胞质含许多嗜酸性的分泌颗粒，称酶原颗粒，含多种酶类（如各种消化酶）。电镜下可见胞质中有密集的粗面内质网，在核上区可见较发达的高尔基复合体和数量不等的分泌颗粒，这些都是蛋白质分泌细胞的超微结构特点。这些细胞器的规律性分布也反映了腺细胞合成与分泌蛋白质的过程。所有腺细胞的功能都受自主神经和激素的精细调节，属于调节型分泌细胞。

（二）毒腺

鱼类的毒腺（poison gland）是由许多表皮细胞集合在一起，形似坛罐，沉入真皮层内，外包结缔组织构成一个可以产生有毒物质的腺体。毒腺常分布在棘刺的周围，或者埋于棘刺的基部。毒腺细胞分泌的毒液通过棘刺上的沟管注入其他生物体内，达到自卫、攻击或捕食的目的。毒腺也是表皮细胞衍生物，有单细胞毒腺和多细胞毒腺两种。根据其功能，毒腺有三种类型。

（1）因咬伤而使其他动物中毒　　如海鳝（Muraenidae）。

（2）具有毒性的皮肤黏液腺　　如七鳃鳗（Lampetra japonicum）。

（3）具有毒棘和毒刺的鱼类　　如虎鲨（Galeocerdo cuvier）、鳐属鱼（Raja）、篮子鱼属（Siganus）、毒鲉（Synanceia horrida）等。

软骨鱼类中具有毒腺的毒刺鱼类有虎鲨、角鲨、银鲛等30余种。魟类为主要代表，它们具有含毒腺组织的尾刺，其毒素可影响人的中枢神经、循环系统和呼吸系统。

硬骨鱼类中有毒腺的毒刺鱼类也不少，以毒鲉类为典型代表，其背鳍、臀鳍和腹鳍的鳍棘大部分含有毒腺组织，各棘每侧各具一前侧沟，沟内毒腺组织发达。

二、真皮

真皮（corium），位于表皮下方，来源于中胚层的间叶细胞。真皮层较表皮层厚，由纵横交错的纤维结缔组织（胶原纤维和弹性纤维）构成，其间富有血管、神经末梢。圆口类的真皮只构成结实的一层，而多数鱼类则可细分为三层，即外膜层（membrana externus）、疏松层（stratum spongiosum）和致密层（stratum compactum）。外膜层很薄，紧接于表皮下方，结缔组织纤维均匀一致。疏松层除了疏松而不规则排列的纤维结缔组织外，还含有色素细胞（chromatophore）、成纤维细胞（fibroblast）和变形细胞（amoeboid cell）。致密层的纤维结缔组织排列致密，以胶原纤维为主，上下层呈直角相交紧密排列，通常不含色素细胞。

三、皮下组织

皮下组织（subcutaneous tissue）是皮肤以下的疏松结缔组织和脂肪组织，连接皮肤与肌肉，常称为浅筋膜。皮下组织介于皮肤与深部组织之间，使皮肤有一定的可动性。皮下组织的厚度因个体、年龄、性别、部位、营养、疾病等而有较大的差别，一般以腹部和臀部最厚，脂肪组织丰富。

大多数鱼类在真皮的疏松层和致密层下面，为一层疏松的皮下层（subcutis），含有色素细胞和脂肪细胞。某些鱼类如狮子鱼科（Liparidae）、绵鳚科（Zoarcidae）等鱼类富含淋巴腔。

四、色素细胞

就色泽而言，鱼类要比陆栖动物的颜色鲜艳得多。鱼类的色彩之所以如此丰富多变，是由于鱼的真皮层内具有无数色素细胞。色素细胞主要分布于真皮的疏松层和皮下层内，通常在表皮和真皮的致密层并未发现。

1. 黑色素细胞　　黑色素细胞（melanophore）（图11-2）呈星芒状，周围多突起，细胞含有棕色、黑色或灰黑色颗粒。鱼类色彩的变化、浓淡的变化是这些细胞扩展、位移的结果。从化学组成看，黑色素细胞内的色素颗粒，属于不溶性蛋白质色素族。黑色素细胞在各种鱼中普遍存在，如眼球底部、肠系膜、腹腔膜、血管及神经周围等均有分布。同种鱼在同一部位的黑色素细胞形状一样，而种类不同，但亲缘关系越接近的，其色素细胞越相似。

2. 黄色素细胞　　在鱼类皮肤中，黄色素细胞（xanthophore）也像黑色素细胞一样普遍存在，结构大致相同，细胞具二核，色素颗粒小，在透射光下呈淡黄色或深橙色，密集时甚至呈红色，从化学性质上看，黄色素细胞属于脂肪性色素族，可溶于酒精、乙醚及其他脂肪溶剂中，脂肪性色素在光线影响下会迅速褪色。

3. 红色素细胞　　红色素细胞（erythrophore）在鱼类中较少见，大多见于热带鱼类，并且分布也具有局限性。细胞结构与黑色素细胞类似，也有固定形状的突起，细胞核只有一个，细胞内的色素颗粒瞬息之间即能集中与扩散。

各种色素细胞均能做变形运动，如细胞膨大则色素展开，体色格外明显，反之，色素细胞收缩，色素隐没，体色亦随之暗淡或隐没。鱼类的体色除由上述三种细胞决定之外，其他颜色均由基本色素细胞相互配合而成。

4. 虹彩细胞　　鱼体的颜色主要来自色素细胞，但还需要另一种特别重要的反光体的衬

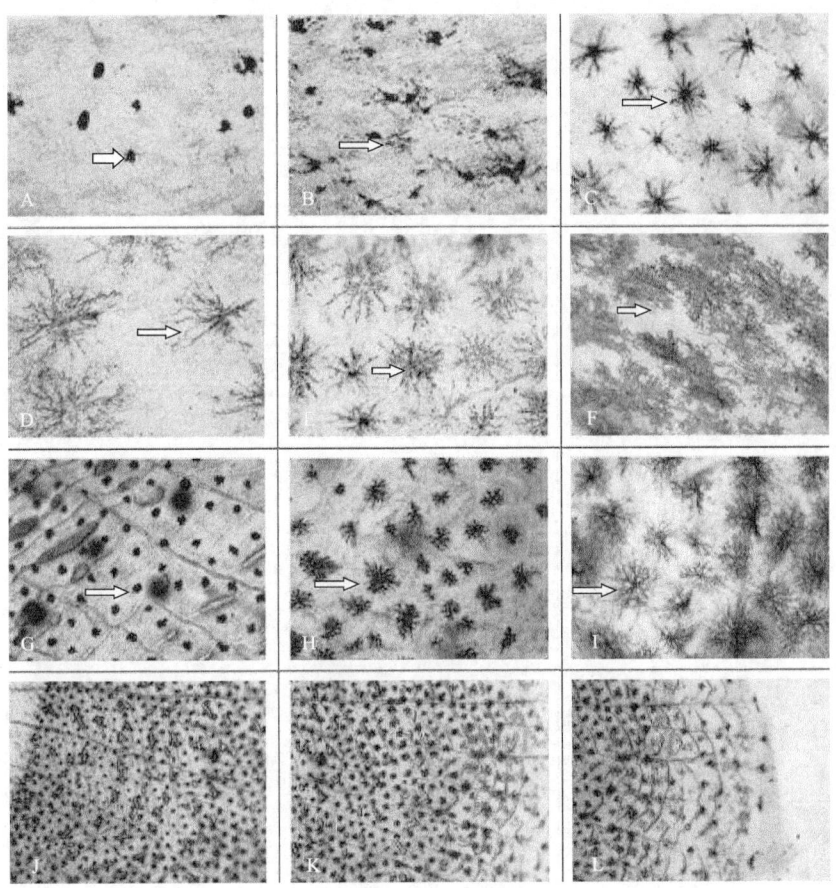

图 11-2 黑色素细胞

A~F. 芙蓉鲤黑色素细胞；G~I. 芙蓉鲫黑色素细胞；
J~L. 芙蓉鲫鳞片黑色素细胞排列

托。反光体又称为虹彩细胞（iridocyte），该细胞无突起，呈多边形、卵圆形或棒状，具有一个细胞核。细胞内存在着一种具有强烈折光作用的白色晶体，即鸟粪素颗粒，是鸟粪素嘌呤（purine）的衍生物，不溶于水、乙醇、乙醚及乙酸中，遇光照射会折射出银白色光彩。虹彩细胞在鱼体上分布很多，因而鱼体上常有银白色的虹彩出现。鳞片上的银白色可用于制造人工珍珠，在医药上可作为提炼咖啡因的原料（图11-3）。

鱼类色素细胞和反光体的种类与数量的多少，不仅每种鱼不同，即使在同一鱼体中的各个部位也不相同，一般色素细胞多集中在鱼体的背部，而反光体多集中在鱼体的腹部。由于鱼类色素细胞数量的多少及其在鱼体上分布密度和分布区的不同，以及各种色素细胞的搭配比例与反光体的分布及反光能力强弱不同，决定了整个鱼体的颜色和斑纹。例如，鲻（*Mugil cephalus*）背部为灰黑色，腹部为银白色，体侧上半部有几条暗色纵带，该现象可解释为色素细胞多集中在背部及两侧的上半部，愈往下愈少，至近腹部已纯白，因已完全为反光体所代替，色素细胞甚少存在。

鱼体的色泽并非固定不变的，可因环境、年龄、性别、健康状况和感情冲动而变化，有时竟变化于瞬息之间。例如，鲑幼小时体上具横纹，成鱼则消失。斗鱼在进行武斗时颜色突然格外明显，而当战败或受伤时颜色暗淡。

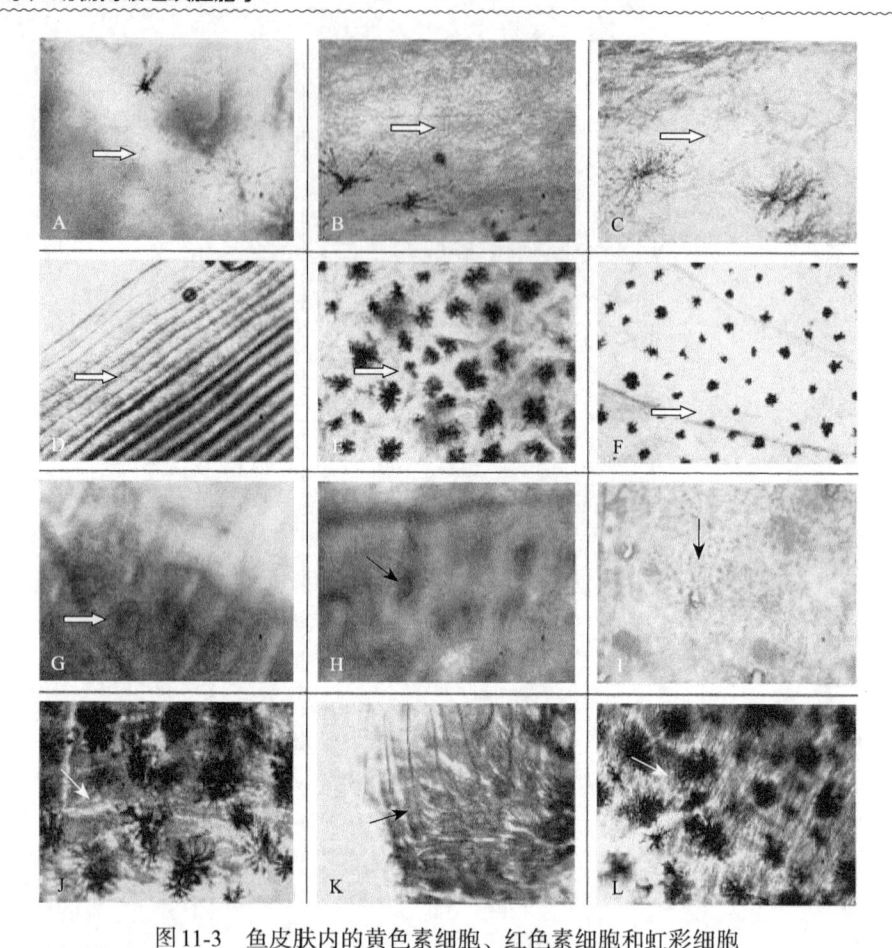

图 11-3 鱼皮肤内的黄色素细胞、红色素细胞和虹彩细胞
A～C. 芙蓉鲤黄色素细胞；D. 红鲫黄色素细胞；E, F. 芙蓉鲫黄色素细胞；G～I. 红鲫红色素细胞；J. 芙蓉鲤虹彩细胞；K. 红鲫虹彩细胞；L. 芙蓉鲫虹彩细胞

鱼类的体色，是长期对环境适应的结果。有人用牙鲆做过实验，把它放在各种颜色的背景下，其体色也能作出相应的变化，如在褐色或蓝色背景下，就能变成和背景颜色一致的颜色，这说明鱼通过一段时间的适应，能使其体色与环境相调和，但变色能力和范围是有限的。鱼类的体色在一定程度上具有保护自己、攻击对方或迷惑对方、逃避敌害的作用。这对鱼类的生存有着特殊意义，如比目鱼常和其栖息的底色相似，海龙和海马的体色亦似其生活环境中的海藻，大洋性洄游鱼类和上层鱼类，如金枪鱼、鲐、马鲛等，其背部多显蓝黑、深蓝或深绿色，腹部及两侧为银白色、使上面或下面的敌害看起来与天空、水域难以区分。更有一些具有警戒色的鱼类，具有望而生畏的色彩，使其他敌害不敢侵犯，凡具有警戒色的鱼类多系有毒或具很厉害的自卫武器，如鳞鲀、箱鲀、海鳝等。海鳝体上的斑纹很像海蛇，使其他鱼类望而生畏，借以保护自己。

鱼类色泽的变化是由于色素细胞内色素颗粒的扩散与集中所致，这种运动系由节后神经纤维所控制。在鱼类的间脑前方有一调节中枢，一旦受刺激则全身黑色素细胞的色素颗粒集中而使体色变淡，同时在间脑也有一中枢起着与上述相反的拮抗作用。

5. 发光器 生活在海洋中层或深层的一些鱼类具有发光的现象。鱼类的发光现象是由于其体上分布了一些发光的器官，这种器官内的某些特殊的物质在进行缓慢氧化过程中能放出一种"冷光"。鱼的发光器系由皮肤衍生而来，其形状、大小、数目及在鱼体上的分布，因种类而异，有的位于腹部，有的位于眼的下方，有的位于皮瓣末端。数目自一二个直到数百个不等。典型的发光器一般由四个部分组成，即腺体、水晶体、反射器、色素体。色素体不透光，与反射器共同组成类似于幻灯机的反射器，水晶体则有聚光作用，腺体部分能分泌发光物质。

有些鱼的发光，是由于自身组织中具有一种能发光的细菌与其共生，或由皮肤分泌一种能够发光的液体，即萤光素（luciferin），在萤光素酶（luciferase）的催化下与来自血液中的氧发生氧化作用，生成氧化萤光素而发出萤光。大部分发光鱼类，萤光素来自分泌细胞之内，故萤光素的氧化作用亦多在细胞内进行。但也有一些鱼萤光素的氧化作用在细胞之外进行，如长尾鳕在腹鳍后部中间具有明亮的体外发光带。

现知具发光器的鱼类约240种，其中多数分布于较深的海中，少数栖息于浅海，但在极深海区的鱼，发光器官反而不发达。据报道，软骨鱼类，如角鲨科皮肤内有一些发光器官，结构较简单。真骨鱼类的发光器官颇为复杂，如巨口鱼亚目中的许多种类，体上具有二行或多行发光器，每行均由头后起到尾部止（或间有中断）。灯笼鱼科的发光器虽为数较少，但形状大而光亮，晶莹夺目。多分布在鱼体下半部，上半部稀少，如沿海常见的七星鱼，依发光器排列方式及数目的不同可鉴别种类。很多鱼在眼的上下方有发光器，有些则在吻部有光亮的"头灯"；更有些鱼在头部和躯干两侧，尤其在鳍的基部能发光，但无特殊的发光器；属于鮟鱇中的一些鱼类，背鳍第一鳍条变为钓具，末端的皮瓣可自由发光；有的种类除具有这种能发光的钓具外，颌部还有许多皮状突起也能发光，这些闪烁的光亮可起诱食作用。

第二节 鳞 和 鳍

一、鳞片

大多数鱼类的皮肤中均有由钙质所组成的外骨骼，质地比较坚韧，即鳞片或鳞片衍生物。它们被覆在鱼体的全身或一部分，具有保护作用。现生的圆口类体外均无鳞片，但它们的古生种类，体外均被有硬甲，如七鳃鳗、盲鳗类的无鳞现象属于进化中的次生现象。现生真骨鱼类大多数体外被有鳞片，仅少数种类无鳞或少鳞，如鲶、某些杜父鱼、鳗类等，也属于进化中的次生现象。鳞片被覆程度与黏液分泌多寡恰成反比，即黏液分泌特别发达的鱼，其鳞片往往退化，甚至完全裸露。

根据鳞片的外形、构造和发生特点，可将鳞片划分为三种基本类型，即盾鳞（placdid scale）、硬鳞（ganoid scale）和骨鳞（bony scale）（图11-4）。

1. 盾鳞 为软骨鱼类所特有的一种鳞片，由表皮和真皮联合形成。成对角线排列，在外形上可分为两部分，露在皮肤外面、且尖端朝向身体后方的部分为鳞棘，埋没在皮肤内的部分，称为基板。鳞棘外层覆以类珐琅质（enamel），内层为齿质（dentine），中央为髓腔（pulp cavity），腔内充满结缔组织、神经、血管等，由一孔和真皮相通。由于盾鳞和牙齿是同源结构，故又称其为皮齿（dermal teeth）。盾鳞密布于鲨的全身，各鳍上亦有分布。近鱼体背部的鳞较大，腹部较小，鳞片形状及排列方式因种而异，或同一种的不同部位是不同的。鳐类的盾鳞时常分散和不均匀地分布于背、腹和胸鳍上，露于体外的刺，虽和鲨类盾鳞类似，但形状也因种而异，一般较大。所以魟科鱼类的尾部的背鳍位置上长有大型的刺，据称可能是一个或若干个鳞片扩大愈合而成。锯鳐的吻部向前伸出如锯状，边缘均有数十枚强大的锯状齿，也属盾鳞演变而成。

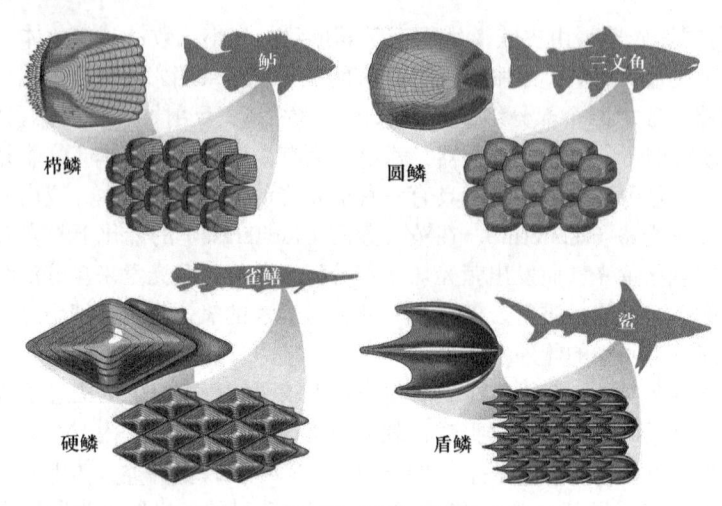

图 11-4　鱼的不同类型鳞片比较

2. 硬鳞　　为硬骨鱼纲的硬鳞鱼所特有，完全由真皮形成，系深埋于真皮层中的菱形骨板。它的特点是具有硬鳞质（ganoine），鳞较坚硬，一般不作覆瓦状排列，鳞片以关节突相关连。典型的代表为雀鳝、多鳍鱼。鲟、鳇为分布于我国的硬鳞鱼类，但其硬鳞不是很发达，真正的硬鳞仅分布于尾鳍上缘。鱼类为了加强活动能力逐渐趋向圆鳞方向发展，如澳洲发现的古代异鳞鱼（Aetheolepis），体侧比较不活动的部分被有硬鳞，而尾部两侧为覆瓦状排列的圆鳞。

3. 骨鳞　　骨鳞为真骨鱼类所有，一般呈覆瓦状排列，是最常见的一种鳞片，它也是由真皮产生的。从外观上看每个鳞片都分为前后两部，前部埋入真皮内称为埋入部（前部），后部覆盖于后一鳞片之上，称为露出部（后部）。

（1）骨鳞的分类　　根据露出部的表面边缘的构造不同，骨鳞可分为两类。

1）圆鳞（cycloid scale）：露出部分的边缘光滑整齐，无细齿状构造，如鲱形目、鲤形目、颌针鱼目等。

2）栉鳞（ctenoid scale）：露出部分的边缘密生细齿，手摸鱼体一般会感到非常粗糙，如鲈形目等。栉鳞细齿排列的方式因种而异，可以归纳为三种类型：①辐射型，最常见的一种，如鮨科、鲷科、攀鲈科等；②锉刀型，如鲻科等；③单列型，如大多数鰕虎鱼科。

一般认为圆鳞属于较为原始类型，栉鳞较高级。这两种鳞片分别出现在不同鱼体上，但常有中间类型，如圆鳞露出部分的边缘可发生波浪状褶皱，而栉鳞露出部分边缘的细齿有时亦软化或部分消失。有时在同一鱼体上，一部分是圆鳞，而另一部分是栉鳞，如鲭的侧线下部为圆鳞，而上部为栉鳞。鲽形目中的半滑舌鳎（Cynoglossus semilaevis）及黄盖鲽（Limanda）的无眼侧为圆鳞，有眼侧为栉鳞。在鱼体两侧通常具有一条或几条穿过侧线管的鳞片，称为侧线鳞。

（2）骨鳞的发生过程　　间叶细胞在生发层下集合形成突起，前端略嵌入表皮层，后来变成骨细胞并不断分泌骨质，然后向外扩大，形成最早的部分是鳞片的中心。鳞片表面形成一圈一圈的隆起，这就是鳞嵴（ridges）或称环片（circuit），它在大多数鱼类中作同心圆的排列。有的种类整个鳞片表面区域都有鳞嵴环绕中心而排列，如一些鲤科鱼类；有的沿中心排列成同心圆的许多"小枕"，如鳕科；有的鳞嵴具弱刺，如鲻科、鲥科、鳗科等；有的鳞嵴呈网状，如鲑科、弹涂鱼科。

在春季和夏季，因饵料丰富，生长迅速，鳞嵴相距较宽，而在秋季和冬季则排列紧密。同时在各年份的同一季节因受某种环境的影响，还可能出现一些特殊的排列方式（或特别密，或出现相切现象，或出现波浪状环片，或断线的环片等）。根据上述特征可用作测定年龄及生长的标志。最近运用电子显微镜的超微结构研究结果表明，鱼鳞可鉴定鱼的日龄。

（3）骨鳞的形状　　真骨鱼类鳞片的外形轮廓及大小是各不相同的，有球形、椭圆形、卵圆形、四角形、六角形及不规则等形状。鳞片的变异现象也很多，如一些鲇形目鱼的鳞片退化为皮状突起，大部分鲹科鱼类侧线鳞部分或全部变态为大的骨质棱鳞，鳞片中央有刺状突起，愈近尾部形状愈大；鲂鮄科的红娘鱼、绿鳍鱼的背鳍基部两侧也有一行粗大的棱鳞，其顶部常有向后生长的棘；箱鲀的鳞片转化为骨板，将自身包被于六角形骨板构成的坚硬箱内，海龙目的鳞片均异化为环状骨片，从头后直到尾端；鲀形目的一些种类的鳞片转化为骨刺，如刺鲀的刺粗而长，多数鲀类的骨刺细小并着生于局部躯体上。

（4）侧线鳞　　一般真骨鱼类在身体两侧的中部，各有一列被管状侧线所穿过的侧线鳞。各种鱼侧线鳞的大小、数目常有差异，侧线鳞的数目常作为分类的重要依据之一。记录鳞片数目有一定的格式，即为鳞式。一般记录鳞式有三方面的内容：一为侧线鳞数，即自鳃孔里上角开始，一直延伸到尾鳍基部一侧线鳞为止的数目；二为侧线上鳞数，是从背鳍为起点的鳞片斜数到接触侧线鳞的一鳞片为止的数目（不含侧线鳞）；三为侧线下鳞数，是从腹鳍为起点（鲤形目等腹鳍腹位鱼）或臀鳍为起点（鲈形目等腹鳍胸位鱼）向斜上方数到接触侧线鳞的一鳞片为止的数目（也不含侧线鳞）。有少数鱼类没有侧线，这些鱼的鳞片数以体测纵列鳞数和横列鳞数来记录。纵列鳞数是自鳃盖后方沿体测中部直到尾鳍基中部的纵列鳞片数目；横列鳞数是体最高处或背鳍起点斜数到腹部正中的鳞片数目。

二、鳍

鳍是鱼体外部器官，内有附肢骨骼支持，通常分布在躯体和尾部上，是主要的运动和平衡身体的工具。鳍一般可分为两类，一类是不成对的奇鳍，位于背部、尾部和肛门后，包括背鳍、尾鳍和臀鳍；另一类是左右成对的偶鳍，位于身体两侧，包括胸鳍和腹鳍。

从鳍的进化观点看，一般认为先有奇鳍，后有偶鳍。根据鱼类的化石和胚胎发育的特点看，鱼类奇鳍起源于从头部经背部，然后绕过尾部至肛门位置的连续皮褶，因长期运动的关系，皮褶分裂为各种类型的鳍，后来鳍中演化出鳍条，支持和加强鳍的机能。偶鳍起源于腹部两侧的两条长侧褶，随着鱼类的演化，其中部退化，仅留头尾两处，在头部后方者为胸鳍，在尾部前方者为腹鳍。

（一）基本组成

鳍一般由内骨骼和鳍条组成，外附肌肉及膜。鳍条为支持于鳍内的细长条，每一鳍内由左右二条合成，经水煮后可以分开。鱼类的鳍条可以分为两大类，一类是角质鳍条，既不分支也不分节，如软骨鱼类。另一类是骨质鳍条（又叫鳞质鳍条），由鳞片衍生而成的鳍条，硬骨鱼类具有骨质鳍条，有的既不分支又不分节且坚硬，水煮后不能分开，叫棘；有的分节但不分支且坚硬，水煮后左右可以分开，叫假棘；有的既分节又分支且柔软；有的分节但不分支且柔软。

鳍是鱼类的运动器官，起着"舵"的作用。它们由膜和硬刺组成，按照部位可分为尾鳍、背鳍、胸鳍、腹鳍、臀鳍等。

（二）基本功能

鱼鳍的基本功能是维持平衡和帮助游泳，但在特别的环境条件下，鳍转化为多种多样特殊功能的器官，如摄食、吸附、呼吸、生殖、滑翔等。

1. 尾鳍 各种鳍中尾鳍的作用最大，它既能使身体保持稳定，把握运动方向，又能同尾部一起产生前进的推动力；但有的鱼尾鳍还具有其他的功能，如生活在热带和亚热带海洋中的一类软骨鱼鳐，尾鳍呈鞭状，常具尾刺，尾刺有毒。鳐的尾鳍是一种很好的御敌武器；长尾鲨的尾鳍长约占体长的一半，常数尾群集，以其长尾击水，用于驱集小型鱼类后捕食，尾鳍成了捕食的工具；翻车鲀由于游泳能力退化而在海洋中过着随波逐流的生活，尾鳍退化，整个身体好像被削一半似的，形状甚是奇特。

2. 背鳍 能使鱼在水中保持身体的平衡稳定，但有的鱼却巧妙地利用了背鳍，如生活在热带及亚热带海洋中的䲟，它的第一背鳍分化成一椭圆形吸盘，位于头顶，常常吸附在大鱼身上或船底而移徙远方；鮟鱇背鳍的一部分变成了细长的吻触手，适于诱捕鱼类，在水中晃动吸引小鱼上钩。许多鱼有一个背鳍；然而有的鱼类，如鳝鳑、鲳的背鳍是两个；鳕的背鳍是三个；而生活在非洲的多鳍鱼，它的背鳍是由许多小鳍组成的，故而得名。

3. 胸鳍 主要作用是转换方向，但有些鱼的这些器官也发生了奇妙的变化。绿鳍鱼的胸鳍长大，具有游离鳍条，能以鳍条匍匐前行，能跃出水面在空中滑翔的燕鳐鱼的"翼"原是发达的胸鳍。

4. 腹鳍 只是帮助背鳍和臀鳍保持身体平衡，狼牙鰕虎鱼的腹鳍愈合成一尖长吸盘，用于吸附在浅海的洞穴里；弹涂鱼由腹鳍愈合成的吸盘则用于吸附在海滩上；而神仙鱼、珍珠鱼等的腹鳍却细长如丝，形似虾的触须。

5. 臀鳍 与背鳍同，生活在中南美热带河流中的一些鱼类，如四眼鱼、月光鱼、剑鱼等体内受精的鱼类全部或部分臀鳍演化成输精器，成为交配器官。

第十二章
鱼类胚胎发育

与其他动物的发育相比，鱼类的发育在某些特定方面是独特的。鱼类的发育涉及多个不同的阶段和过程，包括卵裂、胚层形成、体轴形成、神经管形成和性别决定等。

受精卵分裂过程中，大多数硬骨鱼类的卵含有大量卵黄，在卵的动物极的无卵黄区域进行细胞分裂。早期的细胞分裂是不完全的，形成一个盘状的半分裂。钙波在细胞分裂和膜整合中起着重要作用。

在鱼类胚胎中，细胞的命运由它们的位置决定，而不像其他动物那样，每个分裂母细胞都可以发育成有机体的任何部分。大约在第10次细胞分裂时，发生了中胚囊转变，导致三个细胞群的分化。卵黄合胞层在植物极形成，并在胚胎形成期间指导细胞运动。包被层由表面细胞组成，通过允许胚胎在低渗溶液中发育来保护胚胎。深层细胞位于包被层和卵黄合胞层之间，最终形成胚胎。

第一节 鱼类个体发育

鱼类个体发育的过程基本上分为胚胎期、仔鱼期、幼鱼期、性未成熟期和成熟期。其中器官结构变化明显的是胚胎期和仔鱼期。

胚胎期是从受精卵开始到胚胎破膜孵化的整个发育阶段。期间主要进行了卵裂、囊胚、原肠胚、神经胚和部分器官的发生过程。各种鱼类的胚胎期长短不同。一般来说，胚胎期长的种类，孵出时，器官结构比较完善。

仔鱼期从出膜到奇鳍褶开始退化消失、软骨性鳍条开始形成为止。这一时期又可以分为仔鱼前期和仔鱼后期，仔鱼前期是从出膜到卵黄囊完全吸收为止，有些鱼类孵化时卵黄囊就已经被吸收，这样的鱼类没有仔鱼前期，如鰕虎鱼；仔鱼后期从卵黄完全吸收到软骨性鳍条开始形成，有些学者称此期为稚鱼期。

幼鱼期奇鳍退化消失，鳍条、鳞片和侧线已形成，外观体形和体色与成鱼相似。性未成熟期的各种器官结构和功能都已具备，但性腺尚未成熟，发育至Ⅱ期。成熟期指进入第一次性成熟，有成熟的生殖细胞，第二性征明显。

第二节 生殖细胞

一、精子

本节彩图

（一）精子的形态结构

硬骨鱼精子形态结构均为鞭毛型，由头、颈、尾三部分组成。鱼类中精子头部的形态多种多样，如硬骨鱼纲的软骨硬鳞总目的鲟形目和肺鱼等为栓塞形，精子具有顶体；真骨鱼类的精子头部呈圆球形或椭圆形，主要由核所占据，核内含有高度浓缩的染色质，核外围有薄层细胞质，核的前部无顶体，颈部极短或不明显，尾部呈鞭毛状。

精子的大小因种类而不同。硬骨鱼类的精子一般为30～35μm，如白鲢为30μm，鲈为20μm，鲽属为35μm，狗鱼为43μm，大西洋鲱为40μm，鲑为60μm等。软骨鱼的精子较长，如刺鳐的精子长达215μm，鲟类的精子为47μm（图12-1）。

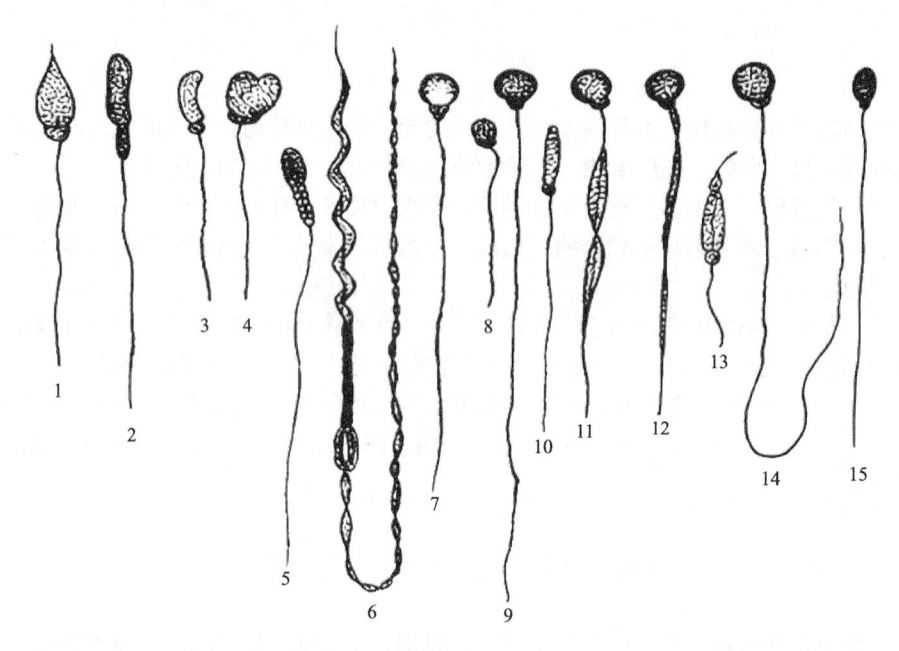

图12-1　鱼类的鞭毛型精子（楼允东，2000）

1. 肺鱼；2. 七鳃鳗；3. 绵鳚精子侧面观；4. 绵鳚精子正面观；5. 魟；6. 鳐；7. 梭鱼；8. 鳟；9. 鲑；10. 鲟；11. 鲈；12. 狗鱼；13. 鳗鲡；14. 鲂；15. 金鱼

（二）精子的生物学特性

鱼类的精液中含有大量的精子，如每毫升鲢精液中含有5亿个以上的精子。精子在精液中是不动的，遇水便开始激烈运动（20～30s），不久便死亡。精子在水中活动所持续的时间称为寿命。鲢、草鱼的精子在水中的寿命一般为50～60s，鲤精子寿命长一些，中华鲟精子寿命为5～40s。精子在水中活动时，大部分能量消耗在调节渗透压方面，用于运动方面的能量较少。

影响鱼类精子寿命的外界因素主要有盐度、温度、pH、氧和二氧化碳及光线等。

1. 盐度对精子寿命的影响　　盐度对精子活动和寿命的影响是通过渗透压而实现的。如果淡水鱼类的精子处于等渗环境中，或放入稍微高渗的盐水溶液中（如相当于0.75% NaCl溶液），则不需进行渗透压的调节，因而可使能量只消耗于精子的运动，淡水鱼类的精子在等渗环境中保持活动的时间要比在淡水中延长好几倍。有人发现鲑的精子处于含有2.0%海水量的淡水中，也可延长其寿命，若置于卵巢的提取液（卵液）或体腔液（同种鱼类）中，则精子的寿命可延长到7.5h。因此，某些学者认为淡水鱼类的受精过程在等渗溶液中进行，或干法受精，都比在淡水中进行好，可提高受精率。

海水真骨鱼类精子原生质的渗透压，相当于0.75% NaCl溶液的渗透压（海水的盐度一般为3.5%），所以海水鱼类的精子在海水中系处于高渗环境（正常的海水），海水鱼类的精子能够在高渗环境的正常海水中调节渗透压，阻止原生质失水，保持在高渗环境中的活动性和受精能力。但是海水鱼类的精子不能在低渗环境（如淡水）中进行渗透压调节，即不能阻止本身原生质的吸水，导致其尾部由于吸水膨胀变成圆球形，失去运动和受精能力。虽然一般海水鱼类和淡水鱼类的精子，各具有正好相反的渗透压调节作用，但某些鱼类，如鰕虎鱼的精子在海水和淡水中，都具有调节渗透压的性能，因此它既能在海水中繁殖，也能在淡水中繁殖。

2. 温度对精子活动和寿命的影响　　各种鱼类精子的活动都要求适宜的温度，四大家鱼的精子寿命在水温22℃时最长为50s，30℃和0℃时分别为30s和20s。已有的研究表明，鱼类精子的寿命随温度下降而延长，故可采用低温保存方法保存精液。

3. pH对精子活动和寿命的影响　　鱼类精子在弱碱性水中活动力最强、寿命最长，如鲤精子在pH为7.2～8.0的水中活动力最强、寿命最长，金鱼精子在pH为6.8～8.0时受精率最高。

4. 氧和二氧化碳对精子活动和寿命的影响　　鱼类精子在缺氧和高二氧化碳的条件下活动受抑制、寿命长。干法受精就是利用精子这一生物学特点，使精子在无水缺氧的条件下均匀分布于卵子表面，延长寿命，当加水后精子便强烈运动钻进卵细胞中，以提高受精率。

5. 光线对精子寿命的影响　　紫外线和红外线对精子具杀伤作用，如鲤精液经阳光直接照射10～15min后，精子的死亡率达80%～90%，但白天的散射光对精子无不良影响。故人工授精应避免阳光直射。

二、卵子

（一）卵子的形态

大多数硬骨鱼类的卵子呈圆球形，但有些鱼类的卵具有各种形态的卵膜，而使卵子呈现不同的外形，有圆柱形的、梭形的、尖梨形的、管柱形的和半球形的等。

鱼类卵子的大小也因种类而异，有些卵子很小，其卵径只有0.3～0.5mm，如鰕虎鱼；有些很大，卵径可达220mm，如鼠鲨的卵是所有动物中最大的。但大多数淡水硬骨鱼类的卵子卵径在0.6～20mm，海产硬骨鱼类的卵子要小些。一般卵生鱼类，尤其是产卵后不需进行护卵的鱼类，所产的卵子较小，胎生和卵胎生鱼类的卵子较大。

（二）成熟卵的结构

1. 卵核　　即卵子的细胞核。在成熟的卵细胞中，卵核以第二次成熟分裂中期纺锤体的形式，存在于卵子动物极受精孔下方的卵质中，其长轴垂直于卵子的质膜，此时核膜已消失。

2. 卵质　　可分为两个区：在质膜下的表层为皮层（cortex），呈凝胶状，而其余部分为内质（endoplasm）。在卵质中除含有与体细胞相同的细胞器外，还具有卵子特有的结构，如皮层颗粒（cortical granule）、卵黄、油球、卵膜胚胎形成物质、酶和激素等（图12-2）。

（1）**皮层颗粒**　　又称皮质泡或液泡，外包薄膜，内含黏多糖。皮层颗粒的数量、大小和排列形式因鱼的种类而异，有些鱼类的皮层颗粒较少，体积也小，在质膜下的皮层中排列成一薄层，如青鱼、草鱼、鲢、鳙和鲂等；有些鱼类的皮层颗粒较多，体积较大，在皮层中排列成较厚的一层并伸入内质，如鲤、鲫等；少数鱼类的卵中，皮层颗粒大且多，从皮层到内质呈辐射状排列，如南方白甲鱼。

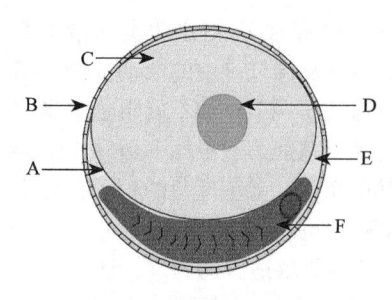

图12-2 鱼卵的模式图

A. 卵黄膜（vitelline membrane）；B. 浆膜（chorion）；C. 卵黄（yolk）；D. 油球（oil globule）；E. 卵周隙（perivitelline space）；F. 胚胎（embryo）

（2）卵黄　又称滋养质（deutoplasm），是胚胎发育的能源。在化学成分上可区分为碳水化合物卵黄、脂肪卵黄和蛋白质卵黄。有些鱼类的卵黄呈颗粒状，如鲱、金鱼、青鱼、草鱼、鲢和鳙等；而另一些鱼类，如虹鳟和光鲽的成熟卵黄融合成一个卵黄块。

（3）油球　又称油滴，是许多海产硬骨鱼卵的特殊组成部分，内含中性脂肪，表面围有原生质薄膜的小球状体，它对于浮性卵来说不仅是养料的储藏部位，也起浮子的作用，能使卵漂浮于一定的水层中。油球的有无、数目的多寡、直径的大小及色彩等，被鱼类学家作为辨别各种鱼类卵子的重要分类特征。有些鱼类的卵中仅含有一个油球，称为单油球卵，如鲐、黄鱼和带鱼等；而另一些鱼类的卵中含有许多大小不等的油球，称为多油球卵，如阔尾鳞、鲥和白鲢等。

（4）卵膜　卵膜是覆盖在卵子外面的膜状结构。根据其来源和形成方式，鱼类的卵膜可分为以下三种。

1）初级卵膜。又称卵黄膜（vitelline membrane），在卵子发生过程中，由卵子分泌的物质围绕在卵子表面形成。

2）次级卵膜。在卵子发育的过程中，由卵周围的滤泡细胞分泌的物质充塞于滤泡细胞伸出的微绒毛周围而形成，当卵子成熟时，滤泡细胞的微绒毛缩回，结果在次级卵膜中原来微绒毛所占据的位置形成小微管，因呈辐射状排列，故次级卵膜又称辐射膜。次级卵膜中的小微管向内与初级卵膜相通，向外开口于次级卵膜的表面，形成许多直径约0.25μm的卵膜微孔。

次级卵膜遇水后，大都产生很强的黏性，在卵的周围形成很厚的胶质层，使卵黏于水中的物体上，如鲤、鲫、金鱼和鲂等；有的鱼类产于水中的卵子相互黏成胶带状的卵群，如鲈。许多鱼类的次级卵膜呈绒毛状，如光鳃鱼属的银汉鱼和飞鱼等。

大多数鱼类次级卵膜上具有卵膜孔或称受精孔，受精孔向内穿过卵膜的管状结构为精孔管（micropylar canal）。受精孔的大小和数量因鱼的种类而不同，鲂的卵受精孔较大，孔径为4~4.5μm，而草鱼和白鲢等的卵受精孔则较小，孔径为3~3.5μm。大多数真骨鱼类的卵子只有一个受精孔，但有的鱼类，如泥鳅的卵子有三个受精孔，鲟的卵子有多个受精孔。

近年来的研究证明受精孔是由精孔细胞形成的，如在鲤科鱼的第Ⅳ时期的初级卵母细胞的表面，精孔细胞以其巨大的体积区别于卵子周围的滤泡细胞，它向卵子的表面伸出一粗大的细胞质突，被较厚的卵黄膜所包围，当卵母细胞排卵时，精孔细胞随同卵子周围的滤泡细胞一起离开卵膜并解体消失，结果在卵膜中原来精孔细胞的质突所占据的位置形成精孔管，其向外的开口即受精孔。

3）三级卵膜。只存在于软骨鱼类的卵子中，当成熟卵子经过输卵管时，由输卵管的腺体分泌的物质围绕在卵的周围而形成。它由两层结构组成：内层为蛋白质膜，外层为坚硬的角质膜。卵胎生鱼类，如白斑星鲨的角质膜较薄，且在发育中逐渐消失；而体外发育的鳐科鱼类，其卵的角质膜厚而坚硬，且具有附加构造可使卵子附着于外界物体上；青鳉的卵子外有绒毛（图12-3）。

（三）卵子的种类

1. 根据生态特点和相对密度分类　根据生态特点和相对密度的不同，鱼类卵子可分为以下三种。

（1）浮性卵　　无色透明，卵内大多含有一至多个油球，卵子的相对密度比水轻。当卵子产于水后，便漂浮于水面，这种卵子一般较小，如大多数海水鱼类的卵子。但也有些浮性卵由于特殊的相对密度而漂浮于不同的水层中，甚至接近海底的地方，如鳕和鳎等。

（2）半浮性卵　　卵膜无黏性，入水后，卵膜吸水膨胀，形成较大的围卵周隙，增加了卵的浮力。流水情况下漂流于不同的水层中，而在静水中则沉于水底，如青鱼、草鱼、鲢和鳙等。这些鱼类在自然条件下，都是在江河急流中产卵繁殖的，而在人工繁殖条件下，应将受精卵放在环道或孵化缸中流水孵化，如在静水中卵子聚集，胚胎会因缺氧而发育畸形和死亡。

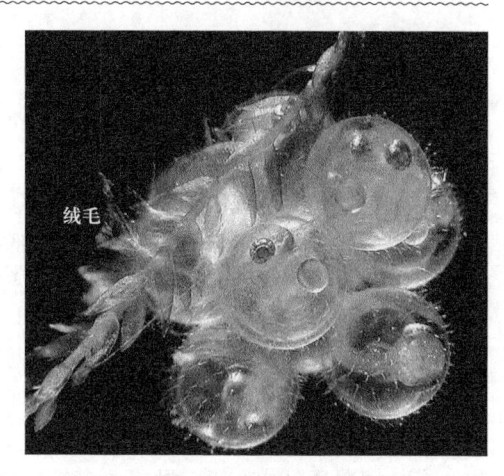

图12-3　青鳉卵外部的绒毛（villus）

（3）沉性卵　　大多数淡水鱼类卵子的相对密度比水重，产出后沉于水底，卵膜大都具有黏性，缠在水草上。生活于浅水水域中的青鳉的卵子是沉性卵，无黏性，但其卵膜上长有长丝和短丝，借助长丝使卵依附于母体上，随母体游动，短丝可使卵与卵之间保持一定距离，有利于胚胎与外界进行气体交换。鲑科鱼类的卵子也是无黏性的沉性卵，卵子产出后沉于水底、岩礁底或石块下进行发育。

2. **根据卵黄和原生质的含量及分布分类**　　根据卵黄和原生质的含量及分布情况，鱼类卵子可分为以下两种。

（1）间黄卵　　硬骨硬鳞鱼类的弓鳍鱼、肺鱼，以及软骨硬磷鱼类的鲟的卵子属此类型。

（2）端黄卵　　大部分鱼类如软骨鱼类和硬骨鱼类的卵子属此类型。原生质集中于动物极，形成胚胎发育的中心——胚盘。

鱼类的端黄卵又可根据其原生质含量的多少再分为两种：①富质卵，原生质的含量较多，形成的胚盘较大，如软骨鱼类和硬骨鱼类中的鲤科鱼类；②寡质卵，原生质的含量极少，形成的胚盘较小，如鲑鳟类、黄鱼和带鱼等。

第三节　排卵和受精

一、排卵

排卵（ovulation）是指雌鱼卵巢中成熟的卵球，在滤泡破裂之后，卵子呈游离状脱离卵巢排入卵巢腔或跌落于体腔之中的过程。产卵（spawning）则是指排入卵巢腔或体腔中的卵子，借助卵巢平滑肌和腹壁肌肉的强烈收缩等作用，将卵子排出体外的过程。

鱼类在生殖过程中，成熟的卵球从离开卵巢到达体外，包括了上述排卵与产卵两个过程。

1. **鱼类排卵的方式**

（1）卵生（oviparity）　　一般卵直接产于水中，在体外完成受精和全部的发育过程，如真鲷、白姑鱼等。

（2）卵胎生（ovoviviparity）　　卵子在体内受精，并在雌性生殖道内进行发育，胚体发育的营养来自卵黄，母体不供应营养，仅提供呼吸，如海鲫、鼠鲨、𫚉。

（3）胎生（viviparity） 体内受精，雌性生殖道内发育，营养不仅依靠本身卵黄，也靠母体供应，如灰星鲨等。

2. 鱼类产卵的类型 按鱼类在一个性周期中产卵的批数划分，可区分为一批产卵和分批产卵两种类型。

（1）一批产卵类型 此类型鱼类卵巢中卵母细胞的发育基本同步，即至生殖季节同时成熟。其中有些种类一批成熟一次产出，如草鱼、青鱼、鲢、鳙是典型的一批产卵鱼类，卵一次集中产出。有些种类的卵母细胞虽一批成熟，但是要断续、反复多次产出，如麦穗鱼等都属于这一类型。

（2）分批产卵类型 此类型鱼类卵巢中卵母细胞的发育不是同步的，卵母细胞分批成熟分批产出，如鲤、鲫等是典型的分批产卵鱼类，当第一批卵母细胞在早春成熟产出后，发育较迟的卵母细胞加速发育，当雨季到来水位上涨时，又进行第二次生殖，第二批卵母细胞成熟产出，有的情况还可能有第三批或更多的批次。

二、受精

硬骨鱼类和其他脊椎动物一样，卵子是在第二次成熟分裂中期接受精子。精子从受精孔（图12-4）入卵，一般只有头部进入，尾部在受精孔外，单精受精。

受精过程的形态学变化有如下三个阶段。

1. 受精膜和受精锥的形成 精卵接触后3～5min，卵表面的卵黄膜向外举起，形成一层透明膜叫受精膜。受精膜在精子入卵处先举起，并迅速扩展到全卵（通常在1min以内完成），受精膜与质膜之间的腔隙叫围卵腔或围卵周隙。

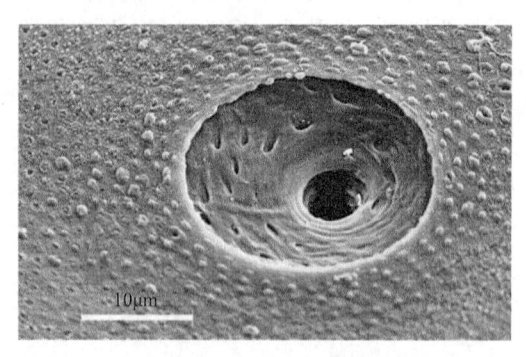

图12-4 鱼卵上的受精孔

随着受精膜向外扩展，围卵腔逐渐增大，直到受精卵分裂成8～16个细胞时期才完全定型，如鳜卵受精后至卵裂期形态学变化（原图）（图12-5）。精子头部接触处的卵细胞质流动形成一个透明受精锥，它的作用是把精子夹持入卵。

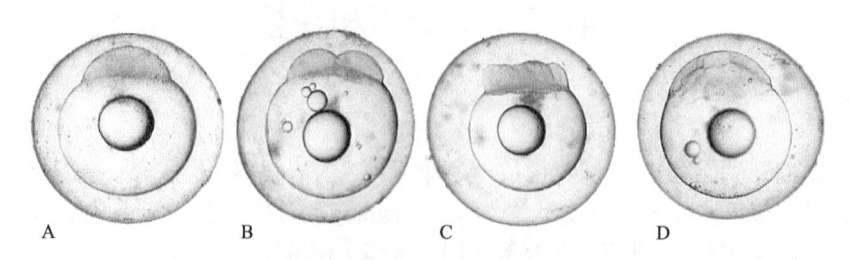

图12-5 鳜卵受精后至卵裂期形态学变化
A. 1细胞受精卵；B. 2细胞受精卵；C. 8细胞受精卵；D. 512细胞期

2. 胚盘的形成 精子入卵后，原生质向动物极方向流动而集中成较透明的盘状隆起，称为胚盘。

3. 雄、雌原核的形成与融合 精子入卵后，头部与尾部断裂并立刻转动180°，头端由向卵子内部转为向着卵的表面，而有中心粒的一端（颈部）转向卵的内部。几分钟后在中心粒周围出现一个星光。受精后20min左右，精核膨大，核内染色质由密集变得稀疏，形成雄原核。星光逐渐扩大至雄原核四周，移向胚盘中央，发生成对的星光。此时，卵子完成第二次成熟分裂，形成第二极体，卵核形成雌原核。受精后30min左右，原来的中心粒和星光分裂为二，雌原核和雄原核互相靠拢，位于两个中心粒和"星光"之间。两性原核的界线逐渐不清楚，最后完全结合为一个受精卵的细胞核或合子核。当两性原核开始靠近和结合时，星光就逐渐萎缩并向四周退却。受精后40～45min，合子核的核膜消失，第一次有丝分裂纺锤体出现；受精后50min，出现第一次卵裂；以后，约每隔10min分裂一次。

第四节　早期胚胎发育

一、卵裂

鱼类的卵子受精后，以有丝分裂的方式进行卵裂。卵裂的方式取决于卵子的结构。根据鱼类卵子的结构，其卵裂可分为以下两种类型。

（一）完全卵裂

间黄卵的卵裂属于此类型，如肺鱼、圆口类的七鳃鳗。鲟在卵裂过程中虽能进行完全卵裂，但由于动物极分裂速度比植物极要快得多，造成数量较多的动物极小细胞似帽状扣在植物极大细胞之上（图12-6）。

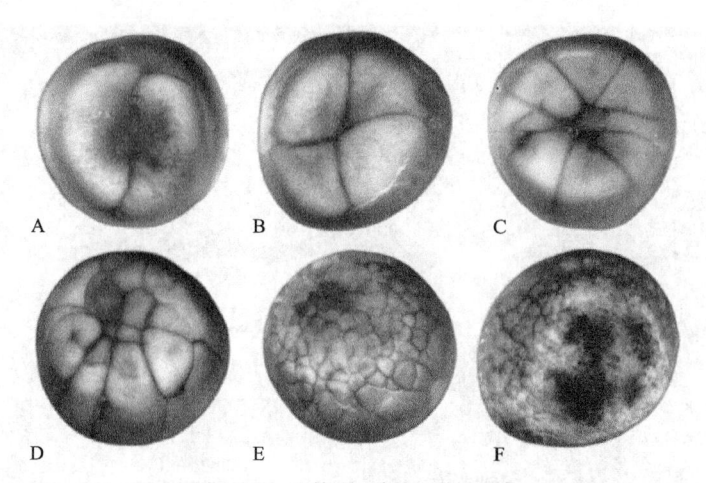

图12-6　西伯利亚鲟的早期发育
A. 第一次卵裂；B. 第二次卵裂；C. 第三次卵裂；D. 第四次卵裂；E. 囊胚初期；F. 囊胚中期

（二）不完全卵裂——盘状卵裂

真骨鱼类的端黄卵属于此类卵裂类型。卵裂只局限在胚盘部分，卵黄不分裂。

第一次卵裂是经裂，分裂沟由上而下，将胚盘分成2个大小相等的卵裂球（图12-7）。第二次卵裂也为经裂，与第一次卵裂面垂直，将胚盘分成4个大小相等的卵裂球。第三次卵裂有2个卵裂沟，均为经裂，与第二次卵裂沟相垂直，而与第一次卵裂沟相平行，结果形成8个细胞，排成两排。第四次卵裂时也同时出现2个卵裂沟，与第二次卵裂沟平行，而垂直于第一次和第三次卵裂沟，形成16个卵裂球，整齐地分为四排。第五次卵裂时，在有些鱼类如金鱼、鲤、鲫、鳊、青鱼、草鱼、鲢、鳙中，同时出现4个卵裂沟，仍为经裂，且与第一、第三次卵裂沟平行，而垂直于第二、第四次卵裂沟，形成32个卵裂球；但在另一些鱼类，如鳟、黄花鱼和赤鲽，第五次卵裂除经裂外伴有纬裂，即在胚盘中央的4个卵裂球进行纬裂，而周围的12个卵裂球则形成环状经裂（如鳟），或不规则的经裂（如黄花鱼和赤鲽等）。一般从32或64个卵裂期以后，卵裂就不完全同步，故卵裂球的数目也不是成倍的增加。由于纬裂与纵裂交替进行，就把原来由单层卵裂球组成的胚盘形成许多层卵裂球。随着卵裂的继续进行，卵裂球的数目越来越多，卵裂球也变得越来越小。

图12-7　虹鳟（*Oncorhynchus mykiss*）2细胞期模式图

二、囊胚

鱼类的囊胚通常可分为以下两种类型。

（一）偏极囊胚

偏极囊胚是由间黄卵进行完全不等卵裂所形成的囊胚。囊胚腔偏于动物极，囊胚层由多层分裂球构成，如肺鱼（图12-8）、山椒鱼（*Hynobins formosanus*）和鲟等。

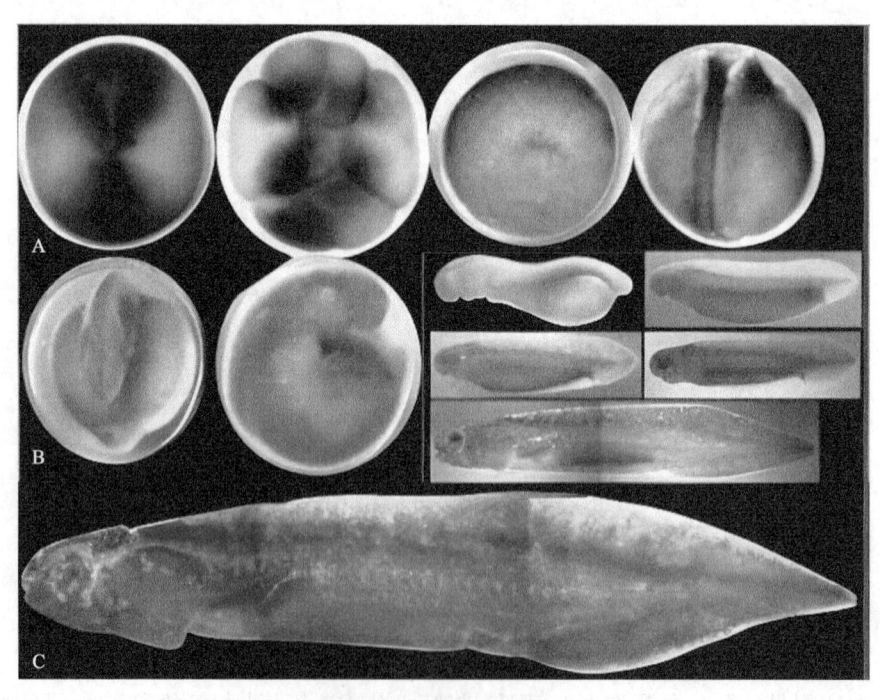

图12-8　肺鱼的发育
A. 胚胎期；B. 仔鱼期；C. 幼鱼期

肺鱼卵呈半球形，细腻，卵黄密度高，被一层卵黄和三层胶质包裹。肺鱼在野外只能产下几百个卵，而在圈养条件下，雌性一生可以产下600个卵。在第17天，头部的形状和结构可以明显看到，卵需要3~4周才能孵化。年幼的肺鱼长得很快，每个月大约长2英寸[①]。

（二）盘状囊胚

盘状囊胚是由端黄卵进行盘状卵裂所形成的囊胚。大多数真骨鱼类的盘状囊胚具有一个充满液体的囊胚腔，囊胚腔的顶壁和侧壁由多层分裂球构成，囊胚腔（或胚盘）的底壁是一薄层无细胞界限的细胞质，内含许多细胞核，称为卵黄多核体（yolk syncytium），如斑马鱼受精卵的卵黄多核体（图12-9）。卵黄多核体是真骨鱼类胚胎和仔鱼期所特有的构造。关于其来源，有学者认为是由囊胚层下部边缘的细胞向中央迁移形成的，这些细胞失去了彼此间的界限，形成含有许多细胞核的原生质层，随着胚盘向植物极卵黄部分外包，卵黄多核体也向卵黄部分扩展。当胚孔封闭时，卵黄多核体把整个卵黄部分包围起来形成卵黄囊。当卵黄被完全吸收以后，卵黄多核体也随之消失，故认为卵黄多核体与卵黄的吸收有关。另有学者认为卵黄多核体是由包围在卵黄表面的原生质形成的，最初卵黄表面原生质中没有细胞核，这层原生质与囊胚层相连通，在囊胚早期，囊胚层底部边缘的表层原生质中出现细胞核，它们不规则地紧密排列，以后随着胚胎发育这些细胞核向着囊胚腔底部原生质中迁移，结果形成了没有细胞界限的卵黄多核体。

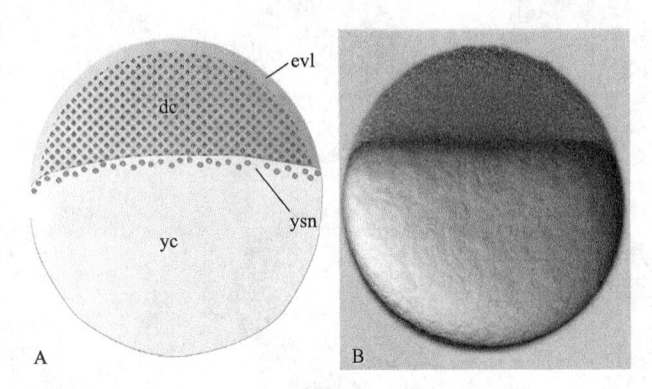

图12-9 斑马鱼受精卵的卵黄多核体
A. 模式图；B. 显微图
dc. 内细胞层（deep cell）；evl. 外层（enveloping layer）；yc. 卵黄细胞（yolk cell）；ysn. 卵黄合胞体（yolk syncytial nuclei）

早期囊胚因为聚集大量的分裂球，胚盘比较高，称为高囊胚；晚期囊胚，细胞有向植物极移动的趋势，胚盘高度降低，称为低囊胚。

三、原肠胚

低囊胚之后，囊胚层细胞继续下包，抵达植物极卵黄1/2处时，标志着原肠作用开始。下包过程中，因受卵黄的阻碍，胚盘周缘的囊胚层细胞稍向内卷入，而使胚盘边缘形成一增厚的胚层部分，称为胚环（germ ring）。包于卵黄外的为外胚层、中胚层和表胚层，无内胚层。表胚层为溶解卵黄供应胚胎发育所需的营养物质的主要部分。当胚环出现时，在胚环的一定部位（未来胚胎的后端），由于囊胚层细胞的集中和内卷而出现一外观呈三角形的加厚隆起，即雏形的胚盾（embryonic shield），胚盾是胚胎的雏形，其长轴就是胚体的主轴。胚盾处的内卷

---

① 1英寸＝2.54cm

边缘即背唇（dorsal lip），背唇的出现，标志着胚胎的两侧对称已显示出来。背唇相对一侧是腹唇（ventral lip），其两侧边缘是侧唇（lateral lip），由背唇、腹唇和侧唇共同围成的孔叫胚孔（embryonic pore）。胚孔处裸露的卵黄即卵黄栓（yolk plug）。随着原肠作用的继续进行，植物极的卵黄部分越来越多地被包围，当动物极细胞下包卵黄达2/3时，便进入原肠中期，由于脊索—中胚层—内胚层细胞随着囊胚层的下包而继续由背唇处卷入，胚盾明显加长，这时通过胚盾的纵切面可以看出，由左右向中线继续移动的细胞从背唇处卷入至胚盾的下面，称为下胚层或内中胚层（endomesoderm）。而未卷入、留在表面的细胞称为上胚层或外胚层。隆起的胚盾不断向前推移，将来形成胚胎的中轴及其器官（图12-10）。胚盾表面的上胚层（外胚层）分化为神经板和表皮层两部分。神经板将发育为神经组织，细胞增高为柱状。神经板的中央线向深处下陷而两侧神经褶向正中合并，暂时成为实体的细胞索（在细胞索的上方还盖着一层方形细胞的表皮层）。后来从索状的神经组织中央裂出缝状的腔，逐渐成圆筒形的神经管。从背唇转入内部的细胞排列成一条带状的内中胚层，后来内中胚层分裂为长条状，腹面中央为内胚层，剩余的细胞则排列在内胚层背面和两侧构成脊索和中胚层。

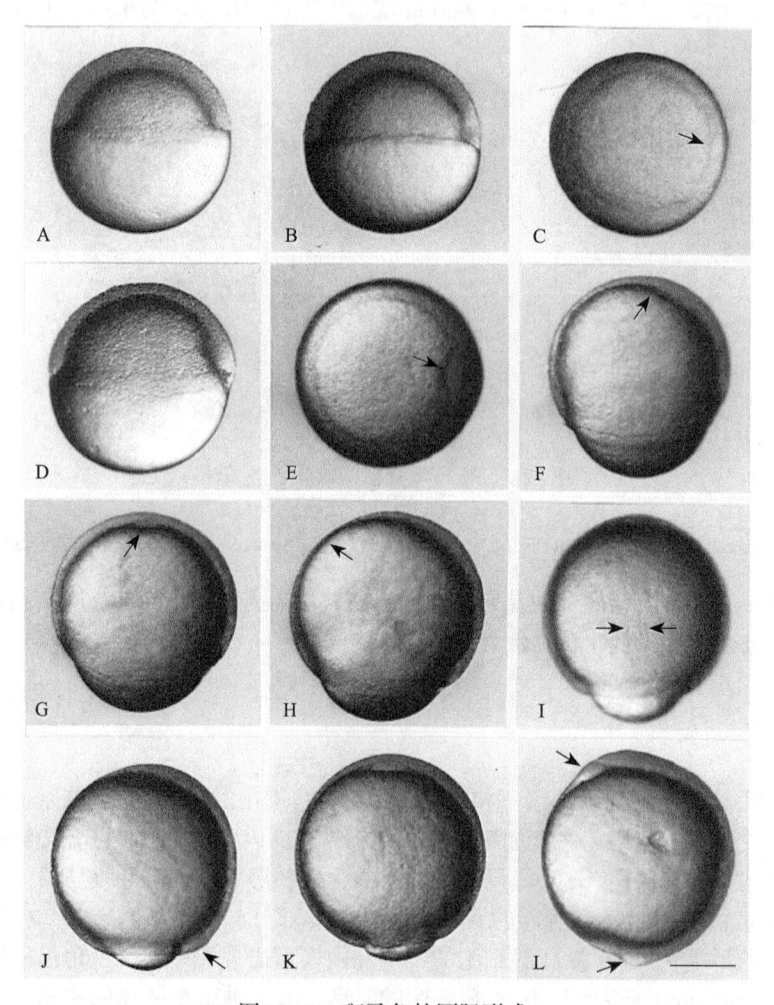

图12-10　斑马鱼的原肠形成

A. 50%外包期；B. 胚环期；C. 胚环期的动物极；D. 胚盾期；E. 胚盾期的动物极；F. 70%外包期；G. 70%外包期腹侧；H. 75%外包期；I. 80%外包期；J. 90%外包期；K. 90%外包期腹侧观；L. 尾芽期；C中箭头示胚芽环，其他箭头示卵的细胞层

四、体节期

体节期发生的形态学变化主要包括：体节发生、器官原基可见、尾芽更为显著、胚体延长、前后（AP）轴和背腹（DV）轴明确、第一次出现细胞发生形态分化及胚体开始运动，此期可称"尾芽期"。在此期，尾芽一直存在于不断伸长的胚轴末端。由于此期发育中尾部的发生显著，胚胎的整体形状对确定分期极为有效。

体节期发育（图12-11），尾部不是直接向头部反方向延伸，而是通过渗入原位于原肠期腹

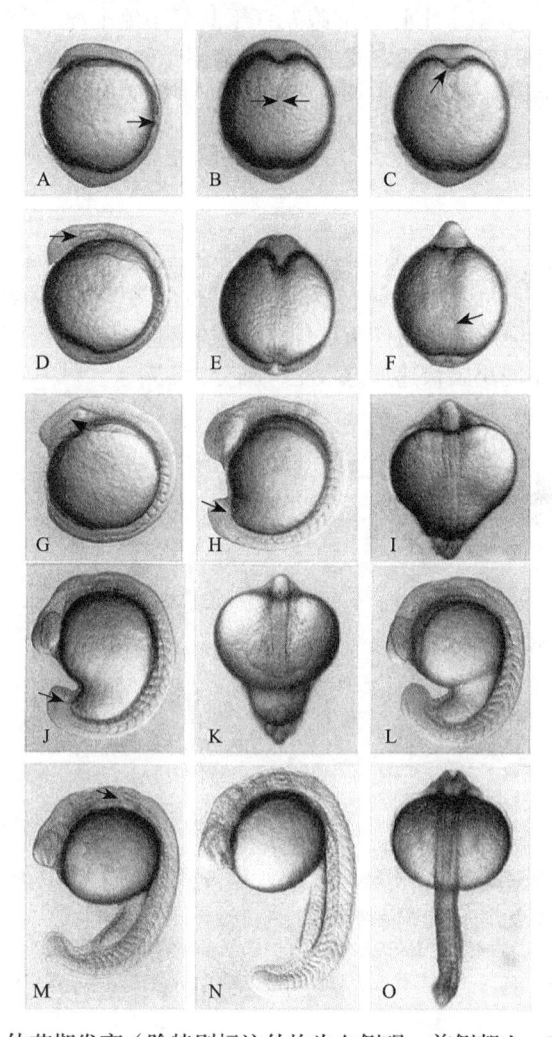

图12-11 体节期发育（除特别标注外均为左侧观，前侧朝上，背侧朝左）

A. 第二体节后界（箭头所示），此期第一体节正在形成前界；B. 背侧观，脊索原基（两箭头之间），第一体节水平前侧；C. 腹侧观，小膨出（箭头所示）；D. 第一体节此时有前界，眼原基开始出现（箭头所示）；E. 背侧观，聚焦于第二、三体节边界水平的脊索，注意到顶部的脑原基和下面的轴中胚层如何在中线明显切割卵黄；F. 腹侧观，聚焦于新形成的Kupffer囊（箭头所示）；G. 眼原基有明显的水平折痕（箭头所示），脑原基位于眼原基背前侧，发育于体节组后侧近轴中胚层的节板，此时轮廓清晰；H. 体节开始形成V形，卵黄细胞在卵黄延伸部形成之前变作肾-豆状（kidney-bean shape），尾芽更为显著，Kupffer囊在侧面出现（箭头所示）；I. 背侧观，定位使第一体节对位于中心，注意到顶部中脑水平脑原基形状；J. Kupffer囊（箭头所示）；K. 背侧观，眼原基，Kupffer囊也在焦点附近；L. 耳基板开始中空，随尾部伸出，卵黄延伸部明显突出于卵黄；M. 耳囊（箭头所示）；N. 端脑（telencephalon）在神经轴（neuraxis）前端背侧显著；O. 背侧观，顶部显示后脑第四脑室

侧的细胞围绕原植物极曲卷延伸背轴，最终尾芽朝头部生长。体节晚期方向倒转，因为尾部随着不断伸长迅速变直。头部伸直较晚，发生于下一发育时期，即咽囊期的大部分时间。体节在躯干和尾部陆续出现，前部体节先发育，且最早的体节形成速度比后面发育的体节快。最早形成的体节沟位于第一体节后缘，此后不久第一体节前缘可见，大致和第二体节同时形成。

每一体节形成不久其表面出现上皮细胞，包围间质（mesenchymal）区域。每个体节内的细胞将发育为生肌节（myotome），有时称肌节（myomere或muscle segment）。生肌节保持了体节的分节排列，相连生肌节也被由相邻组织组成的横向肌隔（myocomma）明显分开。

体节衍生出的另一结构是生骨节（sclerotome），将发育为脊椎动物的软骨（vertebral cartilage）。在新形成的体节中，生骨节细胞发育于其腹中侧上皮。分节晚期，生骨节细胞分层，形似间质细胞，并沿肌节和脊索之间的通道向背侧转移。

此外，尚不清楚生皮节（dermatome）是否也发育于体节细胞。

五、咽囊期

Ballard（1981）自创了"咽囊"（pharyngeal pouch）一词。对于斑马鱼，咽囊期发育（图12-12）位于胚胎发育的第二天。胚胎此时是最明显的双侧结构生物，进入咽囊期（pharyngeal period）时的脊索已发育良好，新完成的一组体节已伸入长尾末端。神经系统凹陷并向前延伸。咽囊期后脑（metencephalon）中的小脑快速形态发生，脑分为五叶。

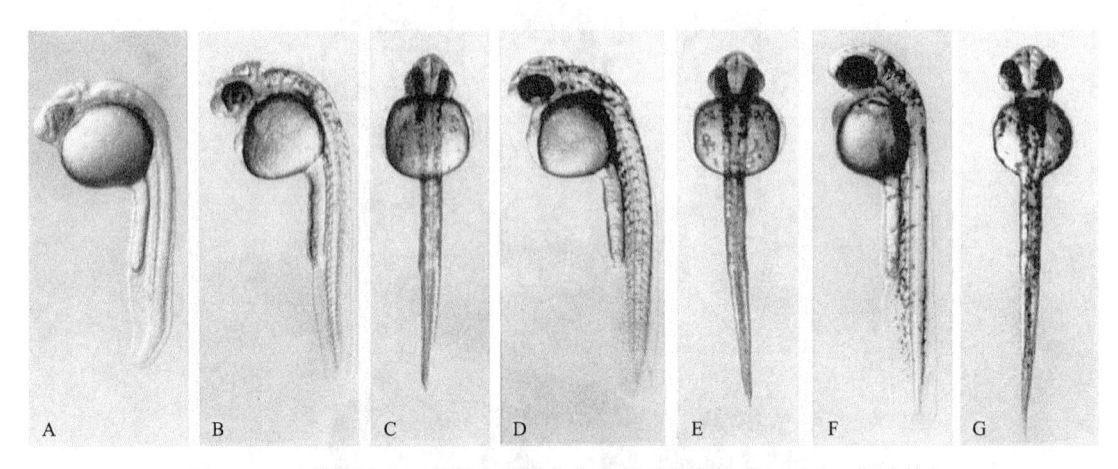

图12-12 咽囊期发育（对特定胚胎均作左侧观和背侧观，原基-5期除外）
A. 原基-5期（24h）左侧观，脑有明显纹路，黑色素形成开始，但在此低倍镜下尚不明显；B，C. 原基-12期（28h），黑色素细胞从后脑水平约延伸至卵黄球中部；D，E. 原基-20期（33h），沿背轴到卵黄延伸部及卵黄球背部均出现一些色素细胞；F，G. 原基-25期（36h），色素延伸近于尾部末端，F中黑色素细胞腹角（ventral horn）（箭头所示）

此期的咽弓原基在早期存在但不易分辨。咽弓在此第二天从耳囊腹侧可见约是耳囊两倍长的原基区域迅速发育。7个咽弓均由此原基发育，其间一个显著的边界出现于咽弓2和3之间。此边界甚为重要，因为随后其前面的咽弓［颚（mandibular）、舌（hyoid）弓］将形成下颌（jaw）和鳃盖（operculum），而其后面的咽弓［鳃弓（branchial）］将形成鳃（gill）。因高度可折射的胞质颗粒，孵化腺细胞是整个咽囊期心包区域的重要特征。咽囊期前几小时，胚胎继续快速伸长，但随后伸长速度突然下降。新的伸长速度一直保持到余下的胚胎发生时间。

1. 头部伸直　　在咽囊期头部先是迅速向背侧抬起伸直，随后速度变慢，可利用这一变化快速确定胚胎的大致分期。伴随头部伸直的形态发生是头部的急剧缩短，使其沿前后轴更为紧凑。耳和眼的原基迅速靠近。

2. 鳍开始形成　　中鳍折叠在此期一开始尚不易见，之后渐为显著，并形成胶状伸直的鳍线，或称角质鳍条（ceratrichia）。两侧对称的胸鳍原基开始发生；间充质细胞聚集形成鳍芽。随着鳍芽的发育，其顶端出现渐为显著的顶端外胚层脊，其作用是否与四足动物（tetrapod）的肢芽相似尚不可知。

3. 色素细胞分化并易见　　色素沉积的视网膜上皮和源于神经嵴的黑色素细胞在此期一开始即开始分化，而色素沉着在此期一直持续很长时间。黑色素细胞开始作特征性排列，形成分明的纵向条纹。

4. 循环系统形成　　心脏在此期一开始即开始跳动，并形成明确的腔。血液开始在闭合的管道循环，咽囊期一开始就在两侧出现主动脉弓对，即主动脉弓1，它是最终6对主动脉弓中最早形成和位于最前侧的一对，其余在咽囊期末迅速发育。血液由前两对主动脉弓经由颈动脉流向头部两侧，再通过前主静脉流回。其后面的主动脉弓（3~6）也连接左右背大动脉根部，后者在躯干吻合（anastomose）形成紧邻脊索腹侧的不配对的中线脉管（midline vessel）。背动脉弓因进入尾部命名为尾动脉（caudal artery）。在尾部的某一点，该血管形成一个向腹部180°的平滑转角，形成尾静脉（caudal vein）将血液返回躯干。尾静脉作为不配对的中轴静脉在躯干继续延伸，位于背动脉的腹侧。在心脏后侧，该静脉分为配对的左右后主静脉，并与前主静脉形成总主静脉（common cardinal vein）直达心窦静脉（sinus venosus）。由于总主静脉穿过卵黄囊，或称卵黄静脉（vitelline vein），但并不适宜，因在其他鱼类卵黄静脉中有着不同的含义。总主静脉起先很宽但不分明，将腹侧血液运送至卵黄。其随发育继续变窄，并重新定位于卵黄前侧。

5. 行为发育　　最终，出现明显的行为发育。触觉发生，分节晚期单个肌节发生的不协调的躯体开始变得有规律，产生有节律的泳动。

器官发生是胚胎发育的一个阶段，始于原肠胚形成的末期，一直持续到出膜。在器官发生过程中，由原肠胚形成的三个胚层（外胚层、内胚层和中胚层）形成了鱼体的内部器官。

三个胚层中的每一层的细胞都经历分化，这是一个未特化的细胞通过一组特定基因的表达变得特化的过程。细胞分化是由细胞信号级联驱动的。分化受细胞外信号如生长因子的影响，这些细胞外信号被交换到邻近细胞，称为近分泌信号传送（juxtacrine signaling），或短距离交换到邻近细胞，称为旁分泌信号传送（paracrine signaling）。细胞内信号由细胞信号本身组成自分泌信号（autocrine signaling），也在器官形成中起作用。这些信号通路允许细胞重排，并确保器官在生物体内的特定位点形成。

外胚层形成表皮、大脑和神经系统。内胚层是胚胎最内部的胚层，通过形成上皮层内衬（epithelial lining）和器官，如肝、肺和胰腺，产生胃肠和呼吸器官。中胚层将形成血液、心脏、肾脏、肌肉和结缔组织。

尽管不同的器官来自不同的区域，但是如果没有来自其他组织的细胞相互作用，胚层就不能形成各自的器官。

第二篇

其他水生生物组织胚胎学

第十三章
甲壳动物组织胚胎学

甲壳动物（Crustacea）是节肢动物门（Arthropoda）中比较原始的种类。其中，虾和蟹是我国水产养殖中的重要品种。虾是多种生活在水中的甲壳亚门节肢动物的总称，其身体分节且长，具有附肢，绝大多数为水生。虾常指真虾下目（Caridea）与枝鳃亚目（Dendrobranchiata），有时候仅指前者。虾一般都有较长的腹部，与螃蟹短圆的腹部不同。虾的下腹有适于游泳的游足。虾的头胸甲呈圆柱形，而螃蟹的较为扁平。虾的触角往往都很长，个别品种的触角甚至超过其体长的两倍。中华绒螯蟹、梭子蟹和青蟹是我国养殖的主要品种，中华绒螯蟹的产量接近我国蟹产量的一半。

第一节 甲壳动物解剖与形态学概述

甲壳动物现存6.7万余种，其中包括许多具有较高经济价值的物种，如中国明对虾和日本沼虾（图13-1）及龙虾、螯虾和蟹（图13-2）等，它们是甲壳动物中体型较大的鳃胚亚目物种。

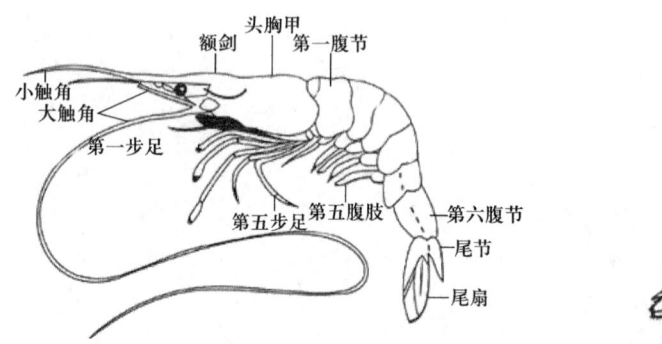

图13-1 中国明对虾（左）和日本沼虾（右）外形示意图

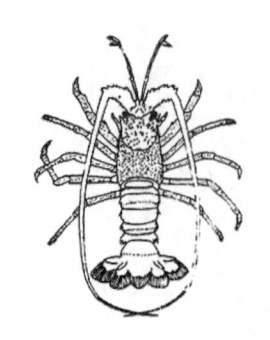

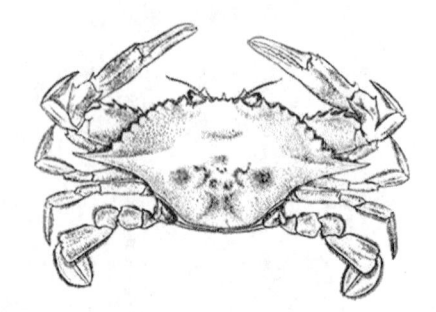

图13-2 龙虾（左）、螯虾（中）和蟹（右）外形示意图

一、外部形态和附肢

虾、蟹的身体分为头胸部和腹部。头胸部是由头部和胸部愈合而成的，其外常具有头胸甲（carapace），头胸甲表面的脊、沟及剑突（rostrum）的特征是虾类重要的分类依据。头部具有2对触角［小触角（antennule）和大触角（antenna）］，均为感觉器官；大颚（mandible）1对，是咀嚼器；小颚（maxilla）2对，具有把持食物的功能。胸部有8对附肢，前3对为颚足（maxilliped），兼有把持食物和呼吸的功能；后5对为单肢型步足（pereiopoda），其中螯形步足具有把持食物和捕食的功能，非螯形步足行使爬行的功能。腹部由6个腹节和1个尾节构成，每个腹节有1对双肢型游泳足，最后1对游泳足（尾肢）宽大，常与尾节一起形成尾扇，具有增强游泳能力和掌舵的功能，如螯虾的附肢（图13-3）。蟹的头胸甲特别发达，前部与口前板愈合，侧缘折向腹面；腹部退化并折叠在头胸部下方，腹节有愈合现象，尾节很小，腹部附肢退化，丧失游泳技能。

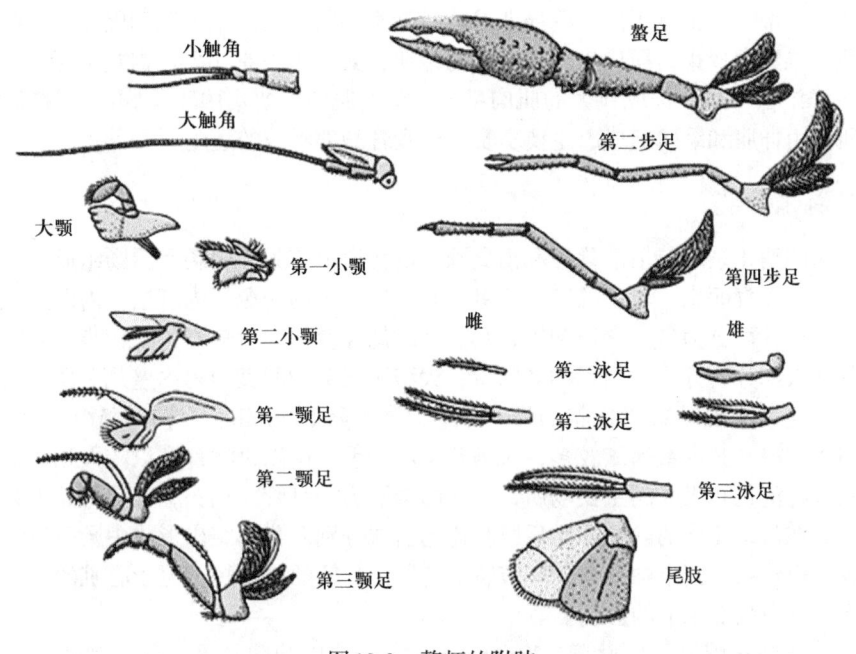

图13-3 螯虾的附肢

二、内部结构

甲壳动物的内部解剖构造较为一致，主要包括肌肉系统、消化系统、循环系统、呼吸系统、神经系统、内分泌系统、排泄系统和生殖系统等，它们由坚硬的体壁，又称外骨骼（exoskeleton）包围，如螯虾的内部解剖（图13-4）。

（一）肌肉系统

甲壳动物具有发达的肌肉系统。对虾的肌肉重量占整个体重的一半以上，主要分布于头胸

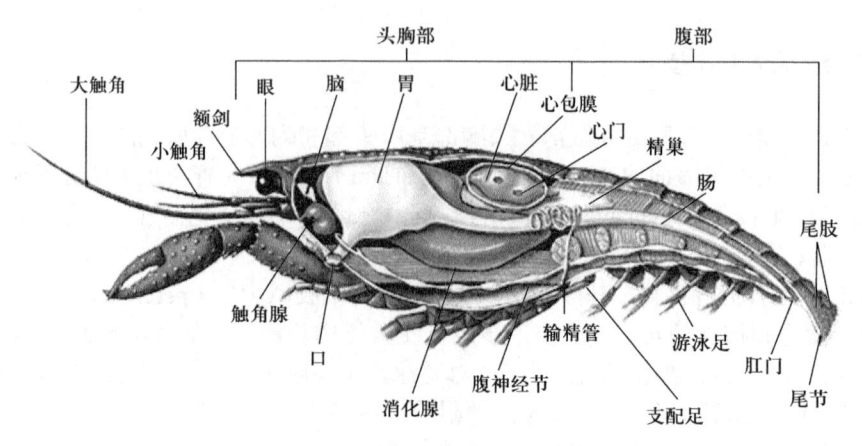

图13-4 螯虾的内部解剖

部和腹部。头胸部的肌肉多与器官的组成和活动有关，如眼的运动和触角的摆动等；大型肌肉则主要分布在腹部，包括躯干肌、附肢肌及内脏器官中的肌肉。躯干肌和腹肢肌为横纹肌，它们由大量肌纤维集合成束，肌肉束分为伸肌与缩肌，其中腹缩肌几乎占据整个腹部，它与斜伸肌如绳索一样绞在一起，构成强大的肌肉系统。蟹的肌肉主要集中于头胸部，腹部肌肉退化。头胸部的肌肉由伸肌和缩肌组成，主要负责眼柄和各胸部附肢的运动。

（二）消化系统

甲壳动物的消化系统包括消化道和消化腺。消化道由前肠、中肠和后肠组成，前肠和后肠的上皮由外胚层发育而来，二者的腔面均具有几丁质；中肠来源于内胚层，内面无几丁质。前肠位于头胸部，其可分为口、食道和胃，具有暂时储存食物和对食物进行初步分解的功能；胃是食道后的膨大部分，分为贲门胃和幽门胃；大型甲壳动物的贲门胃内壁几丁质和钙质层特别厚且坚硬，其上具有刺状或者板状的齿，又称胃磨（gastric mill），具有磨碎食物的功能；幽门胃较贲门胃狭窄，其内壁褶皱较多，布满几丁质刚毛，用以过滤食糜以防大颗粒物质进入中肠。中肠是食物消化和吸收的主要场所，对虾的中肠为一直管，从头胸部沿背面一直延伸到腹部的后端，其在与胃相连的前端和与后肠相连的后端分别向背面突出形成中肠前盲囊和中肠后盲囊。后肠为短管状，其末端开口于尾节腹面的肛门。蟹的中肠短，位于心脏的前方；后肠则在心脏的下方直通腹部尾节的肛门。

甲壳动物的消化腺又称肝胰腺（hepatopancreas）或中肠腺，是一种大型致密腺体，包被在幽门胃和中肠前端。它由中肠分化而来，为多分支管状结构，通过肝管开口在胃与中肠的相连处，具有分泌消化液进入中肠，行使消化和吸收营养物质的功能。

（三）循环系统

甲壳动物为开管式循环系统，由心脏、血管、血窦和血液构成。虾的心脏位于头胸部后背方的围心窦内，呈淡肉色的扁囊状，心门与围心窦相通。心门的数量因物种而异，一般3对，分布在心脏的背侧、两侧和腹侧。由心脏发出的动脉沿消化道背面运行，所有动脉再分成一些小动脉，动脉内有瓣膜。血液由心脏经动脉、小动脉血管进入组织间的血窦内，再由血窦将血液收集流入胸血窦，通过入鳃血管进入鳃内交换气体，新鲜的血液经出鳃血管进入鳃血窦，最后流回围心窦，经心门返回心脏，如螯虾的开放式血液循环（图13-5）。

（四）呼吸系统

甲壳动物的呼吸器官为鳃，每个鳃由鳃轴和其上侧生的许多分支鳃丝构成，鳃轴内有平行分布于鳃轴上下两侧的入鳃血管和出鳃血管，二者通过其分支进入鳃丝，形成血管网。根据位置，鳃可分为侧鳃、足鳃、肢鳃和关节鳃。对虾的鳃为枝状鳃，螯虾的鳃为丝状鳃，蟹的鳃为叶状鳃。

（五）神经系统

甲壳动物的中枢神经系统（图13-6）比较原始，低等种类的中枢神经系统为梯形，但大部分软甲纲种类头部前3对神经节愈合形成脑，头部后3对神经节及前3个胸节处的神经节愈合形成食道下神经节。虾类腹神经链上的胸、腹神经节保持分离状态并不愈合；蟹类腹神经链上的所有神经节则愈合形成一个神经团。

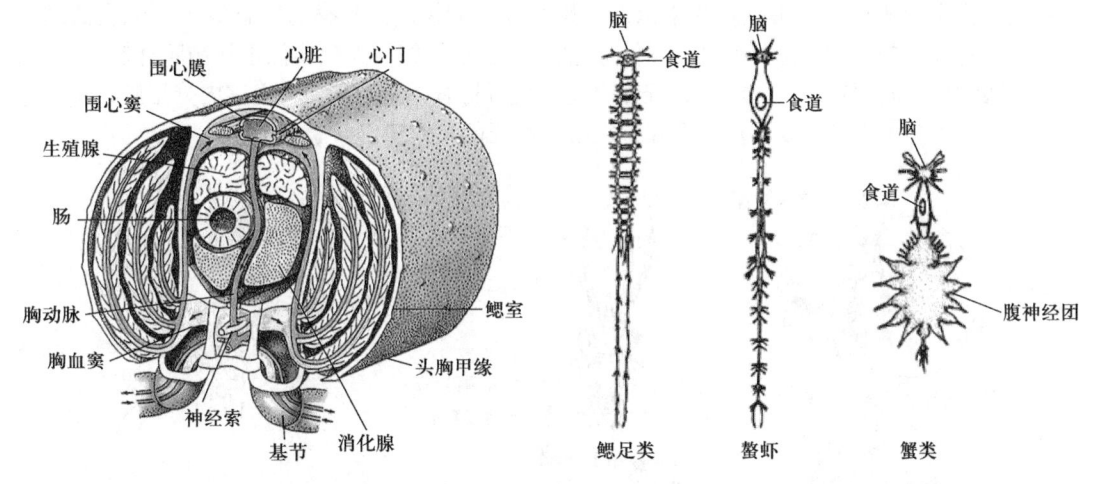

图13-5 螯虾的开放式血液循环　　图13-6 甲壳动物的中枢神经系统

对虾的中枢神经系统为链状神经系统，包括脑、围食道神经节、食道下神经节及纵贯全身的腹神经索。脑位于食道前方、两个复眼基部相连处，由3对脑神经节愈合而成，一般可划分为前脑、中脑和后脑3个脑区。脑引出5对神经，即视神经、第一触角神经、第二触角神经、皮肤神经和围食道神经；视神经由脑前侧引出通入眼柄，其末端为终髓，终髓周围的多个细胞群构成X器官，具有内分泌功能。围食道神经节则引出2对胃神经，它们在胃磨前方膨大为胃神经节，然后分两支分布于胃磨肌肉和胃壁上。食道下神经节位于食道的下方胸部腹壁上，由它引出5对神经，通至大颚、第一小颚、第二小颚、第一颚足和第二颚足。腹神经索与食道下神经节相连，包括胸神经节和腹神经节，它们由多个节间神经纤维束连成的神经节构成，胸部和腹部的每一体节处，均有一对神经节，各神经节发出神经通至相对应的附肢和肌肉上。

对虾的感觉器官包括化学感受器、平衡囊和复眼。第一触角的外肢上有许多化学感受刚毛，有嗅觉功能，用以探知海水化学成分变化和食物及敌害所在；虾体各部均生长有刚毛，有触觉作用，特别是各附肢上的刚毛非常发达，它们的基部与末梢神经相通，所以触觉灵敏。平衡囊在第一触角的基部丛毛中有1个凹陷，内有平衡石，保持虾体的平衡。复眼由许多构造相同的小眼紧密排列而成，为视觉器官。中枢神经系统通过这些感觉器官收集外界环境信息，然后反馈到中枢神经系统，对运动和摄食功能有重要作用。

蟹的中枢神经系统为团状神经系统，由脑和胸部神经团构成。胸部神经团由食道下神经节、胸神经节和腹神经节高度愈合而成。食道下神经节的神经髓质愈合成块、体积大，中部有许多纵行的神经束和横连神经,神经细胞成群位于背腹面的两侧和腹面的中线处(即左右神经节愈合处)。胸神经节由5对步足神经节组成,其神经髓质界限清楚,神经细胞成群位于相邻的神经髓质之间,第一步足神经节细胞排列紧密,数量也较多。腹神经节位于胸动脉孔后方,6对腹神经节髓质愈合成块,腹神经节体积较小,神经细胞数量也较少。

(六)内分泌系统

甲壳动物的内分泌系统(图13-7)由神经内分泌系统(包括X器官-窦腺复合体、后接索器、围心器)、Y-器官、促雄腺、大颚器等组成。X器官-窦腺复合体由X器官和窦腺两部分组成,是甲壳动物神经内分泌的中心,主要调控甲壳动物的蜕皮、生殖、血糖平衡和体色变化等。它位于眼柄视神经节中,其中X器官是由眼柄端髓基部外侧的多种神经细胞组成的,窦腺则是由眼柄端髓的许多神经分泌细胞的轴突构成的。Y-器官位于虾头胸部的前鳃腔处,它是一种上皮内分泌腺,可分泌蜕皮激素以调控甲壳动物的蜕皮。蟹类的Y-器官为一致密的细胞集合体,对虾、鳌虾和龙虾的Y-器官则是弥散的细长形组织。大颚器位于外颚肌外侧的基部,是昆虫咽侧体的同源器官。促雄腺为雄性甲壳动物所特有,它也是一种上皮内分泌腺,位于输精管末端,可分泌雄激素以调控精巢和雄性第二性征的发育。

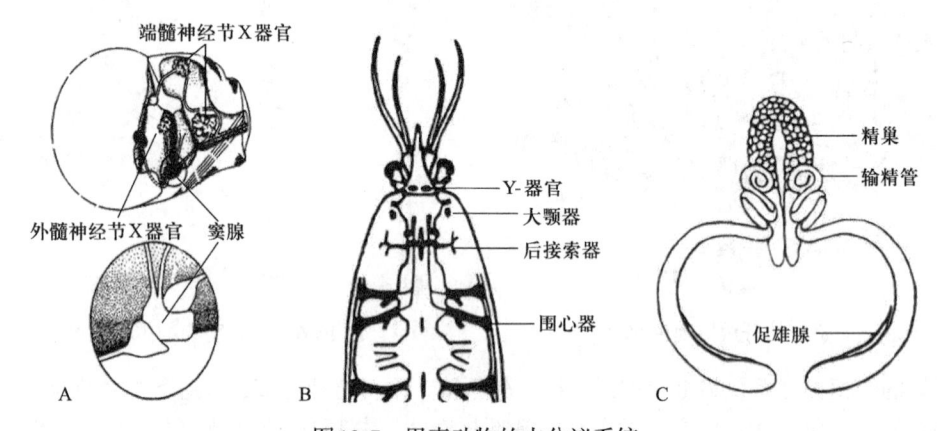

图13-7 甲壳动物的内分泌系统
A. X器官-窦腺复合体;B. 甲壳动物内分泌腺背面观;C. 蟹促雄腺

(七)排泄系统

甲壳动物的排泄系统(图13-8)由位于第二触角节的触角腺(antennal gland)和第二小颚节的颚腺(maxillary gland)构成。二者均由后肾管演化而来,结构基本相同,主要由端囊和排泄管组成。十足目的触角腺结构复杂,排泄管前端膨大为囊状的肾迷路与端囊相连,排泄管末端膨大形成囊状的膀胱,后者末端呈短管状直通排泄孔。触角腺的腺体部由绿色的肾迷路和与其相连的白色排泄管共同构成,其中分布有来自触角动脉和神经下动脉分支形成

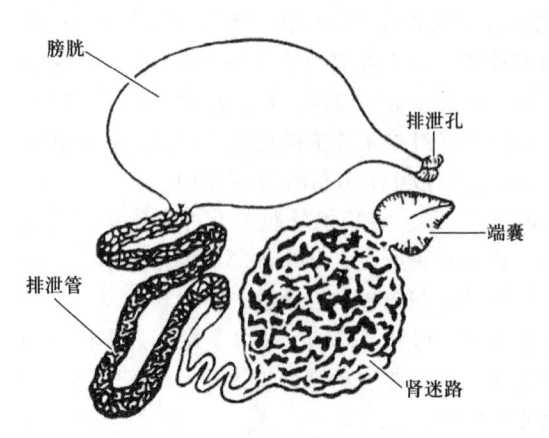

图13-8 甲壳动物的排泄系统

的许多细支，血液中的代谢废物渗入腺体部内，通过排泄孔排出体外。

（八）生殖系统

大多数甲壳动物为雌雄异体、异形，雌雄个体的外生殖器差异明显。对虾类雄性个体的第一腹肢内肢演变为雄性交接器，第二腹肢内肢演变为雄性附肢，雌雄交尾时雄性附肢辅助交接器将精荚转移至雌性纳精囊中，如对虾雄性交接器和雌性纳精囊（图13-9）。交接器和雄性附肢的形态存在物种间的差异。雌虾的外生殖器主要是纳精囊，位于雌虾第四和第五对步足基部之间的腹甲上，呈圆盘状，中央有一纵行裂口，口内为一空囊，交尾后雄性排出的精荚存于其中。蟹类的腹部形态和特定附肢也存在雌雄间的差异。雄蟹腹部退化，呈窄三角形，其第一、第二对附肢特化为交接器；成熟雌蟹的腹部宽大，呈半圆形或卵圆形，其第二至第五对附肢为双肢型，用以抱持卵群。

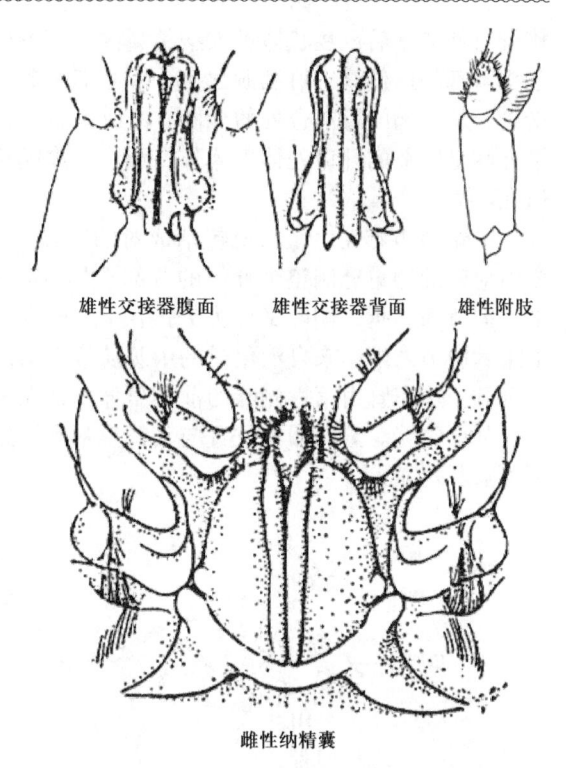

图13-9 对虾雄性交接器和雌性纳精囊

甲壳动物雄性生殖系统由成对的精巢、贮精囊、输精管、精荚囊、雄性生殖孔、交接器、雄性附肢等组成。对虾类的精巢位于头胸部，紧贴肝胰腺背面。成熟个体的精巢呈乳白色，外被一层薄膜，其可划分为3部分，分别是1对前叶（左右愈合）、8对侧叶和1对短小的后叶（图13-10）。精巢之后是输精管，输精管的上段膨大形成贮精囊，成熟时其内充满精子，下段输精管在第五步足基部膨大形成球形精荚囊。精荚囊开口于第五步足底节基部内侧的生殖孔，该孔外被薄膜覆盖，用针掀开可见裂缝状开口。成熟雄虾的每个精荚囊内有1个精荚，精荚内有大量成熟的精子。中国明对虾精荚由豆状体和一薄膜状的瓣状体（精荚栓）组成，

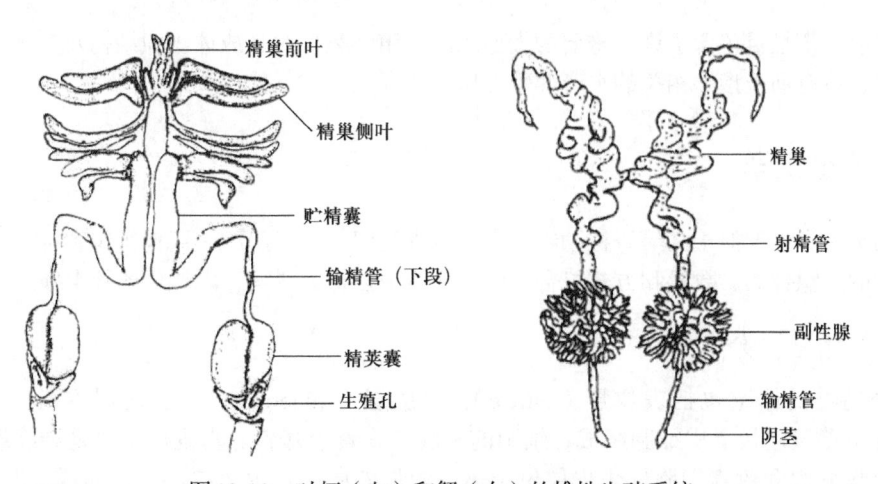

图13-10 对虾（左）和蟹（右）的雄性生殖系统

雌雄对虾交尾后，豆状体进入纳精囊内，精荚栓留在纳精囊外，数月后才脱落。蟹的精巢位于头胸部的前侧缘、肝胰腺之上，左右各1个，成熟时其后行至幽门胃汇合。精巢之后是输精管，位于幽门胃汇合处的外侧、心脏下方。输精管末端与细管状的射精管相连，射精管由第五胸足底节的开口处伸出体外，形成一皮膜状的突起，称为阴茎。阴茎末端的开口便是生殖孔。

甲壳动物雌性生殖系统包括成对的卵巢、输卵管、雌性生殖孔和一个在体外的纳精囊。成熟对虾的卵巢充满整个虾体的背部，分为前叶、侧叶和后叶（图13-11）。前叶伸向额角基部，向背面屈折；侧叶又分为7个小叶，充塞心脏和肝胰腺之间；后叶沿肠的背面延伸至腹部第六腹节末端，来自消化道的中肠从位于第六腹节中部的卵巢后叶中穿过，将卵巢后叶左右分开。输卵管由第六侧叶的前侧角伸出，在第三步足的基部内侧开口于体外。雌性生殖孔为月牙形裂缝。蟹的卵巢位置与其精巢基本一致，但后端直达后肠；成熟卵巢充满头胸甲背侧覆盖肝胰腺。

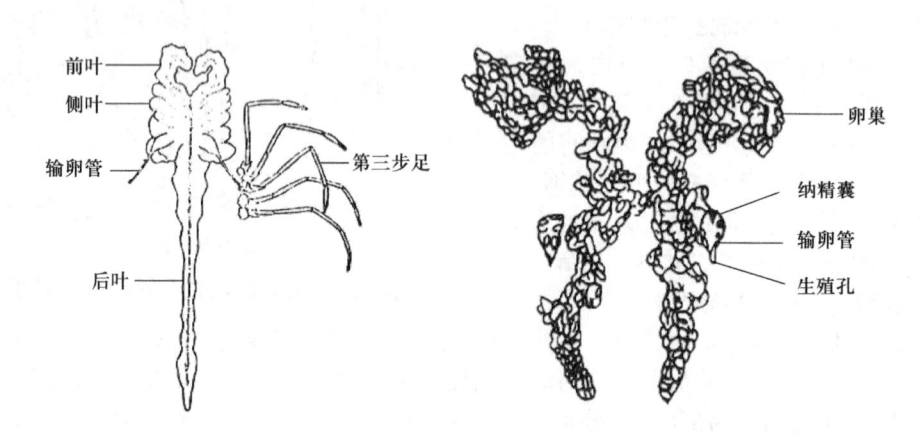

图13-11 对虾（左）和蟹（右）的雌性生殖系统

第二节 虾组织学和胚胎发育

甲壳动物十足目包含了许多重要的大型水产养殖虾类，对其成体组织结构及其胚胎发育规律的了解，将有助于指导相关的水产养殖工作。

一、虾的组织学

虾的组织类型类似于高等脊椎动物，分为上皮组织、结缔组织、肌肉组织和神经组织。它们以不同的组织种类、数量和方式组合形成了虾体中独特的器官，以执行各种生理活动。

（一）体壁和外骨骼

甲壳动物的体壁包括表皮层（cuticle）、上皮层（epidermis）和真皮层（图13-12）。上皮层主要由单层柱状上皮细胞组成，细胞的基底面附着于基膜。真皮层主要是结缔组织，其中分布有皮肤腺和色素细胞。表皮层位于体壁的最外层，它由上皮层分泌而成，厚且坚韧，又称外骨骼，具有保护和支撑身体的作用。表皮层一般分为三层，由外向内依次为上表皮

（epicuticle）、外表皮（exocuticle）和内表皮（endocuticle）。上表皮薄而不透水；外表皮较厚，其中含有几丁质和钙质，柔韧而坚硬；内表皮最厚，主要成分是蛋白质和几丁质，富有弹性。

虾蟹类的一些种类体色常随环境的变化而变化，体色由体壁下面的色素细胞调节。甲壳动物的色素是一种类胡萝卜素，又称虾青素（astaxanthin）或虾红素（astacin）。虾青素呈亮红色、橙色和黄色，但其在活体中通常被一种甲壳蓝蛋白质结合而使虾青素分子发生扭曲，致使其呈现蓝青色。当虾蟹类动物在高温或者遇到无机酸、乙醇等情况时，蛋白质发生变性而沉淀，析出游离态的虾青素（astacin）。因此，乙醇浸泡的标本或者煮熟虾蟹体色为红色。

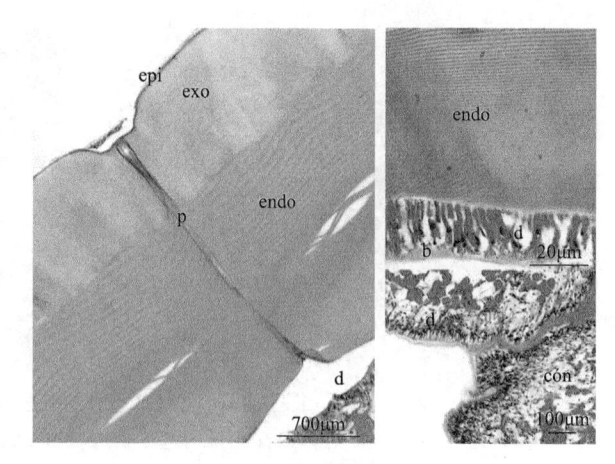

图13-12 美洲海螯虾的体壁

b. 基膜；con. 结缔组织；d. 上皮；endo. 内表皮；epi. 上表皮；exo. 外表皮；p. 孔道

（二）肌肉

虾蟹类的大部分肌肉属于横纹肌，成束状。肌纤维为长圆柱状，具有交替分布的明带和暗带，细胞核位于细胞边缘（图13-13）。肌纤维又分为快肌和慢肌，快肌肌纤维直径较粗，肌节短、Z线细，肌质网和二联体相对发达，膜电阻低，兴奋性高，但线粒体较少，由此该类型的肌纤维收缩快，张力大，但易疲劳。慢肌的结构与生理特性正好相反，其直径较细，肌节长，Z线宽而不整齐，慢肌的反应速度慢、张力小、抗疲劳。

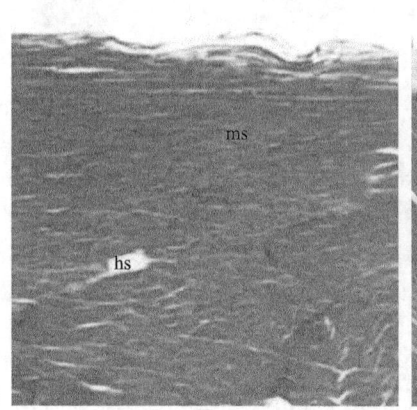

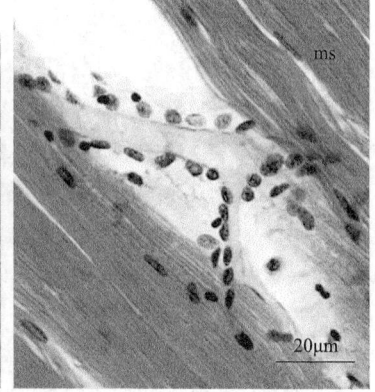

图13-13 美洲海螯虾的横纹肌

hs. 血窦；ms. 骨骼肌纤维

心肌和平滑肌是虾蟹类的另外两种肌肉组织。心肌由结缔组织构成的心包膜包围，在心肌和心包膜交汇处的心肌纤维附着于心包膜上。大量心肌纤维交错排列，如美洲海螯虾的心脏和心肌（图13-14），其间分布有神经、血窦和血细胞。平滑肌则是分布于脏器中的肌肉组织，如消化道上皮之下的肌肉组织。

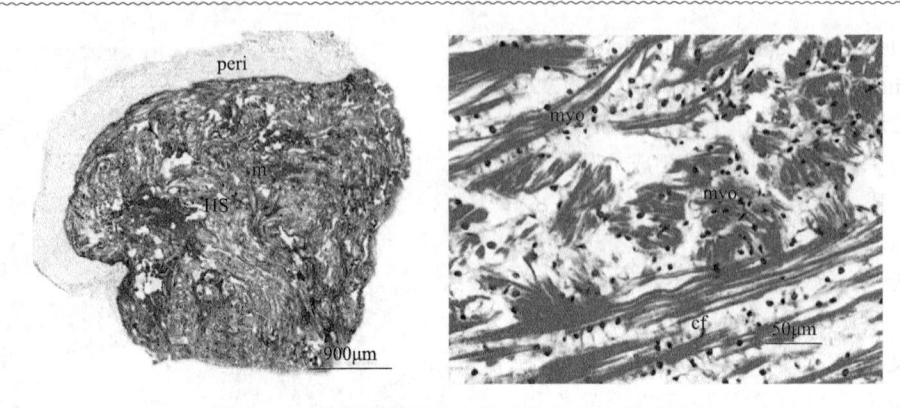

图 13-14　美洲海螯虾的心脏（左）和心肌（右）
cf. 连接纤维；HS. 血窦；m. 肌纤维；myo. 肌原纤维；peri. 心包膜

（三）血细胞和造血组织

甲壳动物的血细胞既是细胞免疫的承担者，又是体液免疫因子的提供者，占血液量的 0.25%～1.0%。通常以细胞内颗粒的有无、多少和大小等特征为依据，将虾蟹类甲壳动物的血细胞划分为 3 类，即透明细胞、小颗粒细胞和大颗粒细胞（图 13-15）。透明细胞最小，具有最高的核质比，胞质电子致密度高，内含少量的均质颗粒。大颗粒细胞的胞质内含有数量最多、电子致密度最高的颗粒。小颗粒细胞的各项指标均居中。

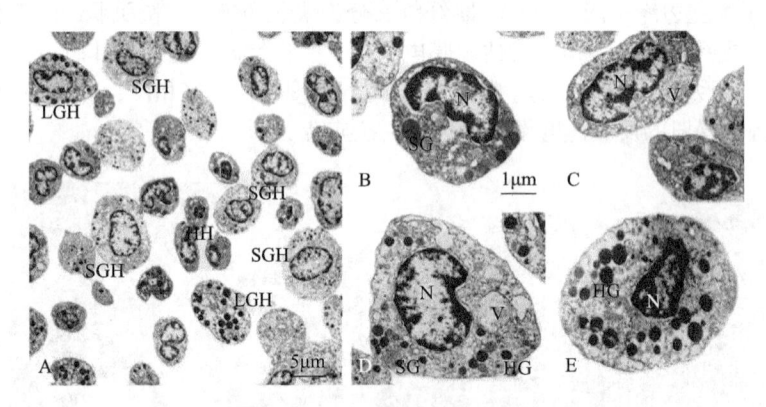

图 13-15　中国明对虾的血细胞
HH. 透明细胞；HG. 透明颗粒；LGH. 大颗粒细胞；N. 细胞核；SGH. 小颗粒细胞；SG. 致密颗粒；V. 囊泡

造血组织是虾类产生血细胞的主要场所。对虾的造血组织主要分布于胃的背部和两侧及头胸部附肢的基部，由许多紧密排列的小叶组成。小叶外由结缔组织包绕，小叶内由大量圆形或多边形细胞集合而成。造血组织中的细胞可以划分为不同的种类，包括核质比大的干细胞和正在向各种血细胞分化的过渡状态细胞（图 13-16）。

（四）神经节和神经分泌细胞

神经节是节肢动物中枢神经系统的主要结构，包括脑神经节、眼柄神经节、食道神经节、胸神经节、腹神经节等。十足目虾蟹类的神经节均由神经细胞、神经胶质细胞和疏松结缔组织构成。神经细胞的细胞体多呈圆形，大小不一，细胞质内分布有许多颗粒状的尼氏体（Nissl

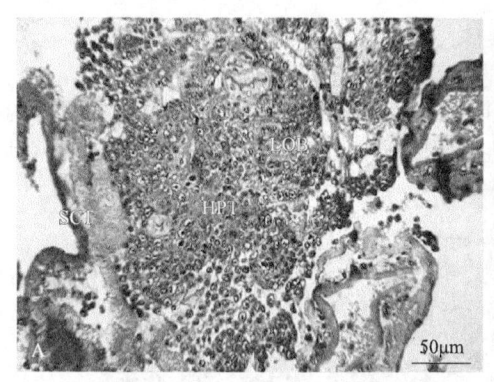

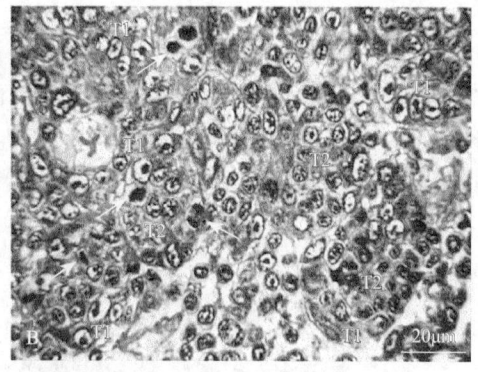

图13-16 中国明对虾的造血组织

HPT. 造血组织；LOB. 造血小叶；SCT. 海绵状结缔组织；T1, T2. 两类造血组织细胞；箭头示正在分裂的细胞

body），核为圆形或长椭圆形，核仁1个，异染色质少。神经胶质细胞分布于神经细胞周围，数量多、体积小，细胞核内含异染色质。根据细胞核的形态、大小及核内异染色质分布的差异，可以将神经胶质细胞划分为星形胶质细胞、少突胶质细胞、小胶质细胞等。

神经节内的许多神经细胞可分泌激素，这些激素由神经轴突释放到身体的特定部位，调节生命活动。例如，眼柄视神经节内的X器官便是由大量神经分泌细胞组成的，这些神经分泌细胞的轴突和丰富的血管组成窦腺，是神经激素的贮藏和释放中心（图13-17）。胸神经节中的神经细胞能够合成性腺刺激激素，促进性腺发育。

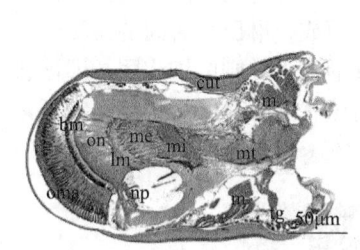

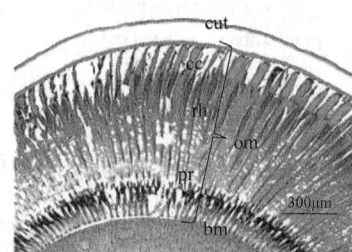

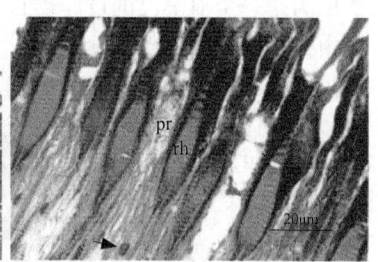

图13-17 美洲海螯虾的复眼和眼柄

bm. 小眼区基膜；cc. 晶锥；cut. 表皮；lm. 神经节层；m. 收缩肌；me. 外髓；mi. 内髓；mt. 端髓；np. 神经丛；oma. 小眼；pr. 近端小网膜；rh. 远端小网膜和感杆束

（五）复眼

甲壳动物大多数种类的成体具有1对复眼，位于头部两侧、眼柄的顶端。复眼由许多结构相同的小眼作扇形紧密排列而成，成熟个体的复眼约由55 000个小眼构成，每个小眼由屈光系统、视网膜、色素细胞及其衍生结构组成（图13-17）。

角膜是覆盖于小眼外表面的匀质而透明的结构，由其下方的成角膜细胞分泌而成，是视觉系统的外界限。角膜之下是晶状体和晶状体束，是角膜和感光器连接的通道，呈透明状。每个小眼的晶状体由4个细胞构成，其下为晶状体束。晶状体束向下逐渐变细呈细丝状与感杆束相连。小网膜细胞是光感受细胞，数个小网膜细胞在每个小眼中呈放射状排列。小网膜细胞为细长形，细胞核位于细胞顶端，细胞质中分布有大量的棕色色素，称为近端色素。小网膜细胞的细胞膜外延、相互交汇，形成感杆束。小网膜细胞发出的轴索穿过基膜，进入神经瓣。

(六)触角腺

触角腺又称绿腺,迷路是腺体的主体,其上皮以复杂的迷宫状分布,如美洲海螯虾的绿腺和迷路上皮(图13-18)。迷路上皮由单层近方形细胞组成,其中分布有大量的足细胞,具有排泄和调节渗透压的功能。

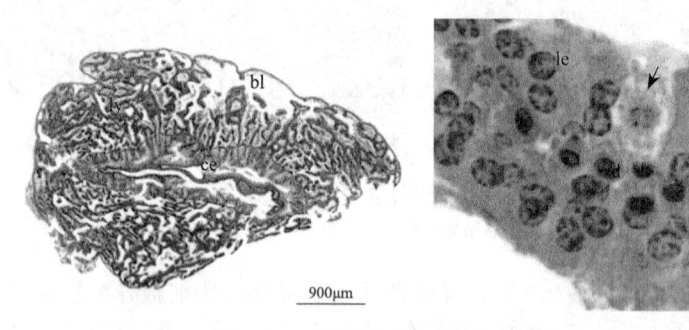

图13-18 美洲海螯虾的绿腺和迷路上皮
bl. 膀胱；ce. 体腔囊；ly. 迷路；箭头示足细胞

(七)淋巴器官

对虾的淋巴器官位于肝胰腺腹部前方,为一对半透明的对称囊状小叶,通过结缔组织膜与肝胰腺腹部前方相连。淋巴器官作为对虾循环系统的一部分,可以接收从心脏输出的血淋巴,被认为是一个血淋巴的过滤器官,对侵入机体的细菌和病毒有高效而特异的清除作用。淋巴器官由排列紧密的淋巴小管组成,它们是由胃次动脉末端多次分支而成,淋巴小管间的血窦中有少量网状结缔组织和游离血细胞,淋巴器官中有时可见大量椭圆形或不规则的细胞团,即球状体。球状体的直径不一,细胞密度较淋巴小管壁细胞稍大,有的球状体外有纤维包绕,常可见网状结缔组织构成的支架中依附有许多血细胞及直径较小的球状体(图13-19)。

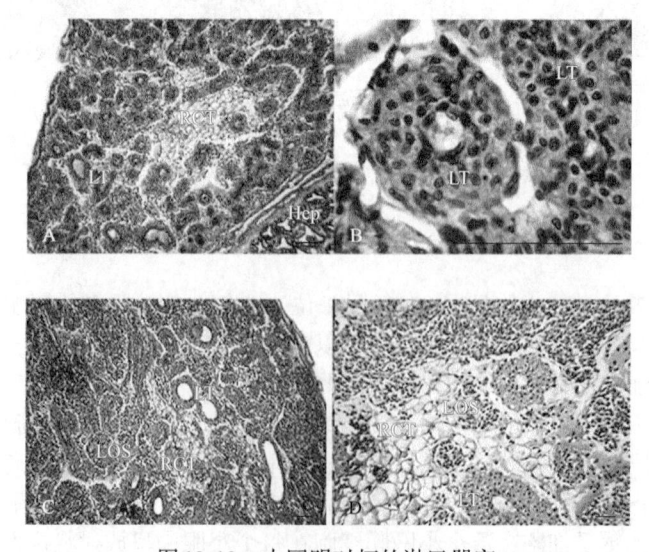

图13-19 中国明对虾的淋巴器官
A. 无球状体的淋巴器官；B. 淋巴器官放大；C. 具球状体的淋巴器官；D. 球状体放大。
LT. 淋巴小管；LOS. 球状体；RCT. 网状结缔组织

（八）中肠和肝胰腺

中肠由内胚层分化而来，是消化道最发达的部分，具有消化、吸收的功能。中肠派生结构包括肝胰腺（中肠腺）、中肠前盲囊和中肠后盲囊。

虾的中肠管壁由管腔向外依次为黏膜、黏膜下层、肌层和外膜。黏膜由上皮、固有膜和黏膜肌组成，其内表面向腔内突起形成皱襞；中肠前、后段褶皱较多，中段较平整。黏膜上皮为单层柱状上皮细胞，游离面具有微绒毛形成的纹状缘，上皮中包含未分化的干细胞、分泌和具有不同吸收功能的上皮细胞，如美洲海螯虾的中肠（图13-20）。中肠前段的上皮细胞可分泌围食膜包围食糜，围食膜具有保护中肠上皮细胞免受食物颗粒机械损伤，阻挡病原菌接触上皮细胞造成感染和促进营养物质消化吸收等作用。虾类中肠管壁的肌肉层较薄，不形成脊椎动物肠道中发达的内环和外纵肌肉。

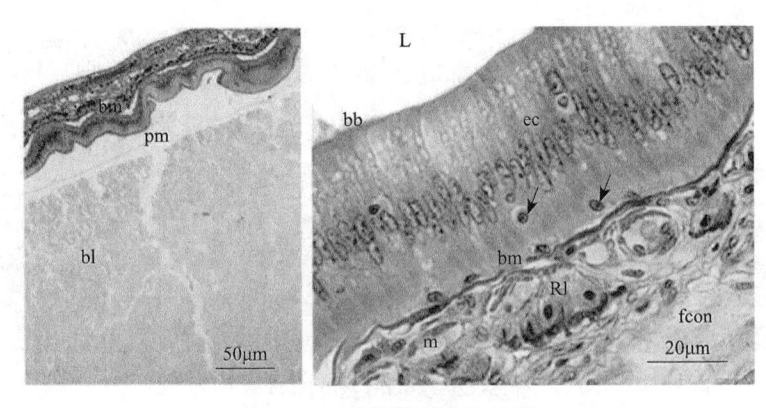

图13-20 美洲海螯虾的中肠

bb. 纹状缘；bl. 食糜；bm. 基膜；ec. 上皮细胞；fcon. 纤维状结缔组织；
L. 肠腔；m. 黏膜肌；pm. 围食膜

虾的中肠腺又称肝胰腺，由中肠前端向外突出的分支分化而来，是最重要的消化器官，也是食物消化、吸收的主要场所。肝胰腺由4类细胞组成（图13-21），E细胞是胚性细胞，它通常分布于腺管顶端，具有分化为其他类细胞的功能；R细胞是吸收细胞，它是腺管中数量最多的一种细胞，可吸收和贮存营养物质及代谢和贮存脂肪的功能；B细胞是分泌细胞，也是腺管中数量较多的细胞，其胞内的大泡中含有未消化食物残渣的多少可以反映饵料的利用程度；F细胞又称纤维细胞，可产生消化酶，它形成酶原颗粒以胞吐的方式释放到腺管腔中。短沟对虾肝胰腺中还发现一种M细胞，该细胞仅发生在蜕皮间期，具有从相邻B细胞和R细胞及血淋巴中吸收营养物质的功能。

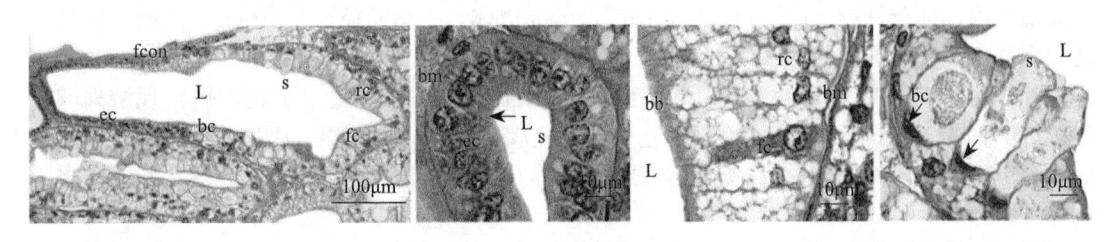

图13-21 美洲海螯虾的肝胰腺

bc. B细胞；bm. 基膜；ec. E细胞；fc. F细胞；fcon. 结缔组织；L. 腺管腔；rc. R细胞；s. B细胞分泌

（九）生殖腺及其年周期发育

对虾类多数为一年生性成熟，但雌雄性腺的发育和成熟并不同步。中国明对虾精巢于当年10月初即成熟，但此时卵巢却处于早期发育阶段，并且直到次年4月初才能成熟。眼柄X器官分泌的激素调控卵巢的发育成熟。在斑节对虾中，当切除一侧眼柄后，卵巢加速发育和成熟。

虾的卵巢1对，自头胸部向腹部延伸，位于肠道上方、心脏下方。卵巢为滤泡型，其外由结缔组织被膜包裹，内部为许多管泡状结构。管壁上的生殖上皮由两类细胞组成，一类为生殖细胞；另一类为辅助细胞，又称滤泡细胞。卵巢内的生殖细胞分为卵原细胞和初级卵母细胞，初级卵母细胞在卵巢内发育至第一次成熟分裂中期时成熟。根据初级卵母细胞的发育程度，人们习惯上将其划分为无卵黄卵母细胞、卵黄形成前期卵母细胞、卵黄形成后期卵母细胞和成熟卵母细胞（图13-22）。

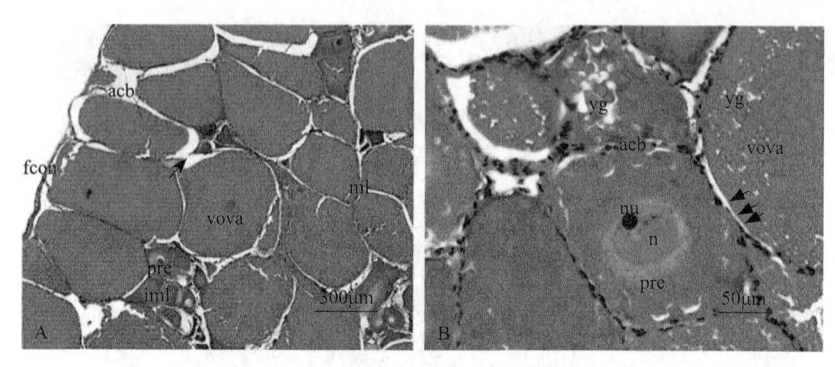

图13-22 美洲海螯虾的卵巢

acb. 辅助细胞边界；fcon. 结缔组织膜；iml. 卵巢的未成熟小叶；ml. 卵巢的成熟小叶；n. 卵母细胞核；nu. 核仁；pre. 卵黄形成前期的卵母细胞；yg. 卵黄颗粒；vova. 卵黄形成期的卵母细胞；箭头示卵细胞的皮质

根据生殖腺的大小、色泽及生殖细胞的形态、数量等特征，中国明对虾的生殖腺年周期发育通常被划分为6个时相。

Ⅰ时相（增殖期）：卵巢难以辨别或仅为无色透明的细条状。卵巢内只有卵原细胞（卵径约20μm），细胞质少、弱嗜碱性，细胞核1个、较大。

Ⅱ时相（小生长期）：卵巢半透明或白浊色。卵巢内卵母细胞逐渐增大，卵径为30~60μm，细胞质增多、强嗜碱性，核仁多个。

Ⅲ时相（大生长期）：卵巢体积迅速增大，呈浅绿或者黄绿色，不透明。卵母细胞周围由颗粒状滤泡细胞包围，卵母细胞内卵黄颗粒逐渐增多，卵径为70~140μm。

Ⅳ时相（近成熟期）：卵巢较饱满，呈绿色或者蓝绿色。大多数卵母细胞内卵黄增多，几乎充满卵内，卵母细胞皮质层出现少量椭圆形的周边体，平均卵径约为210μm。此时，卵巢内还出现许多小的卵母细胞。

Ⅴ时相（成熟期）：卵巢饱满，重量约占体重的15%，深灰绿色。卵泡腔内出现游离卵母细胞，卵径为340μm×170μm。卵母细胞皮质层充满辐射状排列的棒状周边体，细胞内核膜消失，处于第一次成熟分裂中期，其周围的滤泡细胞层破裂或消失。卵巢的增殖区内具有许多小的卵母细胞。

Ⅵ时相（产后期）：卵巢体积萎缩，呈灰白或者黄白色。卵巢内仍有许多小生长期的卵母细胞和部分未产出的成熟卵。在适宜条件下，小卵母细胞迅速发育为成熟卵，并再次排放。如此反复数次，直至卵巢发育休止。卵巢中没有排放的卵母细胞将解体并被吸收。

虾的精巢有1对，位于心脏下方，贴附于肝胰腺之上。精巢的结构与卵巢基本一致，也是滤泡型。其生殖上皮细胞历经精原细胞、初级精母细胞、次级精母细胞和精细胞，然而精细胞分化为精子的整个过程并非在精巢内完成，在精巢生精小管内仅见正在分化的精细胞，未见成熟的精子，成熟的精子直到贮精囊中才可见，如美洲海螯虾的精巢（图13-23）。精子是分批成熟，多次排放的。

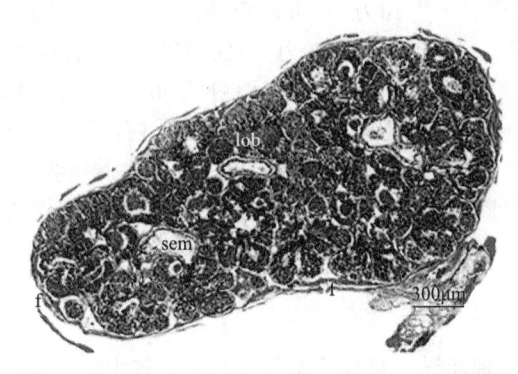

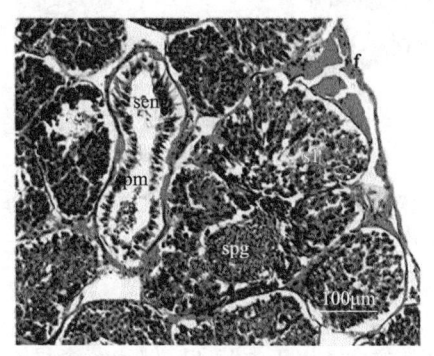

图13-23 美洲海螯虾的精巢

lob. 精巢小叶；f. 精巢被膜；sem. 输精管；spg. 精原细胞；spm. 成熟精子；s1. 初级精母细胞；s2. 次级精母细胞

二、虾的胚胎发育

虾类的许多物种在繁殖前需进行交配。一些物种还具有生殖洄游习性，生殖季节它们回到近海或者河口处产卵和繁殖后代。虾类产出卵子以两种模式发育，一种是卵子直接产于水中，在水中受精和发育。雌性个体一边游泳，一边将卵子和纳精囊内贮存的精子排于水中。中国明对虾、斑节对虾、长毛对虾等对虾类均属于此种繁殖方式。另一种是护卵发育，雌虾将排出的卵子黏附在母体的腹部游泳足上，直到孵化后离开母体。真虾、螯虾和龙虾等属于此种模式。

（一）虾的交配和产卵

对虾类纳精囊种类不同，交配的时间不同。具有封闭式纳精囊的对虾类（中国明对虾、日本对虾），交配发生于雌虾蜕皮后的软壳期。而具有开放式纳精囊的虾类（凡纳滨对虾、日本沼虾等），通常在雌虾临产前交配，并且在雌虾处于硬壳状态下完成。中国明对虾在当年秋季精巢成熟后，雄虾便尾随雌虾伴游，在雌虾蜕去旧壳、新壳尚未硬化时与其交配，并将精荚送入雌虾的纳精囊中。中国明对虾的精荚由豆状体和瓣状体组成（图13-24），豆状体进入纳精囊，瓣状体则留在纳精囊外作为已交配的标志，俗称"戴花"。瓣状体于交配后数天脱落，雌虾纳精囊微微凸起，呈乳白色。蜕皮和交配活动一般在夜间进行，交配时间非常短，为2~3min。此外，不同物种全年的交配持续时间和雄虾交配次数存在差异，中国明对虾的交配期是10月至11月，日本对虾则全年都能进行交配。雄虾可进行多次交配，日本对虾多达10~20次，通常每次交配后2~3d，纳精囊内又有新的精荚，可再次进行交配。交配期过后的雄虾多数死亡，雌虾交配后至产卵前不再蜕皮，直到卵巢成熟、产卵。如遇意外雌虾蜕皮，将导致精荚丢失，雌虾必须再次与雄虾交配。

虾类的产卵多发生在夜间，产卵量与虾的种类、个体大小相关。抱卵型虾类的产卵量普遍较低。例如，体长4～6cm的日本沼虾，抱卵量为590～5000粒/尾；龙虾为10万粒/尾；海螯虾为5万～9万粒/尾。卵子直接产于水中的对虾类产卵量高，通常为10万～100万粒/尾。例如，中国明对虾产卵量为50万～120万粒/尾，最多可达150万粒/尾；斑节对虾为30万～100万粒/尾，长毛对虾为20万～70万粒/尾。产过卵的亲虾在较好培养条件下，性腺可再次发育，并能再次产卵。中国明对虾在生殖季节，每个雌虾可产卵4～7次，每次间隔3～7d，产卵量以第一次产出的数目最多。

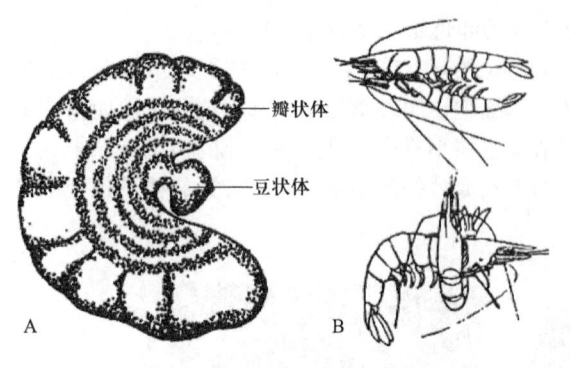

图13-24　对虾的精荚和交配
A. 中国明对虾精荚；B. 对虾交配

（二）生殖细胞

虾类的卵子属于中黄卵，但卵黄含量因物种而异。对虾的卵黄含量相对较少，对应的卵子直径较小。例如，中国明对虾刚产出卵子的直径小于0.3mm；螯虾等卵黄含量多的卵子直径相对较大，约为2.5mm。另外，对虾的卵膜薄而柔软，为卵子自身分泌的胶状物构成，卵膜无黏性，为沉性卵。龙虾和螯虾等的卵膜厚，又叫卵壳，其卵膜由输卵管分泌物和腹部附肢或腹节分泌物共同构成，该卵膜通常具有索状物并有黏性，可将产出的卵子黏附于附肢的刚毛上。对虾成熟卵内的皮质中分布有辐射状排列的皮质颗粒或皮质棒（图13-25），内质中分布着大量的线粒体。

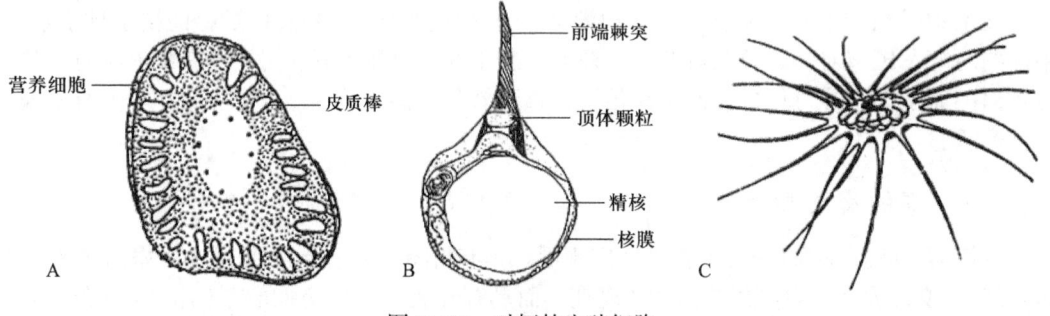

图13-25　对虾的生殖细胞
A. 日本对虾的成熟卵；B. 中国明对虾的精子；C. 螯虾的精子

虾类的精子为非鞭毛型，形态多样。例如，对虾、沼虾为图钉型，龙虾为囊泡型，螯虾为辐射型。电镜下，中国明对虾的精子可以划分为3个部分，即后主体部、中间帽状体和前端棘突（图13-25）。后主体部由细胞核和周围细胞质组成，在前端的细胞质中可见内质网，两侧细胞质中分布有若干囊泡和环状片层结构。细胞核占后主体部的大部分区域，其核膜明显，核质呈松散的细丝和絮状。中间帽状体由至少3种电子密度不同的结构组成，顶体颗粒位于前端棘突的基部，其两侧和后端是H形环状体，在环状体两侧后缘是膜囊结构，中间帽状体和后主体部被顶体内膜隔开。前端棘突由结构相异的膜状结构和棘突内质组成。对虾精子中未见与运动相关的细胞器，也没有提供运动的能量来源。

（三）受精

虾类为单精受精，但中国明对虾有多精入卵的现象。雌虾产卵时，位于纳精囊中的精荚破裂，精子得以释放并与卵子受精。虾类精子入卵前是否需要获能，目前观点不一。凡纳滨对虾从精荚中获取精子便可成功受精，因此被认为无须获能；但中国明对虾精荚中的精子和纳精囊中的精子形态结构不同，因此被认为需要获能。日本对虾刚排入海水中的卵子处于第一次成熟分裂中期，其皮质中的皮质棒为未激活状态；卵子遇水后，将发生稍许膨大，此时皮质棒被激活，其向卵子表面迁移，局部细胞质突起形成受精锥（图13-26）；之后，皮质棒抵达卵子内表面并与质膜融合，皮质棒内含物释放，这些内含物与卵外的胶膜一起构成受精膜，具有保护其内胚胎正常发育的作用。精子入卵后，卵子被激活，先后释放出第一、第二极体。

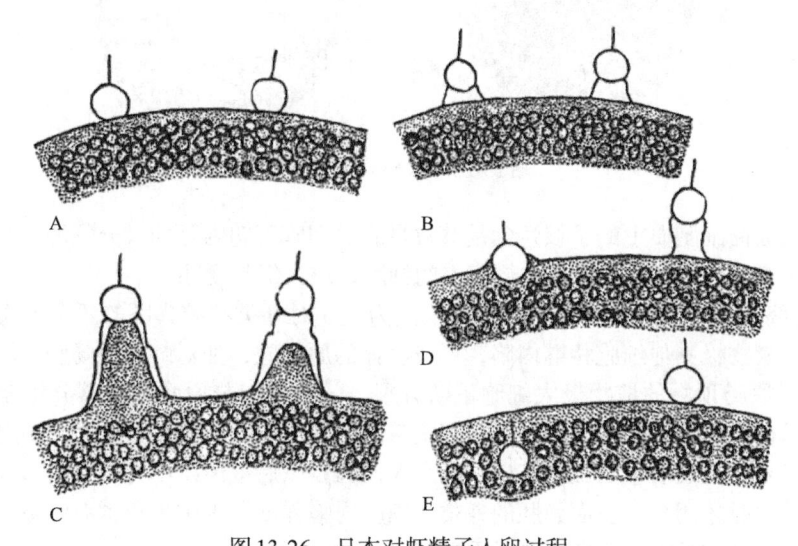

图13-26 日本对虾精子入卵过程
A. 受精锥尚未出现；B. 受精锥开始升起；C. 卵质与精子头部接触；D, E. 精子入卵

（四）早期胚胎发育

1. 卵裂和囊胚 卵裂的方式受卵黄含量多少的影响，虾类的卵裂分为完全等裂和表面卵裂两种方式。对虾类的卵子内卵黄含量相对较少，为完全等裂模式（图13-27）。分裂球完全分开，第3次卵裂开始，卵裂球发生扭转，呈螺旋卵裂特征。中国明对虾胚胎在32细胞时，卵裂腔被完全封闭，形成有腔囊胚。螯虾和白虾等卵黄量多，卵裂为表面卵裂（图13-28）。合子核在卵子内部经过多次分裂，子核逐渐迁移到卵子表面的薄层细胞质中，暂时形成合胞体囊

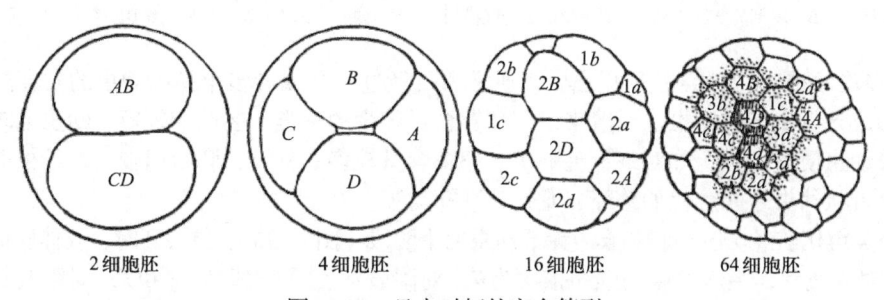

图13-27 日本对虾的完全等裂

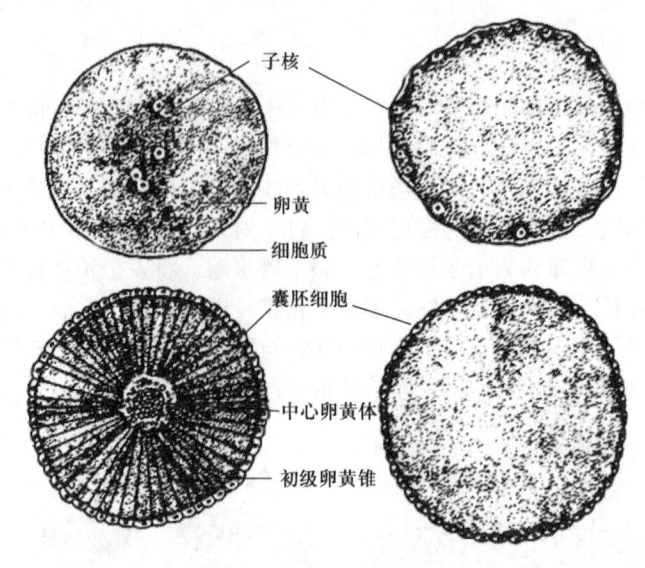

图13-28 螯虾的表面卵裂

胚；当迁移到表面细胞质中的子核达到足够数量时，细胞膜向内延伸，分隔每一个细胞核及其周围细胞质，最终在卵黄表面形成一层完整的细胞，成为细胞囊胚。

2. 原肠胚 虾类的原肠胚形成以内陷法为主。对虾类有腔囊胚的两个植物极大细胞首先内陷，之后植物极其他细胞相继内陷，形成明显的原肠腔，如对虾的原肠胚（图13-29）。在内陷过程中，原肠顶端的植物极大细胞不断分裂，部分细胞与原肠壁脱离分化为中胚层母细胞，它们是肌肉、血液和结缔组织发生的细胞基础；其他原肠细胞将分化为内胚层细胞，它们是表皮和内脏器官上皮发生的细胞基础。胚孔大而圆，以后逐渐缩小为小三角形或裂缝状，并在膜内无节幼虫时才闭合。表面囊胚的虾类，细胞内陷程度均因中央卵黄而受限，如螯虾的原肠腔较浅，长臂虾和日本龙虾则不出现原肠腔。

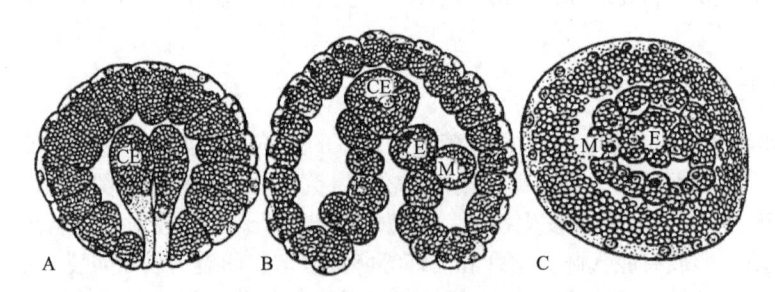

图13-29 对虾的原肠胚
A. 早期原肠胚；B. 晚期原肠胚纵切面；C. 晚期原肠胚横切面；E. 内胚层细胞；M. 中胚层细胞；CE. 中内胚层母细胞

3. 膜内幼虫 虾类原肠胚之后，通常需要经过一个或者多个膜内幼虫的发育过程，然后孵化形成自由生活的幼虫。一般来讲，卵黄含量较少的种类，胚胎期较短、幼虫期较长，发育至无节幼虫便可孵化，如对虾、毛虾等。卵黄含量较多的种类，胚胎期较长、幼虫期短，通常发育至蚤状幼虫才能孵化如螯虾、龙虾、真虾类等。

对虾类孵化前经历肢芽胚和膜内无节幼虫两个阶段（图13-30）。肢芽胚时，胚体腹面两侧先后突出3对附肢芽，突起发生的顺序依次为第2对附肢芽、第3对附肢芽和第1对附肢芽；胚体前端外胚层形成神经外胚层，内部充满中胚层和内胚层细胞，原肠腔和囊胚腔均已消失，胚孔尚未闭合。在肢芽胚向膜内无节幼虫发育的过程中，胚体的头端腹面中央产生一个红褐色的眼点（单眼）；第2对和第3对附肢芽分化为双肢型的大触角和大颚，第1对附肢芽分化为小触角；胚孔闭合。胚体的内胚层细胞主要分布于幼虫的前半部，细胞体积大、细胞质着色浅、分裂慢；中胚层细胞则主要分布于后半部及各附肢之间，细胞体积小、细胞质着色浅、分裂迅速。膜内无节幼虫在卵膜内经过短暂的转动后，便以尾棘刺破内膜和外膜，破膜而出，成为无节幼虫。

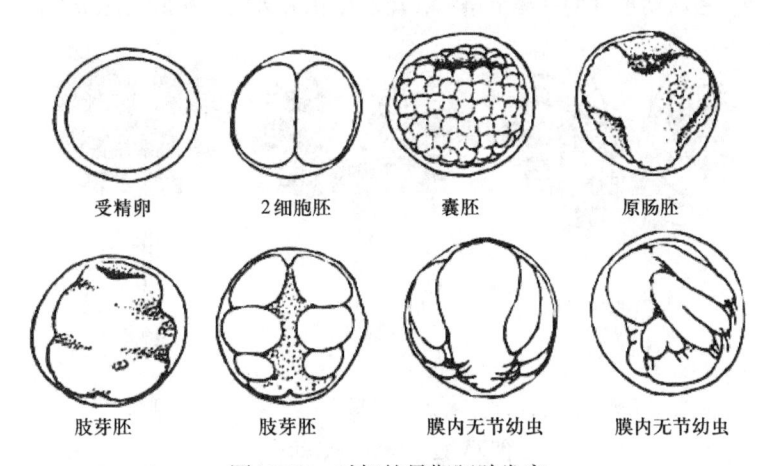

图13-30 对虾的早期胚胎发育

虾类不同种类的胚胎发育速度和孵化时间不同，水温是重要的影响因子。日本对虾受精卵在28℃水温下，14~15h皆可孵化。凡纳滨对虾在26.8~29.5℃时，需要11.3~15h孵化。中国明对虾在水温为16~17℃时，历时36~40h才能孵化。

（五）幼虫发育

对虾类孵化出的幼虫需要经过无节幼虫、蚤状幼虫、糠虾幼虫的发育阶段，然后变态形成仔虾。

1. 无节幼虫 对虾最早孵化出的幼虫，身体略呈卵圆形、不分节，前端腹中线处具有1个眼点，体侧3对附肢，附肢游离端具有刚毛，幼虫以大触角作为游泳器官。此阶段幼虫消化道未打通，不能摄食，幼虫以卵黄为生。中国明对虾无节幼虫蜕皮6次，分为6个时期；以附肢刚毛是否羽状、尾凹是否产生、尾棘的数量等作为鉴别特征（图13-31）。无节幼虫Ⅰ期：所有附肢刚毛光滑，无尾凹，尾棘1对（长尾棘）；无节幼虫Ⅱ期：附肢上长出羽状刚毛，尾棘1对；无节幼虫Ⅲ期：尾部末缘中间凹陷形成尾凹，尾棘3对；无节幼虫Ⅳ期：尾凹加深，尾棘4对，长尾棘上有许多小刺；无节幼虫Ⅴ期：尾部进一步增长，尾凹加深，尾棘6对；无节幼虫Ⅵ期：尾棘7对，居中3对的侧缘均具有明显的小刺，头胸甲初具雏形。

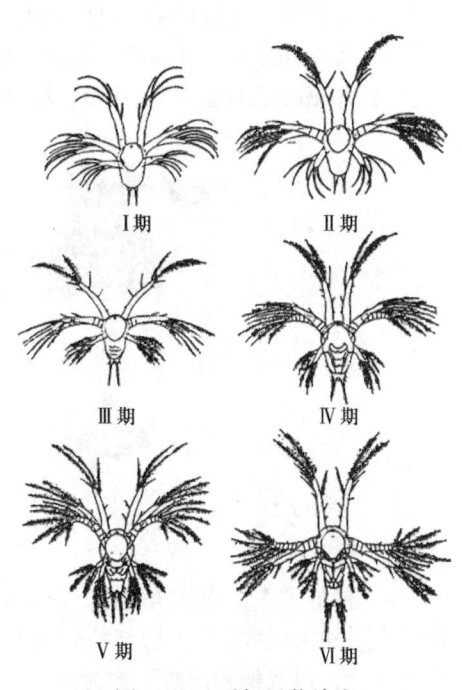

图13-31 对虾无节幼虫

2. 蚤状幼虫 此期幼虫形态与成体水蚤类动物很像，故得名。蚤状幼虫身体分节，头部和部分胸部形成宽大的前部体躯，背覆头胸甲；部分胸部和腹部形成后部体躯，其细长，但在尾叉处变宽。消化道打通，开始摄食；以滤食为主，后期转为主动捕食。中国明对虾蚤状幼虫蜕皮3次，分为3个时期；以额角是否产生，复眼的有无，是否具柄、尾肢和尾节，是否形成尾扇等作为鉴别特征，如对虾蚤状幼虫（图13-32）。蚤状幼虫Ⅰ期：头胸甲光滑、无棘刺，复眼锥形，包被在头胸甲下面，无眼柄；蚤状幼虫Ⅱ期：头胸甲前端中央生出额角（额剑），复眼具柄，可自由活动；蚤状幼虫Ⅲ期：尾节增大，尾肢生出并外露，尾肢与尾节共同形成尾扇。

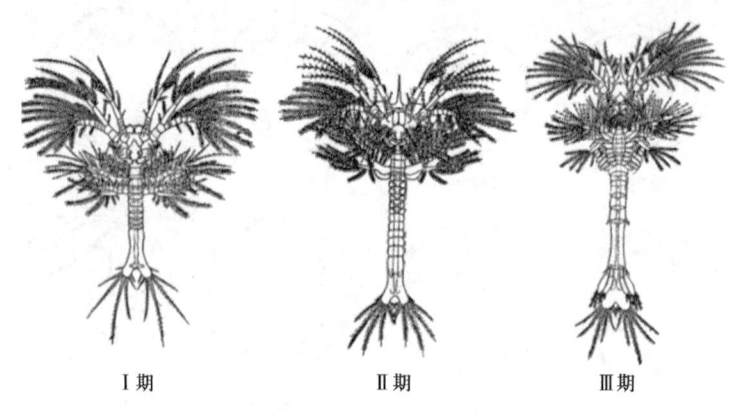

Ⅰ期　　　　Ⅱ期　　　　Ⅲ期

图13-32　对虾蚤状幼虫

3. 糠虾幼虫 身体由头胸部和腹部组成。头胸部为头部和胸部愈合而成，外被头胸甲。19对附肢全部长齐，胸部附肢（步足）双肢型，作为游泳器官；腹部附肢（游泳足）的内、外肢开始生长，但尚未长成。糠虾幼虫捕食能力增强，以浮游动物为食。中国明对虾糠虾幼虫蜕皮3次，分为3个时期；以胸部附肢内肢是否长于外肢、内肢是否生出螯或爪、腹部游泳足是否分节等作为鉴别特征（图13-33）。糠虾幼虫Ⅰ期：步足短小、一般3节、内肢短于外肢、尚无螯和爪的构造，游泳足5对、乳头状；糠虾幼虫Ⅱ期：步足内肢明显增大，分5节，前3对生出螯、后2对生出爪，游泳足明显增大，2节；糠虾幼虫Ⅲ期：步足增大，内肢长于外肢，游泳足呈指状。

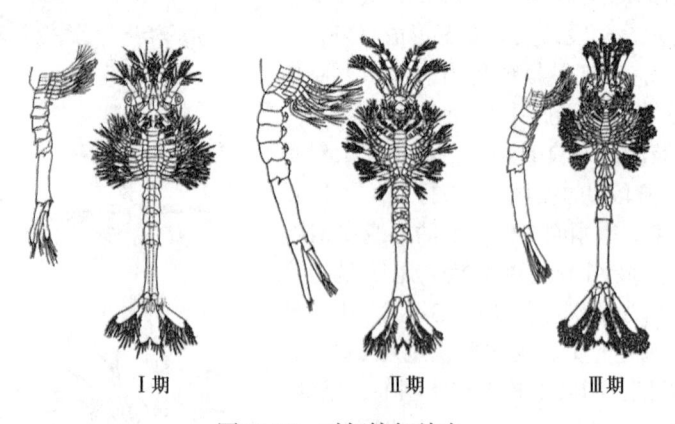

Ⅰ期　　　　Ⅱ期　　　　Ⅲ期

图13-33　对虾糠虾幼虫

4. 仔虾 又称后期幼虫。此期幼虫步足失去外肢，腹部游泳肢发育完善，作为主要游泳器官。幼虫尾棘和一些腹部棘刺消失，平衡器和交接器等器官发生。幼虫做水平运动并转入底上生活，以底栖和浮游生物为食。中国明对虾仔虾蜕皮14次以上，可以分为14个时期或以上；以额剑齿数和尾节形态作为分期依据（图13-34）。

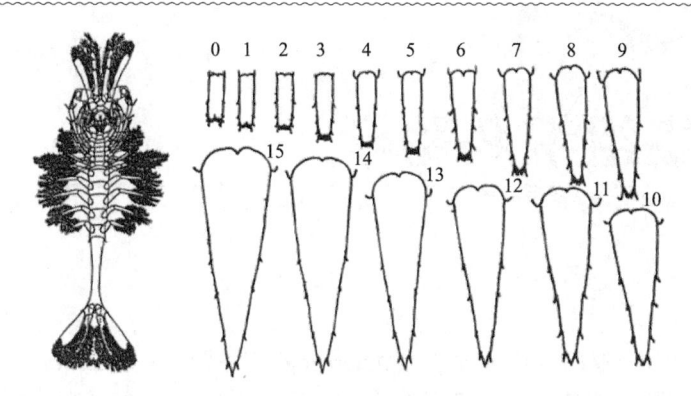

图13-34　对虾仔虾Ⅰ期和各期仔虾尾节形态

（六）蜕皮与生长

甲壳动物体表由于有坚韧的外骨骼束缚，限制了它的渐进式生长。当它们的身体充满外骨骼内的空间时，这类动物通常会蜕去旧皮、重新形成新皮，这种脱去外骨骼的过程称为蜕皮（ecdysis）。甲壳动物幼虫的生长发育和个体生长都伴有蜕皮的发生，蜕皮不仅影响幼虫的发育速度，也影响动物的形态、生理和行为。幼虫每蜕皮一次，其形态构造也愈来愈复杂，内部器官也愈来愈完备。中国明对虾自幼虫孵出后，需要经过12次蜕皮才能变态发育成为仔虾，仔虾再经过14～22次蜕皮后才能发育成幼虾。游泳虾类的生命周期内，每隔数天或者数周便蜕皮1次，龙虾、螯虾及蟹类等甲壳厚的种类，蜕皮间隔较长，其幼虫蜕皮每年8～12次，成体通常一年内仅蜕皮1～2次。

虾蟹类的蜕皮多发生在夜间。蜕皮起始于体壁上皮细胞分泌酶水解内表皮，使原有的外骨骼与上皮层分离，如甲壳动物蜕皮示意图（图13-35）；伴随着内表皮被水解而变薄，上皮细胞开始分泌新外骨骼，依次产生上表皮和外表皮；蜕皮液不断溶解内表皮，柔软的新外骨骼不断产生并在新、旧外骨骼之间发生褶皱；当旧的内表皮完全松动，新外骨骼形成后，动物大量吸水，旧的外骨骼从一定部位（龙虾在头胸甲后缘和第一腹节背部相连处）裂开，动物弹动身体并从裂缝中钻出，脱离旧的外骨骼。蜕皮期较短，一般为数秒或者数分钟。动物一旦脱去旧壳，便通过吸入空气和水分使身体迅速膨胀，使柔韧的新壳扩张；之后，上皮细胞开始分泌新的内表皮，新的外表皮则通过骨化作用或者钙盐沉积等而硬化，体长不再增加；内表皮持续分泌，直至达到正常厚度。

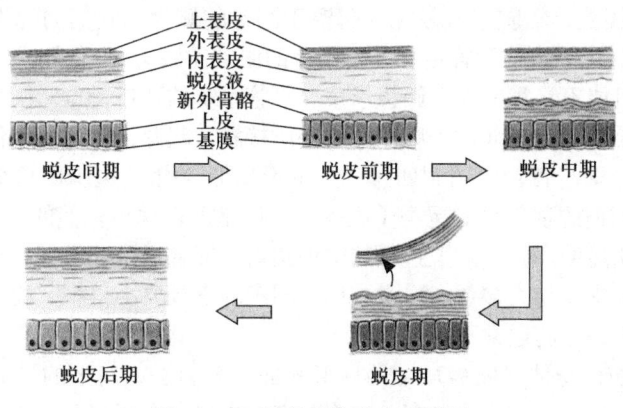

图13-35　甲壳动物蜕皮示意图

第十四章
棘皮动物组织胚胎学

棘皮动物门由3个亚门［海星亚门（Asterozoa）、海胆亚门（Echinozoa）、海百合亚门（Crinozoa）］5个主要纲组成。海星亚门包含两个现存的类别：海星纲（Asteroidea）（海星、海雏菊）和蛇尾纲（Ophiuroidea）（脆皮星、篮星）。海胆亚门包含两个现存的类别：海胆纲（Echinoidea）（海胆、沙钱）和海参纲（Holothuroidea）（海参）。海百合亚门仅包含一个现存的类别：海百合纲（Crinoidea）（羽毛星、海百合）。现存的棘皮动物有7000种。所有的棘皮动物都是海洋性的，而且几乎都是底栖的。通常海星亚门和海胆亚门是运动的，而海百合亚门多是固着的，少数海百合已被证明可以游很远的距离。棘皮动物在其他无脊椎动物门类中似乎没有近亲。

棘皮动物的大多数成员是雌雄异体，进行有性生殖，少数物种进行无性生殖。海参类是雌雄异体的。由于外伤或被捕食，一些海星纲和海参纲可能会通过分裂进行无性繁殖。不同种类棘皮动物的食性差异很大，海星亚门是肉食性动物，海胆亚门和海百合亚门是食草和滤食性动物，而海参纲是食碎屑/腐食性（detritivore）动物。

第一节 棘皮动物解剖

所有棘皮动物的共同特征包括具有辐射对称（五面对称）、三面对称的体腔和由"可变胶原组织"连接的方解石内骨骼板（真皮小骨）组成的体壁。大多数内部器官包括消化系统、生殖系统、神经系统、呼吸系统和一个独特的水管系统，在亚门之间具有相似的基本结构。基本的棘皮动物身体平面图有10个部分：5个辐射对称轴（辐腕或臂）与5个辐间带交替。通常情况下，口腔表面有一个中央口和一个包含肛门的反口面。棘皮动物尽管有这些共性，但形态差异还是非常显著的。

海星的体平面由一个中央圆盘组成，通常有5条辐腕，但在某些物种（太阳海星）中多达40条或更多的单独辐腕。辐腕基底较宽，起源于圆盘的侧缘，它们向远端逐渐变细，每条辐腕终止于一个或多个触手状感觉管足和一个红色的眼点（眼斑）。背侧是反口面，在中央圆盘的中心包含肛门，可能不是很明显。筛板承载着水管系统的开口，位于圆盘的一侧，靠近第一和第二辐腕的辐间带。口腔表面位于腹侧并与基质接触。起源于口部并延伸到每条辐腕的长度是一个突出的凹槽，即步带沟。两到四排管足位于步带沟内。边缘由可移动的体刺排列，这些体刺可以闭合在凹槽的顶部。蛇尾类（脆皮星、篮星）表现出相似的形态。它们通常有5条辐腕，但这些辐腕明显偏离圆形到五边形的中央圆盘。辐腕通常非常长、纤细且非常灵活。在篮星中，辐腕高度分支。与大多数海星类相比，圆盘的直径要小得多。蛇尾类没有步带沟，管足没有远端吸盘，因为它们通常不用于运动。

海胆纲缺少辐腕，身体呈略微压缩的球形平面（海胆）或扁平的平面（海饼干、沙钱）。与海星类似，它们的反口面有中央肛门，口腹面有中央口。海胆有10个径向切面，由5对步带板和5对间步带板交替组成，它们会聚在口极和反口极形成外壳。步带板承载管足，并由内部与水管系统壶腹相连的孔隙贯穿，而较大的间步带板缺乏管足。在口腔表面，两板相遇，在中心形成一个大孔，包含口腔和周围的口周膜。口周膜周围有5个专门的管足（口管足）和5对鳃。在反口极，肛门被一层圆形的膜包围，即肛周膜。有一个由5个特殊的板（生殖板）组成的环，围绕着肛周膜，其中一个被修饰成筛板。另外5个较小的板，即眼板，与生殖板相互交叉。这10个板一起形成了顶端系统。

体刺沿步带和间步带区域对称排列，最长的脊柱在中间，最短的体刺在两极附近。大多数海胆都有长的主刺和较短的次生刺，它们均匀分布在表面上。有些物种只有主刺。刺是圆柱形的，逐渐变细，并通过结节附着在板上，类似于球窝接头。与海胆相比，沙钱和海饼干具有背腹压缩的身体结构，但解剖特征相似。腹侧步带区域被称为叶状体，管足经过改良可发挥喂养和黏附功能。背部步带区称为瓣状体（或花瓣），管足宽而扁平，专门用于呼吸（鳃）。

海参的主体轴较长，包括嘴在内的口腔表面位于身体的前端，体轴与基底平行。口经常被特化的管足（口管足）包围，管足很大且高度分支。位于基底上的身体腹侧面包含三个称为脚底的步行足。背侧包含两个步行足。一些穴居物种缺乏这种分化。管足可以排列成突出的行，均匀地分布在表面上，或者不存在。当存在管足时，腹面的管足通常有吸盘。而当那些背表面的管足大大减少时，通常缺乏吸盘。

海百合类（海百合）的身体结构与之前讨论的亚门不同。它们有一个从反口面延伸出来的长柄，将动物附着在相邻的基质上。口腔表面位于身体的最上部（冠）。冠表现出与其他棘皮动物身体相似的形态。它由一个中央圆盘带有严重钙化的反口花萼和一个被称为被盖的口（背）膜壁组成。嘴通常位于中心或靠近中心的位置。步带沟从口部向外辐射，穿过被盖并进入辐腕。肛门在间步带的口腔表面开口，通常位于突出的肛门锥的尖端。辐腕从冠边缘辐射，通常为5~10个。在某些物种中存在额外的分支。在海羽星中，每条手臂都有一系列羽状排列的关节附属物，称为针状体，形成羽毛的外观。步带沟的存在和排列类似于海星。沿边缘有可移动的襟翼（缘瓣），交替暴露或覆盖凹槽。三个管足在其底部融合在一起，位于每个缘瓣的内侧。

在大型海星纲中，从口腔表面进行大体解剖。可以收集形态、测量数据（重量、圆盘直径、辐腕长度）并将动物置于背卧位。圆盘可沿体壁的辐射对称轴/辐间带连接处圆周打开，露出肠道和性腺。每条辐腕都可以沿两个侧面打开，去除步带沟以暴露幽门盲囊、性腺和管足（壶腹）的内部。将动物浸入海水（天然或人工）中进行解剖可以帮助器官保持在更自然的位置，并使它们更容易进行大体评估和解剖。可以将单个器官样本收集到10%福尔马林中用于组织学，包括体壁切片。在海胆纲动物中，有两种解剖方法，身体可以沿标本的赤道圆周打开，也可以通过肛门和嘴从背侧到腹侧打开。海参类可以通过两个方向的切口打开，从口开始，沿着两个背侧的侧面一直到肛门的水平方向。去除体壁的背侧后，很容易看到体腔。

第二节　棘皮动物组织学

以下部分描述了棘皮动物器官、系统的组织学特性，说明了每个器官、系统的主要特征。

一、体壁/肌肉骨骼系统

棘皮动物的体壁由三层组成：①外层单层表皮；②包含内骨骼和肌肉的中间结缔组织真皮

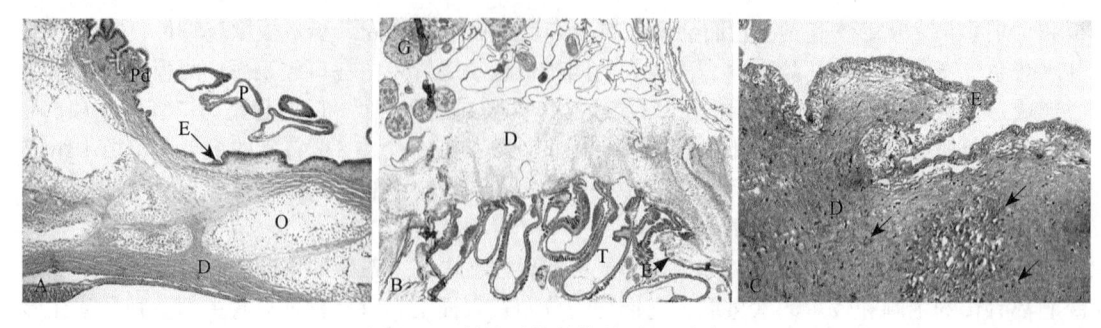

图 14-1　棘皮动物的体壁（HE染色）

A. 赭色海星（*Pisaster ochraceus*），100×；B. 白海胆，40×；C. 加州巨型海参，100×。
D. 真皮；E. 表皮；G. 性腺；O. 箭头，小骨；P. 皮鳃；Pd. 叉棘；T. 管足

层；③内部单层体腔上皮内衬（图14-1）。与表皮相连的是感觉神经网（外神经网或表皮下神经丛），一个类似的感觉和运动神经网络与体腔上皮（下神经网络）有关。神经网络在HE染色的组织学切片上很难被识别。由蛋白聚糖和黏多糖组成的多层角质层覆盖在表皮表面，但在固定和加工过程中经常丢失。角质层可以通过透射电镜识别。在海胆纲、海星纲和蛇尾纲中，主要描述了三个层：①纤维外层；②粒状中层；③纤维内层。海百合缺乏内部纤维层。海参纲具有独特的外小粒层和纤维颗粒内层。在某些物种中，共生细菌占据了角质层和表皮之间的空间。表皮细胞的微绒毛和纤毛伸入角质层的下两层，但不延伸到外层。

表皮由几种细胞类型的简单立方或柱状上皮组成，通过电子显微镜可以进行最佳区分。这些包括支持细胞、分泌细胞、色素细胞、虹膜细胞、感觉细胞、神经细胞和体腔细胞。支持细胞在其顶端有微绒毛，并且可能有纤毛。它们具有位于基部的椭圆形核和突出的核仁。分泌细胞无纤毛，仅在顶端存在微绒毛。虽然电子显微镜可以识别5种类型的分泌细胞，但通过光学显微镜可辨别的特征是液泡大小、形状和染色特征的变化。这基本上区分了两种细胞类型：黏液腺细胞，含有细颗粒的内容物及充满粗球的胞状细胞（图14-2）。在一些棘皮动物，尤其是海胆纲动物中，上皮细胞类型可能难以在组织学上区分。在皮鳃周围区域（海星纲用于呼吸的体腔外翻），表皮可能含有具有特殊分泌物的多细胞腺体。感觉神经细胞体及其轴突在表皮的基部可见，通常称为表皮下神经丛（或外膜神经网）。感觉层在皮鳃附近最薄，在口腔区域最厚，形成口周神经环。感觉层通常在骨化附肢基部周围形成一个环。由于它们的吞噬和可将废物排泄到环境中的作用，体腔细胞可能存在于表皮中。它们的特点将在后面描述。体腔由一层简单的鳞状稀疏纤毛上皮细胞组成。

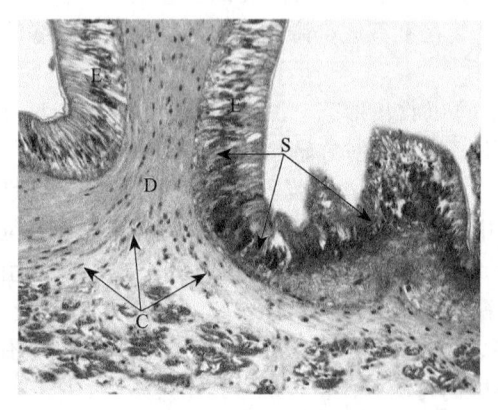

图14-2　向日葵海星（*Pycnopodia helianthoides*）的表皮

单个细胞类型很难用光学显微镜辨别。
E. 柱状表皮；S. 分泌细胞；D. 下层真皮；C. 体腔细胞；李氏亚甲蓝（LMB）染色，400×

真皮由可变的胶原组织和相互连接的板组成的内骨骼构成，这些板可以铰连形成刚性结构。内骨骼由富含镁的碳酸钙组成，如镁方解石，缺乏有机基质。代替钙的镁是棘皮动物骨骼相对于其他无脊椎动物的独特特征。内骨骼板具有各种形状，通常称为小骨。小骨被分离成由

胶原韧带和骨骼肌相连的交叉小节（图14-3）。它们通常由结节装饰，结节与可移动的骨化附肢相连，如体刺或钙质突起、叉棘和小球体。称为桩的特殊小骨存在于某些海星物种的反口面，有助于掘穴。在蛇尾类动物中，小骨形成称为盾的较大板，每个臂节（条）由4个盾组成，两个侧盾、一个反口盾和一个口盾，侧盾有大刺。由于骨板融合且固定，虽然脊椎关节处仍有肌肉组织，但海胆类动物体壁上缺乏肌肉层。在海参类动物中，小骨存在但很小并且随机分布在整个真皮层。一些类群有成对特殊的小骨、锚和锚板，它们有助于将缺乏管脚的物种附着到基底上。口腔和食道周围有一圈发育良好的小骨，为口管足提供了附着位点。沿着每个步带存在发达的平滑肌纵向带。

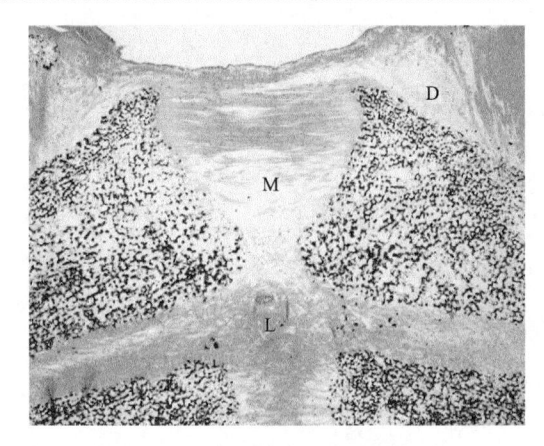

图14-3　向日葵海星中的听小骨
显示真皮（D）、韧带（L）和肌肉（M）；硝酸银染色，200×

在组织学上，内骨架由三维晶格结构即立体结构组成。脱钙后，方解石小梁清晰可见，这可能是人为折叠的。边缘小梁的富含液体的基质形成蜂窝状结构，并含有产生、修饰和包裹骨架的硬化细胞（图14-4）。硬化细胞是一种星形间充质细胞，通常与骨小梁接触，在发育完全的小骨中稀疏。在生长的小骨中，硬化细胞形成合胞体。体腔细胞在基质中很常见，但不一定均匀分布，并可能导致炎症的假象。吞噬细胞能够从小骨中重新吸收方解石。在海胆动物中，这些被称为破骨细胞，它们是类似于破骨细胞的合胞体吞噬细胞。

图14-4　赭色海星的听小骨
显示了硬化细胞（塑化切片）；LMB染色，400×

骨性附属物的组成部分与体壁相似。它们都被表皮覆盖，并含有上述真皮组织的组合。海胆动物体刺由类似的网状内骨骼组成，具有中央网状结构或中空区域，周围有放射状的纵向隔膜。其中可变胶原组织的韧带（即捕捉器）被平滑肌细胞束包围（图14-5）。一些海胆的远端刺可能被毒囊包围，毒囊具有胶原结缔组织壁，管腔内含有分离的细胞和碎片。叉棘存在于海胆纲和海星纲中，可清洁体表并防止沉积物和小生物。

在显微镜下，它们由一个带有可移动头部的茎组成（图14-6）。叉棘可根据头部的大小和形状及颚的数量（即三齿、三叶、蛇头和球叶）分为多种类型。大多数情况下，它们具有三个细长且远端狭窄的下颌，每个下颌由瓣型小骨

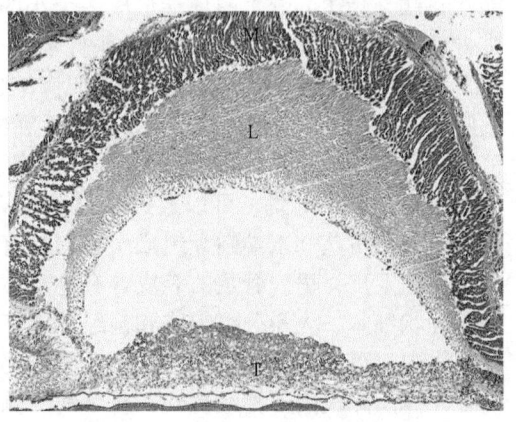

图14-5　白海胆棘底部的球窝关节
M. 肌肉；L. 韧带；T. 甲壳；HE染色，400×

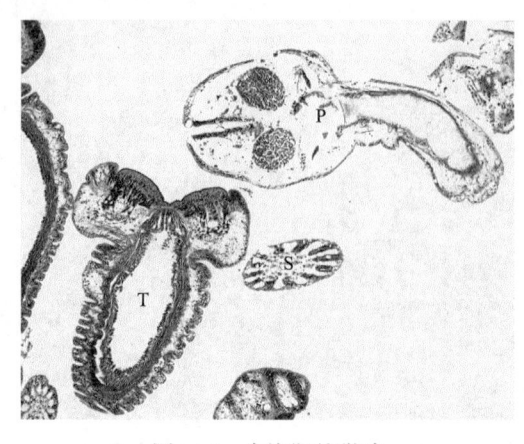

图14-6　白海胆的附肢
P. 叉棘；S. 脊椎；T. 管足；HE染色，100×

支撑，并由内收肌、外展肌和屈肌提供。后者可能由平滑或横纹肌细胞组成。茎由杆状小骨支撑，小骨可向远端过渡到充满黏液物质的空腔。表皮与覆盖甲壳（test）的表皮相似，但可能沿茎和内颌有大量纤毛。球形叉棘可能在内颌上带有毒囊或表皮腺，这些大概由不止一种类型的分泌性上皮细胞组成。

内骨骼之间的真皮空间由填充有星状细胞的纤维结缔组织组成。一种称为可变胶原组织的独特结缔组织存在于所有种类的棘皮动物的体壁中。可变的胶原组织通过非肌肉神经系统进行控制，并且可以在一秒到几分钟内将其机械特性从松弛变为僵硬。可变胶原组织（也称为捕获结缔组织）的组织学特征与脊椎动物中存在的致密不规则和规则结缔组织没有什么不同。它由单个胶原纤维组成，中间有基质，根据物种的不同，它们以垂直或平行的阵列排列。散布在纤维和基质中的是少量的免疫细胞（桑椹细胞、体腔细胞）。这种组织的功能因物种和体壁结构而异。在海参类和海星类中，这种组织在整体身体健康状态中起着重要作用。在所有物种中，它在自体切除中都发挥着重要作用。

二、水管系统

水管系统是一种水压系统，用于附着基质、运动及在某些棘皮动物中操纵猎物，由筛板、石管、环口管、辐水管、壶腹和管足组成。在许多物种中，管足在呼吸和排泄中也起着重要作用。筛板是海星、沙钱、海胆的反口面和海蛇尾口腔表面的多孔小骨。在海参中，筛板位于内部。筛板起到与周围海水连通的阀门的作用。筛板和石管保持水管系统中的液体量。体腔液充满水管系统，在渗透和离子上与海水相似。

当在圆盘或甲壳表面出现时，筛板表面有类似于表皮的上皮细胞。它与由涡旋状钙质环或骨针组成的石管相连（图14-7）。石管连接到产生5个辐水管的口周环管。在海胆纲中，环管可能在每颗牙齿（tooth）的顶端形成一个小的外袋，称为小泡（polian vesicle）。辐水管通过步带骨延伸到辐腕中，或在海胆纲中延伸到内步带表面。它们终止于管足，管足由一个内球（壶腹）和一个外足组成。纤毛肌上皮是肌肉细胞和支持细胞的组合，在组织学上类似于立方上皮细胞，排列在水管系统的整个内部。纤毛在内管中产生流动以帮助液体运输，而肌肉收缩产生液压以移动管足。肌上皮衬里的外部是结缔组织层和体腔上皮细胞的外层。

壶腹是细长的囊，可以通过瓣膜（valve）与辐水管分开，并具有圆形和纵向的肌肉纤维层。管足由茎和末端圆盘组成。它们具有类似于体壁的层——外部表皮、中间结缔组织和内部体腔上皮衬里。管足的表皮含有比身体其他部位更多的分泌细胞。圆盘的表皮变厚，由纤毛柱状细胞、大量分泌细胞和神经感觉细胞组成，表皮下神经丛更为突出，由许多表皮下腺体供应，可能包括黏液细胞和颗粒状分泌细胞。在腺体下方，圆盘可能由网格状的内骨骼碎片支撑。除表皮下神经丛外，在茎的一侧可能有明显的管足神经纵向行进。茎主要由钙质骨针支撑的胶原结缔组织圆柱体（可能分为外部较厚的纵向层和内部较薄的圆形层）组成（图14-8）。如在整个水管系统中观察到，有一个中央管腔（或水腔）衬有类似的肌上皮。管

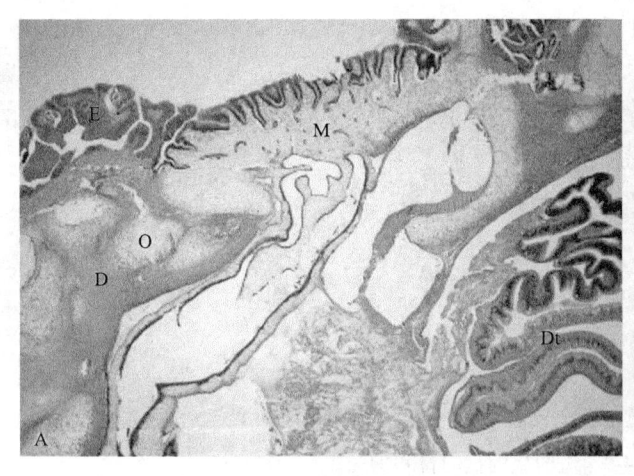

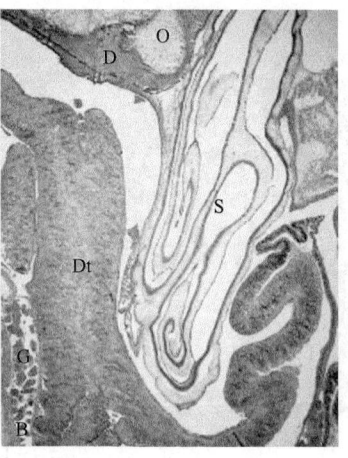

图 14-7　斑驳星（*Evasterias troschelii*）的筛板和石管

A. 筛板（HE染色，25×）；B. 石管（HE染色，50×）。

D. 真皮；Dt. 消化道；E. 表皮；G. 性腺；M. 筛板；O. 骨片；S. 石管

足还具有厚的纵向牵开肌，可以收缩管足并将体腔液推回壶腹。

三、消化系统

棘皮动物是一组多样化的动物，它们的消化道反映了不同的营养策略。所有这些都由一个简单的管状结构组成，从嘴巴延伸到肛门，并进行了各种有助于消化的修正。在海星动物中，消化道由嘴、食道、胃（贲门、幽门）、肠和直肠组成。嘴位于口周膜的中心，由肌肉括约肌与短食道和更复杂的胃隔开。胃的贲门部分很大，有10个不同的袋状结构（辐射袋）。其中5个小袋从圆盘延伸到臂的内腔，并通过肌肉和致密的结缔组织附着在步带骨上。一对胃韧带锚定食道，并允许在进食过程中外翻的物种中收缩贲门胃。辐射袋上方是5个辐间袋，最终过渡到胃的幽门部分。幽门胃较小、扁平，呈星形，有5个导管，每个导管延伸到每条辐腕的中央体腔，并与大量分支的幽门盲囊相连。胃的上部逐渐变细，形成一个短肠，可以有自己的一系列短盲囊（肠盲囊）。肠与短直肠和肛门相连。

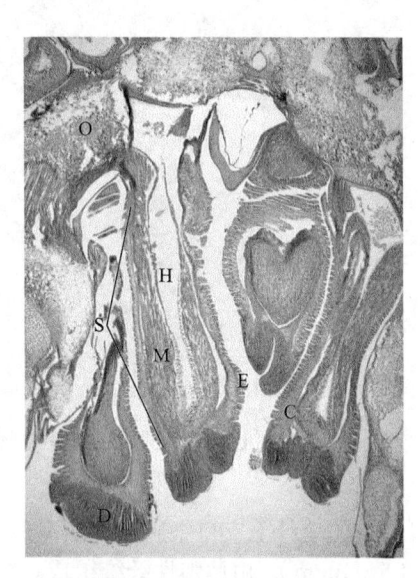

图 14-8　斑驳星的管足

C. 结缔组织；D. 圆盘（disc）；E. 表皮；H. 水管系；M. 肌肉；O. 小骨；S. 茎；HE染色，25×

海星贲门胃的胃真皮是假复层柱状上皮，这些细胞位于基底层和基底上皮神经丛上，具有结缔组织壁和外体腔上皮层。圆形和纵向肌肉层交织在体腔衬里。胃真皮由支持细胞、分泌细胞和两种体腔细胞组成。支持细胞具有单个纤毛和许多长的微绒毛。分泌细胞没有纤毛，类型为黏液或腺体。两种类型的体腔细胞通常出现在胃真皮中，并且存在于肠壁的各个层面。幽门胃的胃真皮与贲门胃的相似。由于基底上皮神经层、结缔组织和肌肉组织层的存在或厚度减少，幽门胃的胃真皮层和整个壁变薄，如斑驳星的贲门胃和幽门胃（图14-9）。

幽门盲囊和肠盲囊仅存在于海星类中。它们是由广泛的憩室形成的叶状结构，从内侧导管

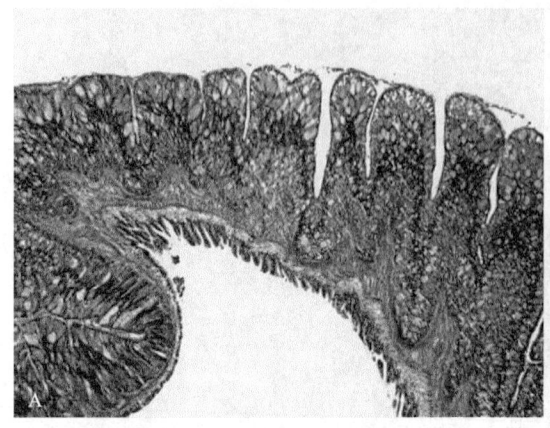

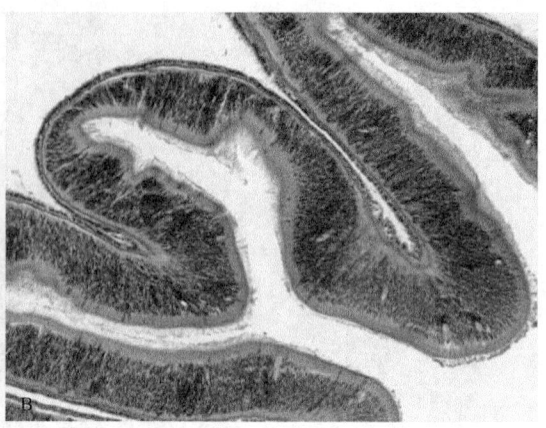

图14-9　斑驳星的贲门胃和幽门胃
A. 贲门胃，HE染色，200×；B. 幽门胃，HE染色，100×

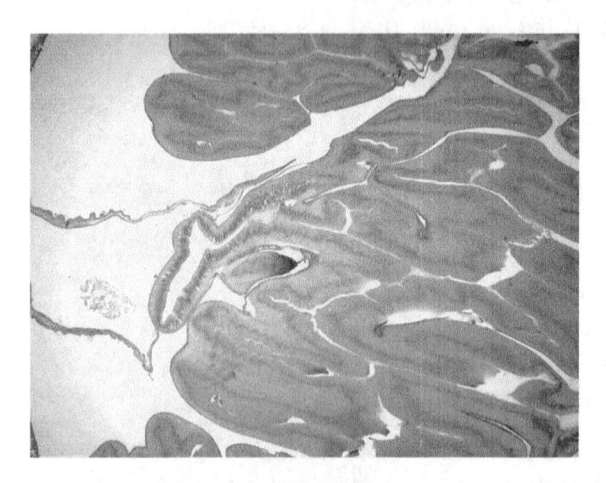

图14-10　斑驳星的幽门盲囊
（HE染色，25×）

横向延伸。憩室进一步分为与中管平行排列的次级腔。幽门盲囊的内层由非常高的纤毛支持细胞和腺体分泌细胞（黏液和酶原细胞）组成，它们在幽门盲囊的远端腔室中最为丰富。储存细胞，即含有大脂质液泡、多糖和富含糖原的液泡细胞，在远端更丰富（图14-10）。

肠和肠盲囊的胃真皮是纤毛状假复层柱状上皮，在某些区域可能被压缩成简单的柱状上皮，看起来与胃内壁相似。上皮由支持细胞和两种黏液分泌细胞组成。肠盲囊壁的肌肉、结缔组织和神经成分发育不良。直肠和肛门的胃真皮是相同的，由假复层柱状上皮组成，主要由附着在基底层上的单纤毛支持细胞组成。基底上皮神经丛减少甚至缺失。结缔组织层比肠和幽门盲囊厚（5~10μm），由薄弹性纤维组成。在蛇尾亚纲中，消化系统由口腔、食道、胃、直肠和肛门组成，但没有肠道，所有成分的组织学特征与海星中描述的相似。

在海胆纲中，有一张嘴和一个独特的咀嚼器、亚里士多德灯笼，其次是食道、肠、直肠和肛门。亚里士多德灯笼是一个五棱锥体，由40个小骨组成，其中包括5颗牙齿，与肌肉相邻，并由体腔膜限制。在灯笼的腹腔，嘴被口周膜包围，由表皮覆盖的可变胶原组织组成。食物通过嘴进入悬挂在灯笼中央的短五边形咽部。咽部过渡到灯笼顶部的食道。食道上升，然后作为肠道返回。盲袋，也称为胃或盲肠，可能存在于食道和肠道的交界处。肠道沿甲壳内部盘绕，由腹膜（即肠系膜）悬吊。第一个几乎完整的线圈逆时针走行（从背侧或腹侧观察），该段称为胃、小肠或下肠。大多数海胆动物都有一条细长的肠道延伸，在其内部边界处伴随着第一个线圈，称为虹吸管，据信它有助于从食物中提取水分。然后，肠道自行返回并沿背侧和顺时针方向运行以形成第二个线圈，该段有时称为大肠或上肠。最后，末端肠形成直肠，直肠上升到围肠内部并形成肛门。

组织学上，海胆消化道具有与其他棘皮动物相似的层。上皮衬里由称为肠上皮细胞的高柱状纤毛上皮细胞组成，其中一些带有微绒毛，而另一些则可区分为黏液细胞（图14-11）。

与表皮相似，肠细胞基部有一层微妙的神经层。在其下方是一层薄薄的结缔组织，然后是较薄的肌肉细胞层，通常相对于管腔以圆形排列，如在其他内脏的体腔表面上发现的那样，外层由一层简单的有鞭毛的立方上皮细胞组成。腺隐窝可能在缩短的肠细胞节段内陷的地方形成。口侧（小）肠和反口侧（大）肠在组织学上可以通过腺体、绒毛、厚度或微绒毛的突出程度来区分。虹吸管在组织学上与小肠相似，只是直径更小。亚里士多德提灯的组织学切片通常具有主要的小骨、牙齿、锥间肌、咽、口周膜、口周神经环，有时还包括位于外侧缘的鳃（图14-12）。包围咽部的提灯腔的中央腔在锥间肌的皱襞之间反射。它的肌细胞沿着薄的结缔组织隔膜排列成行，并被一层鳞状和纤毛的管腔细胞覆盖。提灯底部外部的量角器和牵开器肌肉在结缔组织基质内排列成束。

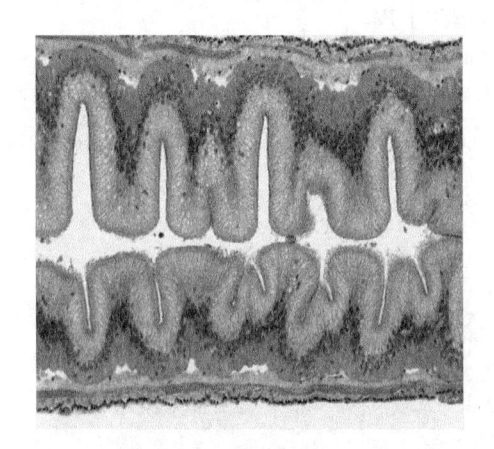

图14-11 白色海胆的大肠
（HE染色，200×）

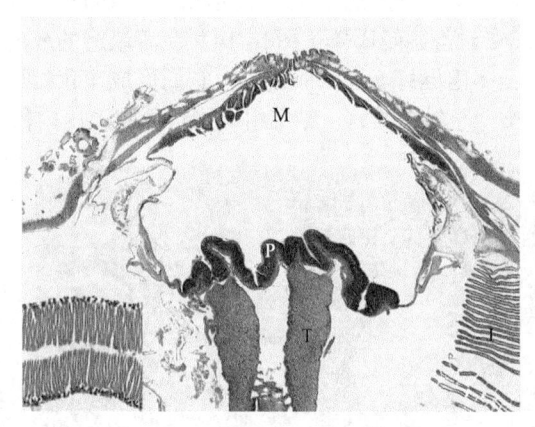

图14-12 白色海胆的亚里士多德提灯
插图显示了锥间肌的放大图，20×。I. 锥间肌；M. 嘴；
P. 咽；T. 牙齿

在海参纲中，有嘴、咽（钙质环）、食道、胃、前后肠和泄殖腔。嘴位于颊膜的中心，周围有肌肉括约肌，这导致短的咽部被包围在小骨环中。胃在某些物种中可能不存在，并且通常不像在海星纲中那样明确。咽和胃有一个高柱状上皮衬里，由支持细胞和腺细胞组成，显示黏液细胞分化。与其他物种不同，两者都有内部角质层。海参中的肠道很广泛，是消化的主要部位。前部（小肠）具有广泛的相关血管系统。它由具有显著腺体分化的高纤毛上皮细胞排列组成，并具有薄的肌肉壁。后部（大肠）上皮较薄，黏液细胞分化更明显。海百合的消化系统局限于圆盘，由嘴、食道、肠、直肠和肛门（肛锥）组成。组织学类似于先前描述的棘皮动物物种。

四、排泄系统

在大多数棘皮动物中，氮排泄物主要以氨的形式存在，它可以扩散到皮鳃和管足处体壁薄的部分。体腔细胞通过胞饮作用促进其他含氮代谢物（尿酸盐）和微粒的排泄。体腔细胞在内部积累废物并将这些积累带到鳃、管足和轴向器官进行处理或储存。海百合没有专门的排泄器官，但被认为是排氨的。

五、循环系统（血管系统或轴复合体）

在海星纲中，肠道边缘的血管窦引流到围绕食道底部的血管环。轴管起自血管环，沿石管至背侧/腹侧体，并进入筛板下方的轴复合体。轴器官与轴导管相连，形成结肠腔、水管系统和血管系统之间的连接。轴复合体的确切作用目前尚未确定，假设包括其在呼吸、排泄、废物处理、免疫器官、未知用途的腺体、产生体腔细胞的器官、细胞降解部位或心脏中的作用。

组织学上，血管窦（或腔隙）具有结缔组织壁，其外部衬有体腔上皮。圆形或纵向轮廓的肌肉纤维在整个壁上很少。没有内衬或内皮。假定为富含黑色素吞噬细胞的色素细胞通常位于血管系统的血管内，并且这些细胞可能会随着年龄的增长而增加。轴腺（或轴向器官）与石管相关，由体腔细胞组成的结缔组织网组成（图14-13）。体腔内层和腔隙的内陷穿透血管窦。含有黑色素的细胞通常位于基质内。轴腺的外表面衬有体腔上皮。

5对蒂德曼氏体（图14-14）在海星纲的放射状区间装饰着血管环，在海胆纲装饰着背侧亚里士多德提灯。在海胆纲中，它们形成于背灯体腔内衬与辐水管外翻的地方。在组织学上，这些类似于轴向器官。结缔组织网被体腔上皮内衬的小管渗透。体腔细胞和色素细胞也同样常见。

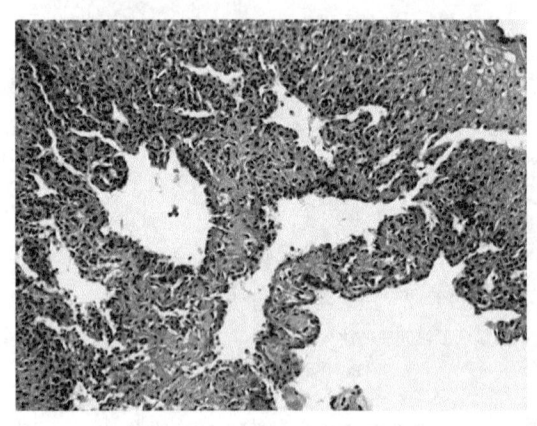

图14-13　白色海胆的轴腺（HE染色，400×） 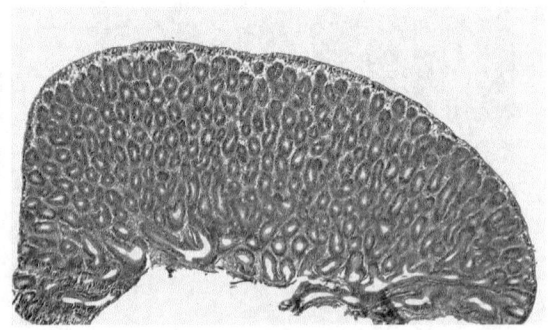　　　图14-14　斑驳星的蒂德曼氏体（HE染色，100×）

六、免疫系统

体腔细胞存在于体腔、水管系统和血液系统的液体中，并且遍及身体的所有组织。它们发挥多种作用，包括营养输送、废物排泄、吞噬作用、免疫反应、凝血和伤口愈合。在海星中已经描述了9种不同的体腔细胞类型，但通过光学显微镜无法辨别这些细胞类型。使用电子显微镜可以看出一些明显的特征。海胆中的体腔细胞包括吞噬细胞（变形细胞）、小球细胞和振动细胞，通过细胞学很好区分。吞噬细胞是最丰富的并且可能具有细胞质外来物质。振动细胞小、圆形、有鞭毛。具有偏心核和细胞质包涵体的体腔细胞是非吞噬性的，通常称为颗粒细胞或小球细胞，根据其包涵体的颜色（即红色或无色）进一步命名。红色小球细胞含有海胆色素，一种红色萘醌色素。在海参类中，可识别6种不同类型的体腔细胞，包括桑椹细胞、变形细胞、晶体细胞、梭形细胞、振动细胞和淋巴细胞。然而，通过光学显微镜，只有两种体腔细胞类型——透明细胞（粒细胞）和粒细胞是可辨别的。透明细胞的特征是有一个中央细胞核和缺乏颗粒的细胞质。粒细胞具有相似的特征，但具有细颗粒状的细胞质。

七、呼吸系统

棘皮动物的厌氧能力有限，对氧气供应非常敏感。与水管系统的气体交换通过所有棘皮动物的管足发生。为了增强体腔内脏与圆盘和辐腕肌肉的气体交换，除海百合外的所有棘皮动物都有专门的体腔上皮外翻，它通过体壁的内骨骼板或在体壁的内骨骼板之间延伸到外部体表，起到鳃的作用。气体交换通过扩散发生在外部海水和内部体腔流体之间，可跨越极薄的体壁。

在海星中，体壁的这些外翻称为皮鳃。它们可以是分支的，并且在具有毛头棘（paxillae）的物种中，皮鳃通常位于这种伞状特殊表面结构下方的充满水的鳃空间中。在规则的海胆类动物中，每个间步带板的边缘，口周膜上有5对口周鳃，它们可能为灯笼的肌肉器官提供气体交换。这些起源于咽周体腔的外翻，具有与海星皮鳃相似的组织学特征。体腔液通过亚里士多德提灯的肌肉和小骨泵入和泵出口周鳃腔。在不规则的海胆类动物中，花瓣状的改良管足充当鳃。

组织学上，口周鳃、皮鳃和花瓣状相似（图14-15）。它们由支持细胞组成的简单纤毛表皮、薄的结缔组织真皮和衬在中央管内的单层体腔上皮组成。在海胆动物中，体腔上皮在收缩时形成小的乳头状内陷进入中央窦。色素细胞和体腔细胞经常存在，它们穿过表皮的挤压产生了鳃具有排泄功能的理论。

海参类在口腔附近有专门的管足（口管足），与其他物种类似，管足具有鳃的功能。为体腔内脏提供气体交换的主要呼吸器官是成对的内部呼吸树，它们从泄殖腔壁形成憩室。这些憩室形成了一个包含海水的高度分支盲端管系统。组织学上，呼吸树的结构类似于皮鳃和口周鳃。内表面被一个简单的低立方上皮覆盖，与外部体腔上皮被非常薄的结缔组织真皮隔开。从泄殖腔主动泵入呼吸树的海水在整个表面发生气体交换。

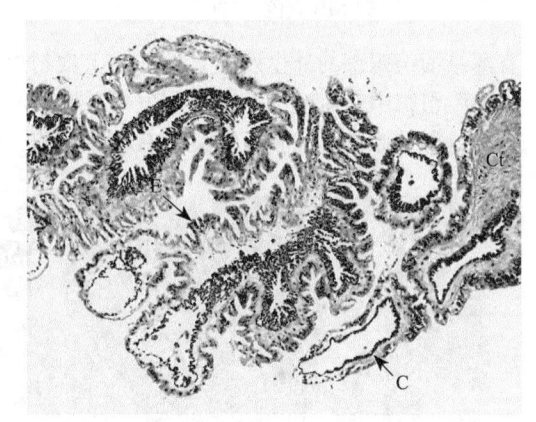

图14-15 白色海胆的鳃（丘疹）
显示表皮表面（E），由结缔组织支持（Ct）和由体腔上皮排列的中央腔（C）（HE染色，200×）

八、神经系统

棘皮动物的神经系统缺乏神经节，而大多数其他无脊椎动物都存在神经节。海星类的中枢神经系统由一个中央口环和5根桡神经组成，这些神经在步带沟中心延伸到每条辐腕的尖端。每个都有一个感觉和一个运动部件。周围神经系统由先前在体壁中描述的上皮内神经网组成。感觉外神经网沿表皮延伸，运动神经下神经网沿体腔上皮衬里延伸。这些神经网络由穿过真皮的神经元连接。在海胆纲中，外膜神经系统是主要的组成部分，由神经环、桡神经、足神经和表皮下神经丛组成。桡神经起源于口周神经环，穿过灯笼并沿着步带板延伸，在辐水管和甲壳之间穿行。桡神经产生供应管足的足神经。下神经系统是一系列位于口周神经环下方的5个径向定位的神经组织斑块。一些普通的海胆有一个内膜神经系统，该系统由一个环绕在周围的神经环组成，产生了性腺的神经支配。

组织学上，海星纲和海胆纲的神经环和桡神经具有明显的外部感觉层与外神经系统相通，内部神经下层与运动部件相通。桡神经的运动部分支配壶腹、管足和体壁肌肉组织。在除海星纲以外的所有其他棘皮动物纲中，口周神经环和桡神经索已被内化。口环神经环和桡神经的外膜部分在专门的神经外管中进一步分离，该管内衬有纤毛上皮（图14-16）。

九、生殖系统

海星和海胆类动物是雌雄异株的，它们的性腺都悬在肠系膜上，或者作为辐腕内的5对结构，或者作为5个单独的性腺悬挂在半径间。性腺通过短的性腺管连接到海星臂基部或海胆动物反口面生殖板中的生殖孔开口。性腺具有相似的结构，无论是卵巢还是精巢。它们由具

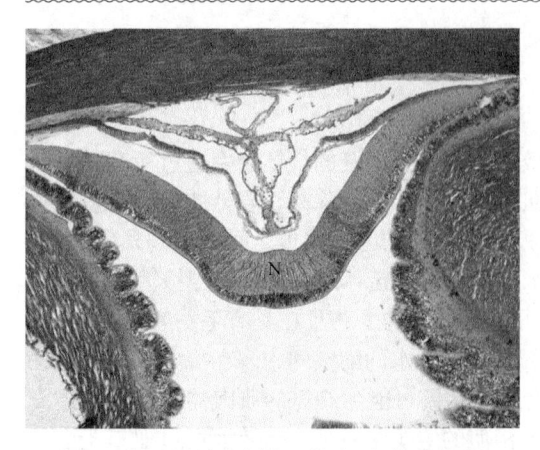

图14-16 斑驳星腹神经索（N）的组织学（LMB染色，100×）

有薄结缔组织壁的外生殖囊、外体腔上皮衬里和生发上皮内衬组成。肌肉纤维可能稀疏地存在于结缔组织中。生殖细胞在外周发育并在中心成熟。卵巢含有卵原细胞，中央发育成大的发育良好的卵黄原卵母细胞。精巢含有精原细胞，中央逐渐发展为小圆形精子（图14-17）。

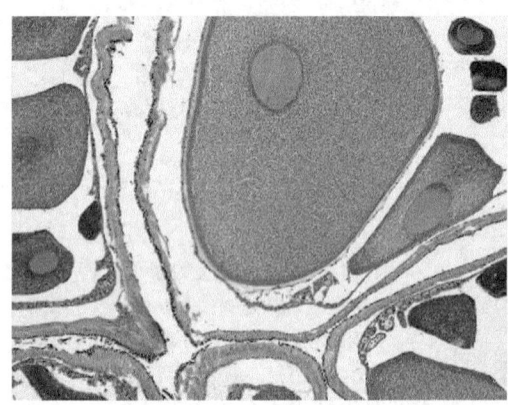

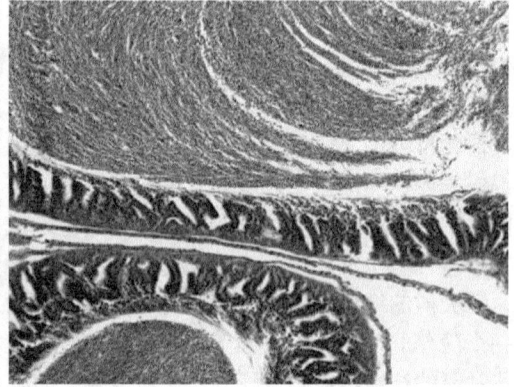

图14-17 加勒比多刺星的卵巢（左）和斑驳星的精巢（右）（HE染色，200×）

在生殖不活跃或不成熟的个体中，性别可能在组织学上难以辨别。体细胞（营养支持细胞）存在于海胆动物的两性中，并在性腺发生期间和导致性腺发生之前的时期占主导地位（图14-18）。

海参类是雌雄异体，并且有一个两性腺，而不是一个单独的卵巢和睾丸。性腺由一大簇细分支的小管组成，上面覆盖着体腔上皮和肌肉的薄层。它由生殖上皮构成，向卵子和精子分化。它通过性腺管与位于口腔后面口管足底部的生殖孔相连。这个生殖孔由一个简单的柱状上皮排列。

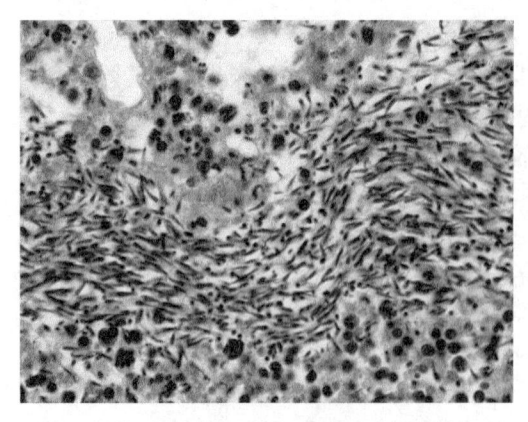

图14-18 沙钱性腺中的营养支持细胞（HE染色，100×）

十、特殊感官

在棘皮动物中，由于在整个表皮中存在神经感觉细胞，包括所有附属物的外皮都可以被认为是感觉器官。这些细胞特别集中在足盘的表面和叉棘的基部、沿着步带沟的边缘和末端触手的尖端，并可能提供光、触觉和化学接收。所有这些受体都与前面提到的表皮下浅表神经网相连。海星中主要定义的感觉器官是眼点和感觉管足（前面描述过）。眼点由单眼组成，每个单眼由一杯含有红色素的表皮细胞组成，其中充满了受体细胞。这些区域的角质层变厚，最终将光像晶状体一样聚焦到受体上。蛇尾亚纲中没有专门的感觉器官。组织学上，球棘（sphaeridia）由一个球形实心（无网眼）小骨组成，小骨覆盖有纤毛表皮，通过肌肉鞘和结缔组织薄带附着在结节上，柄部末端呈小球状，并有发达的神经褶，被认为是平衡器。在海参纲中，无管足目的穴居成员在神经与钙质环的交界处与每个桡神经相邻有一个平衡器。一些无管足目在每个触手的底部也有一个眼点。

第三节　棘皮动物胚胎发育

卵裂期是胚胎早期有丝分裂的阶段，其间体积很大的卵子细胞质逐渐分开。大多数非胚胎细胞在有丝分裂周期期间经历一个生长期，但是早期卵裂期的卵裂球却不同，其分裂快，连续分裂后细胞变得越来越小。这种没有伴随生长的快速细胞分裂模式在胚胎囊胚中期会停止，此后由卵内的细胞核开始表达基因，控制细胞周期的进展，这和其他动物类似。

棘皮动物成体结构包含一些重要特征，如辐射对称（radial symmetry）和水管系统（water vascular system）。棘皮动物的所有物种都是从幼体（larvae）发育到变态。棘皮动物的发育是独特的，因为作为幼体，棘皮动物表现出两侧对称，但当它们经历变态并成长为成体时则呈辐射对称（radial symmetry）（图14-19）。

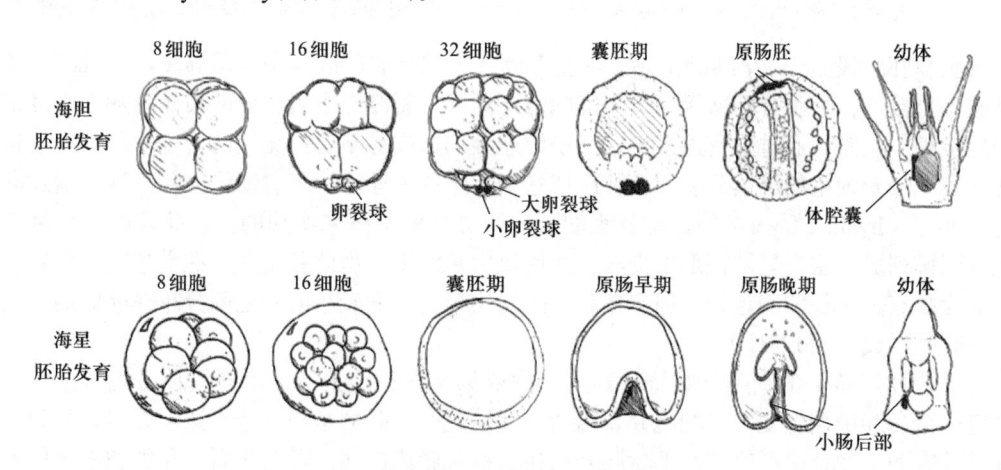

图14-19　海胆和海星的胚胎发育过程比较

一旦受精，海胆卵开始高速地分裂。海胆呈辐射型完全卵裂（radial holoblastic cleavage）。在受精之前就已经确定卵有一个动物极和一个植物极。第一次卵裂发生在大约60min内，沿着动物极到植物极的平面产生了两个细胞。第二次卵裂平面也是沿着动物极到植物极，垂直于第一个。第三次是赤道面分裂，与前两条裂隙平面垂直，将胚胎分裂出8个细胞。第4次分裂是经向切割上部（即动物极）四分体，而靠近植物极的水平面将胚胎分成4个较小的细胞，即小分裂球（micromere）和4个较大分裂球（macromere），上部1/4的细胞被称为中分裂球（mesomere），即卵裂阶段，卵裂阶段细胞分裂持续进行，约每30min一次，胚胎通过蜕壳期进入早期胚胎阶段，如海胆的卵裂（图14-20）。

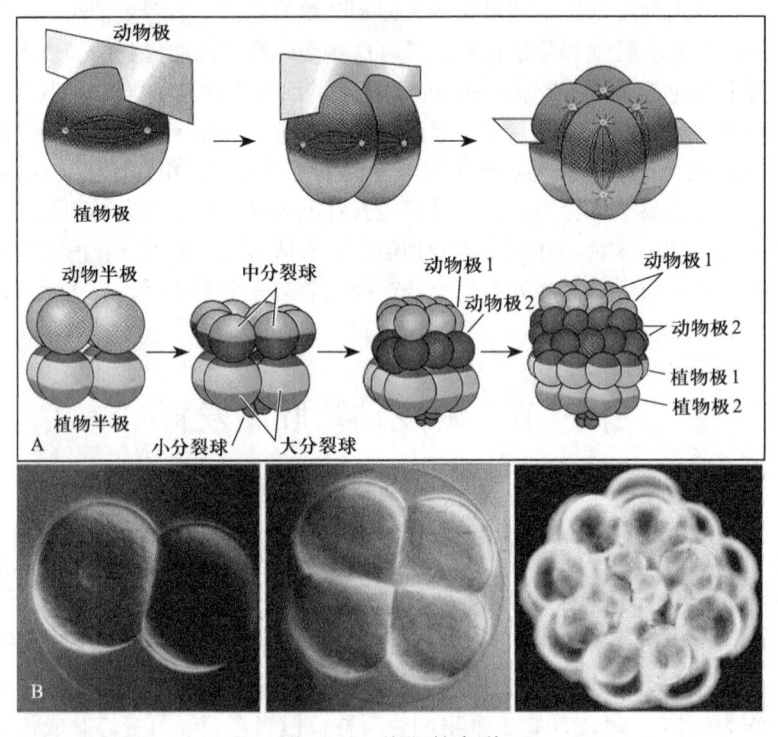

图14-20 海胆的卵裂

A. 前三次分裂的卵裂面和分裂中细胞层的形成模式图；B. 海胆2细胞阶段、4细胞阶段和32细胞阶段形态图

海胆囊胚阶段始于128细胞阶段。细胞形成一个围绕囊胚腔的中空球体（图14-20）。所有的细胞大小接近，细胞分裂减缓。每个细胞都在内部与囊胚腔含蛋白质的液体接触，在外部与透明层接触。此时，通过紧密连接将曾经松散连接的卵裂球结合成无缝的上皮片层，完全包围着囊胚腔。随着细胞的继续分裂，囊胚保持一个细胞层的厚度，随着膨胀变薄。这是通过卵裂球与透明层（hyaline layer）的黏附及水的流入使囊胚腔扩张来实现的。在此期间，细胞在囊胚腔周围排列成一层，呈圆柱形上皮状，并快速生长纤毛，由此胚胎开始在受精膜内旋转。孵化出的囊胚有一簇长的固定纤毛固定在胚胎的动物极上，而较小的纤毛则分布在胚胎周围，如海胆囊胚的形成（图14-21）。

这些快速而持续的细胞分裂持续到第九次或第十次细胞分裂，不同物种可能有差异。此后，有一个囊胚中期转变，当细胞分裂的同步性结束时，新的基因开始表达，许多未分裂的细胞在其外表面上发育出纤毛；纤毛囊胚开始在受精包膜内旋转。不久之后，在细胞中可以看到差异。囊胚植物极的细胞开始变厚，形成植物板（vegetal plate）。动物的细胞合成并分泌消化受精膜（fertilization envelope）的孵化酶，进入自由游动的孵化囊胚（图14-21）。

在60细胞阶段，大多数胚胎细胞的命运是确定的，但这些细胞并不是不可逆的。换句话说，特定的卵裂球在每个胚胎中持续产生相同类型的细胞，但这些细胞保持多能性，如果放置在胚胎的不同部分，可以产生其他类型的细胞。

图 14-21　海胆囊胚的形成

A. 随着细胞分裂继续形成囊胚腔；B. 在快速分裂结束后不久，先前的圆形细胞结合形成一个真正的上皮，受精膜仍可见，随着纤毛的发育，囊胚在包膜内旋转；C. 植物极增厚，而动物半球细胞分泌孵化酶，并允许囊胚从受精膜中孵化

胚胎的动物极部分形成外胚层——幼体的皮肤及其神经元。植物极1层产生可以进入外胚层或内胚层器官的细胞。植物极2层产生可以填充三种不同结构的细胞——内胚层、体腔（体壁）和次级间充质（色素细胞、免疫细胞和肌肉细胞）。第一层小分裂球（micromere）产生形成幼虫骨骼的初级间充质细胞，而第二层小分裂球向体腔提供细胞（图14-22）。

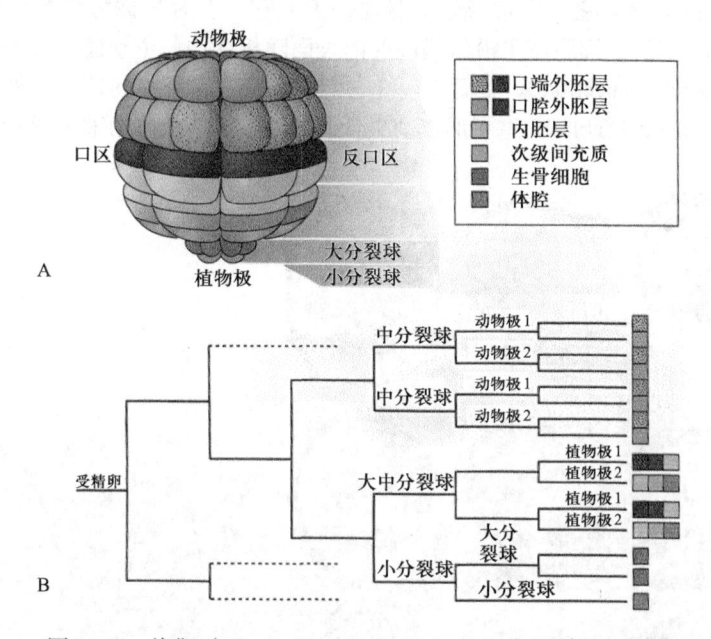

图 14-22　海胆（*Strongylocentrotus purpuratus*）胚胎的细胞谱系图

A. 显示了60细胞期胚胎，卵裂球的细胞沿着卵的动物-植物极分离分化；B. 胚胎发育的细胞谱系图，植物极1层产生外胚层和内胚层谱系，体腔有两个来源，包括第二层小分裂球和一些植物极2细胞

晚期海胆囊胚形成一个中空的球，植物极略扁平。来自受精卵不同区域的卵裂球具有不同的大小和性质。此后，胚胎进入原肠胚期，如海胆发育（图14-23），显示了从原肠胚发育到海胆特征性的幼虫阶段的囊胚不同区域的命运。每个细胞层的命运可以通过它在原肠胚形成期间的运动看到。

囊胚孵化开始后不久，其植物侧开始变厚、变平（9h）。在这个平坦的植物板的中心，一群小细胞开始变化。这些细胞开始从其内表面延伸和收缩长而薄（30μm×5μm）的突起，称为丝状伪足（filopodia）。

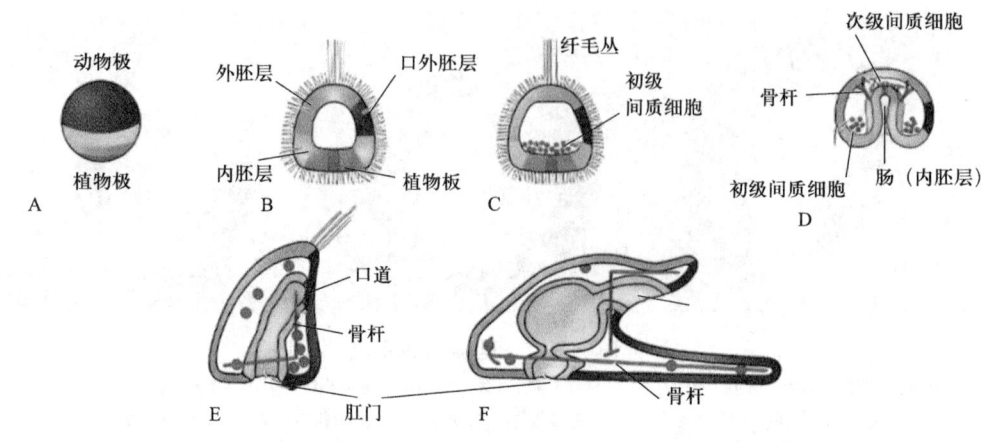

图14-23 海胆发育（显示囊胚细胞层的发育）（McClay D提供）
A. 受精卵的发育图；B. 晚期囊胚，具纤毛和扁平的植物板；C. 具有初级间充质的囊胚；D. 具有次级间充质的腹膜；E. 棱柱期幼虫；F. Pluteus幼虫，受精卵细胞质的命运可以通过颜色模式来追踪

然后，这些细胞从上皮单层中分离出来，进入囊胚腔（9~10h）。这些来源于小分裂球的细胞被称为初级间充质。它们将形成幼虫骨骼，因此它们有时被称为骨骼生成间充质细胞（mesenchymal cell）。起初，细胞似乎沿着囊胚腔内表面随机移动，主动建立和破坏与囊胚腔壁的丝足连接（filopodiul connection）。然而，最终它们被定位在囊胚腔的预期腹外侧区域。它们融合成合胞体索（syncytial cable），这将形成幼虫骨骼的碳酸钙针状体的轴（图14-24）。

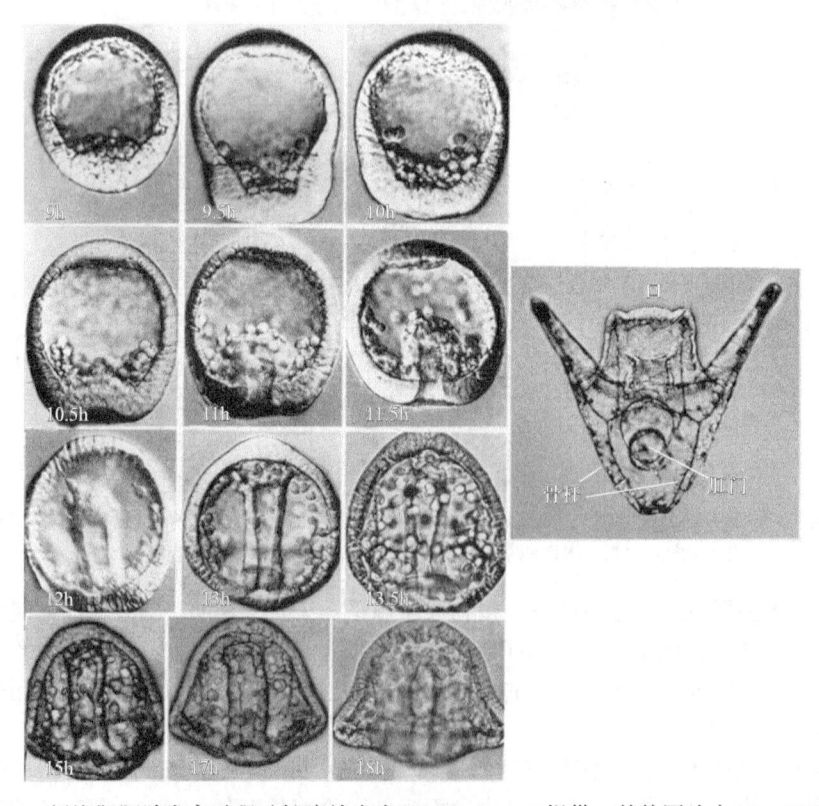

图14-24 绿海胆胚胎发育过程（长腕幼虫由Watchmaker G提供；其他图片由Morrill J提供）

第十五章

脊索动物组织胚胎学

文昌鱼因形状像条小鱼，而且能游泳，所以称为"鱼"。但是，其身体前端没有脊椎动物样的眼睛、鼻子和耳朵等感觉器，也没有明显分化的脑，因而没有脊椎动物样的头部，属于无头类（acrania）；加上文昌鱼又缺乏鱼类所具有的脊椎，因此，文昌鱼不是真正的"鱼"。其实，它是介于无脊椎动物和脊椎动物之间的过渡型动物，是最原始的脊索动物。

文昌鱼终生具有脊索动物的4个主要结构：脊索、脊神经管、鳃裂和肛后尾。文昌鱼属于脊索动物门（Chordata）头索动物亚门（Cephalochordata）狭心纲（Leptocardia）或文昌鱼纲（Amphioxi），仅文昌鱼目（Amphioxiformes）一目，现存2个科：文昌鱼科（Branchiostomidae）和侧殖文昌鱼科（Epigonichthyidae）。文昌鱼科只有文昌鱼属（*Branchiostoma*）一属，记录有24种；侧殖文昌鱼科一般认为也只有侧殖文昌鱼（*Epigonichthys*）一属，记录有6种。侧殖偏文昌鱼属也称偏文昌鱼属（*Asymmetron*）。侧殖文昌鱼的显著特点是只在身体右侧有生殖腺。文昌鱼为最原始的脊索动物，属于尾索动物和脊椎动物的姐妹群，所以一直占据脊椎动物起源和演化研究的中央舞台。此外，文昌鱼不饱和脂肪酸和必需氨基酸含量高，营养丰富，具有一定的经济价值，也是养殖和应用研究的对象。

第一节　脊索动物的解剖学与形态学概述

文昌鱼具有脊索动物特有的脊索、背神经管、鳃裂和肛后尾等特征，也具有一些特有形态结构，如头索和围鳃腔等。文昌鱼前端（也称头部）和躯干分界不明显，所以，对文昌鱼体型进行描述时，主要依据口、肛门、咽和围鳃腔等标志性结构进行。文昌鱼身体具有明显的不对称性。

一、体型和体色

文昌鱼身体呈纺锤形，两端稍尖，全身左右侧偏，半透明（图15-1），体长一般在30～50mm。产于美国圣迭哥（San Diego）的加州文昌鱼（*Branchiostoma californiense*）体长可达83mm，是目前已知的同属动物中身体最长的一种。相比之下，产于我国青岛和厦门等地的文昌鱼体长一般为40mm左右。

文昌鱼半透明的身体颜色随个体变化很大，一般呈乳白色或粉红色。成体文昌鱼存在明显的结构不对称性。文昌鱼早期胚胎呈左、右两侧对称，经过器官发生，形成一些不对称结构，其中一些不对称结构一直维持到成体，如肌节左右不对称，肝盲囊位于身体右侧，而肛门略偏于身体左侧。

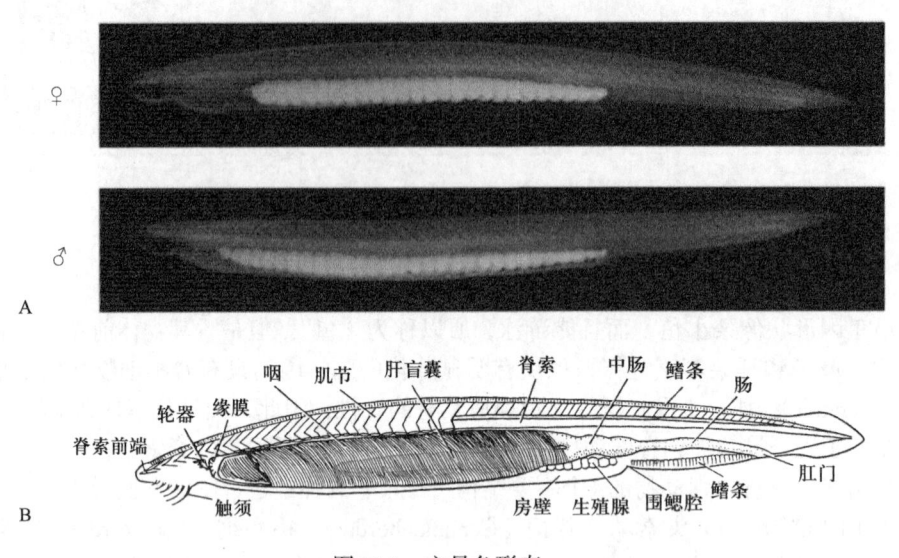

图15-1 文昌鱼形态
A. 青岛文昌鱼照片；B. 文昌鱼左侧观，显示主要结构

二、表皮

文昌鱼的皮肤有表皮（epidermis）和真皮（dermis）的分化（图15-2）。表皮位于身体最外层，是上皮组织，来自外胚层；真皮位于里层，是结缔组织，来自中胚层。文昌鱼的表皮不像脊椎动物表皮由多层上皮细胞构成，它只由一层柱状上皮细胞构成。柱状表皮细胞外表面在幼体时期生长有纤毛，成体时纤毛消失。成体文昌鱼表皮细胞的外表层高度角质化，形成一层薄薄的角质层（cuticle），外面覆盖有黏液。因此，文昌鱼体表平整、坚韧而又光滑，这使得徒手抓取文昌鱼时很难抓住它，极容易从手指间滑掉溜走。文昌鱼角质层内是否含有类似于脊椎动物多层上皮细胞所产生的角蛋白，迄今尚不清楚。

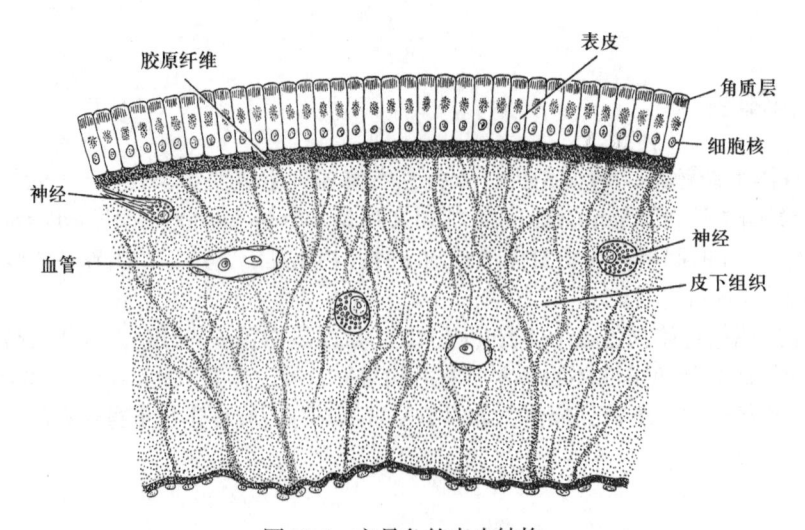

图15-2 文昌鱼的表皮结构

文昌鱼表皮里存在感觉细胞，可能还有一些单细胞黏液腺。黏液腺细胞为杯状细胞，散布于柱状表皮细胞之中。黏液腺的分泌方式为局部分泌（merocrine secretion）。表皮下面为一层薄的胶状结缔组织，即真皮，真皮下面为皮下层（subcutis）。真皮和皮下组织主要由分散的类似于脊椎动物成纤维细胞（fibroblast）样细胞的分泌物所形成。真皮和皮下组织具有内皮衬里和皮管（cutaneous canal）系统。

三、消化系统

文昌鱼最前端为圆形的吻（rostrum）。吻后腹面是两排触手（tentacle），也叫口须（oral cirri），保护通向前庭（vestibule）或口腔（buccal cavity）的开口（图15-3）。口须两侧具有对称的乳突（papillae），末端有时有分叉，基部表皮与肌肉连成一片。不同年龄的文昌鱼口须数目不同，一般每边21条，最少的18条，最多的25条。口须后面是前庭，其两侧是颊状的口笠（oral hood）。在正常情况下，左右两排口须交叉排列，向筛子一样，罩住前庭，可以防止粗颗粒物流入口内。文昌鱼口位于口笠内部，呈椭圆形，无上下颚。具有纤毛的前庭内表面有2个特殊结构：轮器（wheel organ或Müller's organ）和哈氏窝（Hatschek's pit）。前者是排列在前庭内表面的纤毛沟；后者是前庭腔壁背部中线处一个凹陷，是身体左侧第一个体腔通向外界的开口。轮器的摆动可以把食物颗粒送入口内；哈氏窝和脊椎动物脑垂体具有同源性。

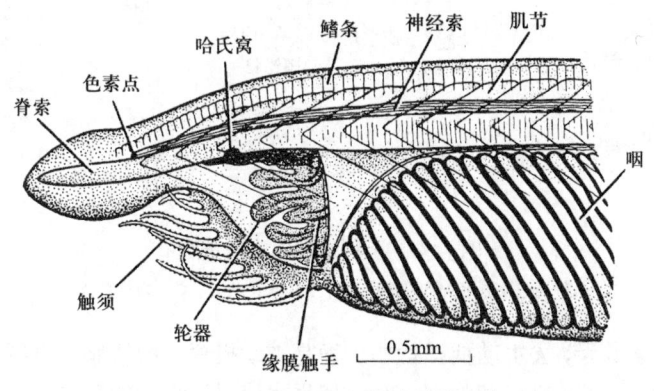

图15-3 文昌鱼前端结构

文昌鱼口后面为咽部。前庭和咽之间被称为缘膜（velum）的肌肉隔膜分隔开来。缘膜开口处有一圈缘膜触手（velar tentacle）。咽两侧有许多鳃裂。鳃裂外面是围鳃腔（atrium）。围鳃腔由外胚层发育而来。文昌鱼早期胚胎是没有围鳃腔的。当幼虫形成6~7个鳃裂后，围鳃腔的雏形就出现了。起初，在消化道下方的外胚层和体壁向下延伸，形成一对凸起，逐渐延长，最终左右两部分相互融合而形成一个空管，即早期的围鳃腔。随后，围鳃腔把整个鳃部包住，只在后端约占身体长度3/4的腹中线处保留着一个较大的永久开口，即围鳃腔孔（atriopore）。在靠近身体后端腹部中线略偏左侧，还有一个较小的开口，即肛门（图15-1）。围鳃腔孔向后，围鳃腔一直延伸到肛门，形成围鳃腔盲囊（atrial cecum）。

水从口流入，经鳃裂到围鳃腔，再从围鳃腔孔排出体外。在水流进出的过程中，文昌鱼进行着呼吸和摄食作用。围鳃腔急剧收缩时，能把水喷得很远。有时文昌鱼还能关闭围鳃腔孔，由口将水喷出，从而把不适宜的食物从围鳃腔吐出去，这有点类似人的咳嗽反射（cough reflex）。水流通过鳃之后由围鳃腔孔流出，就这点而言，围鳃腔孔和软骨鱼类的鳃盖孔或鲨的喷水孔有相似之处。

文昌鱼围鳃腔孔前面，身体的腹部比较扁平，因此，这部分的横切面呈三角形（图15-4A）。在身体这一部分腹部左右两侧，有2条纵行的从吻部向后延伸直达围鳃腔孔的鳍状隆起物，即腹褶（metapleural fold）。腹褶是发育早期由身体腹部两侧表皮隆起下垂而形成的。文昌鱼围鳃腔孔向后，身体横切面呈扁豆状。

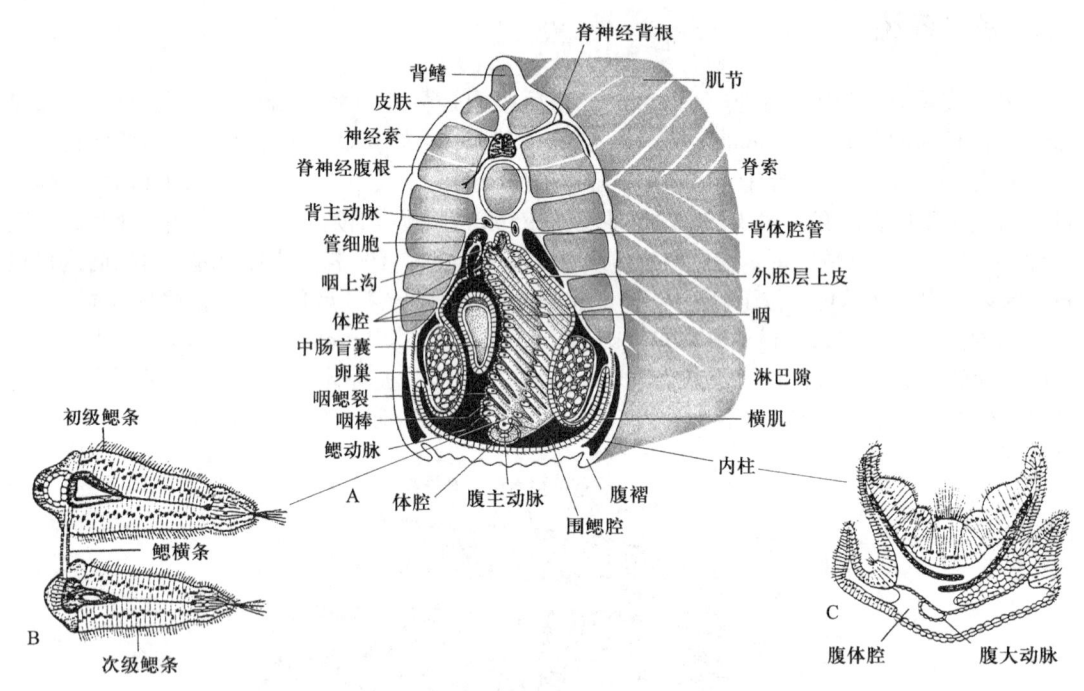

图15-4　文昌鱼横切面示意图
A. 通过文昌鱼咽部的横切面；B. 鳃条放大；C. 内柱放大

文昌鱼不能靠身体运动去主动捕捉食物，而是被动摄食，即依靠本身纤毛摆动所形成的水流，将食物连同氧气一起带进口和咽部。凡是依靠水流过滤食物的动物，都需要有一个大的食物接触面，以便获取足够多的食物。所以，咽部作为文昌鱼过滤、收集食物的器官，约占身体长度的一半。咽壁被大量（7~180对，随着年龄的增加而增加）的鳃裂所洞穿。在幼体时期，文昌鱼的鳃裂和脊椎动物的鳃裂一样，直接开口于体外。后来，由于形成了围鳃腔，文昌鱼鳃裂就不再直接与体外相通，而是开口于围鳃腔内了。围鳃腔以围鳃腔孔与外界相通。

水流带着食物由口进入文昌鱼咽部。沿着咽的底部有1条纵沟，称为咽下沟（hypobranchial groove）或内柱（endostyle）。内柱沟壁含有腺细胞和纤毛细胞，如图15-4C。沿着咽的背部还有1条纵沟，称咽上沟或背板。咽上沟的壁上也含有纤毛细胞。内柱与咽上沟在前端靠近缘膜处，借着围咽纤毛带相连接。进入咽部的食物颗粒，被内柱腺细胞所分泌的黏液黏连成食物小团，再借助内柱纤毛的摆动，将食物团驱入围咽纤毛带，进而到达咽上沟，向后流进肠管进行消化。

文昌鱼的肠管从咽部后方直通至肛门，没有弯曲，缺乏进一步分化。肠管壁由单层纤毛上皮细胞组成，外表面分布有少量肌肉细胞。在肠管前约1/3处的腹面向右前方突出形成一根中空的盲囊，插到咽右侧，称为肝盲囊（hepatic caecum）（图15-1）。肝盲囊因为内壁部分细胞含有许多糖原和脂肪,所以被认为是脊椎动物肝脏的同源器官。肝盲囊也可能是脊椎动物胰腺的同源器官,因为其内壁有柱状腺细胞,能分泌消化酶。另外,在文昌鱼切片中,可见在肝盲囊后面的肠管中有一段染色较深,被称为回结环(ileocolon ring)的结构。在回结环部分的肠管内有纤毛,混有黏液和消化液的食物团在此处被剧烈搅拌形成螺旋状,其中消化酶被彻底混匀,从而有利于食物的充分分解(图15-5)。文昌鱼除能进行胞外消化外,在肝盲囊和后肠部分还能进行细胞内消化,因为这2个部位的细胞都能吞噬小的食物颗粒。试验证明,文昌鱼从口吃进去的洋红颗粒,可以在后肠细胞内检测到。所以,营养物质的吸收主要在肠后部进行。肠末端以肛门开口于体外。

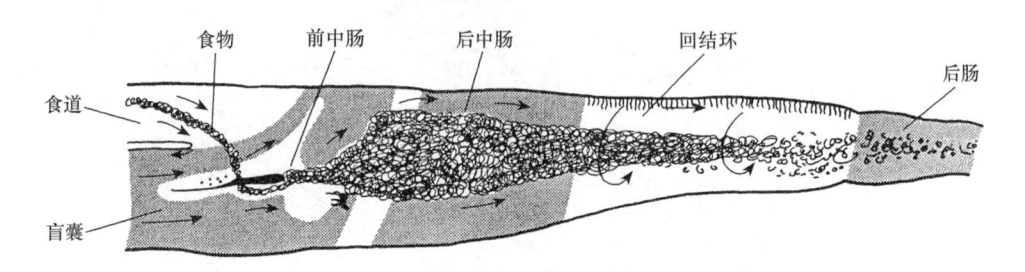

图 15-5　文昌鱼肠管内消化洋红试验

文昌鱼放入含有洋红颗粒的海水中,可见中肠部分的食物和纤毛运动方向,箭号表示纤毛摆动方向

四、鳍

文昌鱼从吻部起沿背部中线全长有一个表皮凸出的鳍,称为背鳍(dorsal fin),它和身体后端比较宽大的尾鳍(caudal fin)紧连。由围鳃腔孔后面沿腹部中线向后端形成的凸起叫腹鳍(ventral fin),也与尾鳍连在一起;其中围鳃腔到肛门之间的腹鳍叫臀前鳍(preanal fin)。背鳍、腹鳍和臀前鳍都是单一的鳍,不成对。

文昌鱼背鳍和腹鳍都由纵向排列的一系列充满胶质的鳍隔(fin box)或鳍条隔(fin ray chamber)组成。鳍隔其实是被隔膜分开的体腔(coelom)。背鳍有数百个单列的鳍隔体腔,而腹鳍只有15~40个鳍隔体腔。在成熟个体中,背鳍的每个鳍隔体腔都含有一个由胞外物质构成的半球形结构从体腔基部凸出到体腔中,形成所谓的鳍条(fin ray);而腹鳍的每个鳍隔体腔中具有一对鳍条。吻部和尾鳍都缺少鳍隔体腔,但皮下有根空管,使它们变得较为坚硬。

五、肌肉

透过文昌鱼半透明的表皮,可以看见下方的肌肉。文昌鱼肌肉大部分集中在背部,不似无脊椎动物的肌肉那样在皮肤下面均匀分布。文昌鱼全身肌肉保持着原始的肌节(myotome或myomere)形态,没有任何分化。肌节呈">"形,尖端指向身体前部,在身体两侧交错排列(图15-1)。文昌鱼肌节这种排列形式,也决定了其生殖腺和脊神经也呈交错排列。肌节之间以结缔组织构成的间隔或肌隔(myosepta或myocomma)分开。肌隔并非呈直线由背部通到腹部,而是呈">"形排列。但是,肌纤维都是前后走向呈直线排列,形成纵肌。肌节是负责文昌鱼身体运动的主要肌肉。文昌鱼肌节的排列方式,使它能够在水平方向上做弯曲运动。

文昌鱼按体节排列的横纹肌肌纤维以肌肉片层形式存在。肌肉片层含有纵向的肌原纤维，并在相邻两肌隔之间铺开。肌肉和神经索之间的连接很独特，它不是通过运动神经纤维连接，而是通过被早期学者称为"腹神经根"的肌肉细胞本身所形成的突起和神经索连接。肌肉细胞的突起向中央延伸，与脊髓连接，并与中央神经元的轴突形成胆碱能突触（cholinergic synapse）。肌肉片层有2类：第1类很狭，位于靠近体侧的表面处，含有不规则的肌原纤维、大量线粒体和糖原；第2类很宽，主要由肌丝组成，具有较粗的腹神经根纤维。文昌鱼第1类和第2类肌肉片层，分别相当于脊椎动物的慢肌（含肌质较多）和快肌（图15-6）。

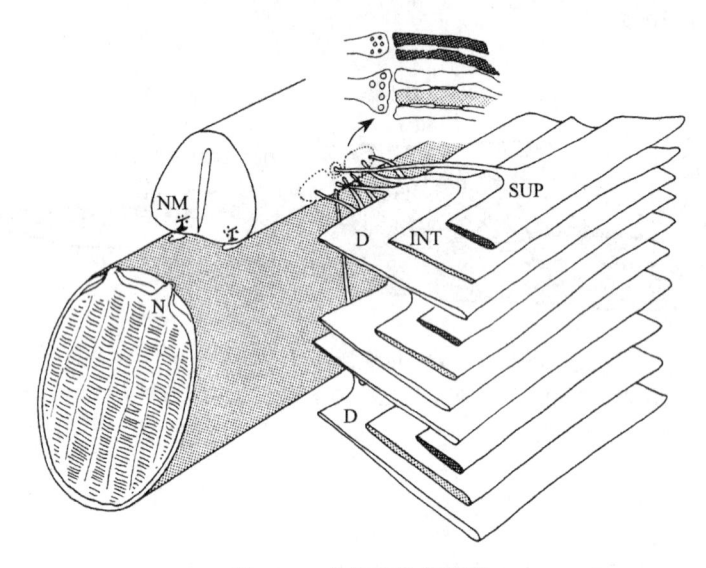

图15-6 文昌鱼体节系统

含有副肌球蛋白纤维的脊索（N），受神经管腹部的神经纤维（NM）支配，肌纤维有2种，表面肌纤维（SUP）和深层肌纤维（D），它们都伸出尾巴样的纤维与中枢运动终板的不同区域连接，中间肌纤维（INT）伸出尾巴样的纤维和深层肌纤维伸出的尾巴连接到同样的中枢运动终板

除按体节排列的横纹肌之外，文昌鱼在围鳃腔底部、口笠部分和触须上、缘膜及肛门等处也具有横纹肌。围鳃腔底部的横纹肌是横肌，收缩使围鳃腔缩小，使腔内液体或生殖细胞迅速向外排出。口笠部分和触须上的横纹肌，可分为外斜肌、内斜肌和括约肌。文昌鱼依靠这些肌肉的运动，使口部运动自如。缘膜和肛门横纹肌起括约肌的作用，可以使口孔和肛门放大或缩小。

文昌鱼的肌肉主要是横纹肌，平滑肌很少。少量的平滑肌主要分布在消化道上和血管壁上。

六、神经系统

文昌鱼背中线表皮下面是一根中空的神经管，位于脊索背上方。神经管前段稍短于脊索，眼点是它最前端的分界线。神经管后段逐渐变细变尖，一直延伸到脊索末端。文昌鱼整条神经管很原始，分化程度很低。神经管的最前端并不比后面部分粗大多少，管壁也不加厚，只是前端神经管的腔略有膨大，称为脑泡（cerebral vesicle）。这说明文昌鱼虽然没有分化明显的脑，但脑泡毕竟与神经管的其他部分多少有些不同，可能代表脑的萌芽，相当于脊椎动物胚胎时期神经管前端刚形成膨大的阶段。

文昌鱼神经管的背面尚未完全愈合，因此在神经管的背部尚有一条纵行的裂缝，而不是完全封闭的管。在幼体时期，脑泡以神经孔与外界相通；但在成体时期，此神经孔已关闭，仅在神经孔出口处留下一个凹陷，称为嗅窝（olfactory pit或Kölliker's pit）。

由神经管发出的神经称周围神经。由前面脑泡发出的两对"脑"神经，分布在身体前端；由神经管其余部分即脊髓（spinal cord）发出的按体节分布的神经为"脊"神经。每一体节都有一对脊神经根和数条腹神经根（图15-7）。脊神经根起源于神经管的背面，它在脊索动物中很独特，只有单一的神经根，无神经节，兼有感觉和运动神经纤维。神经纤维的细胞体，即雷济厄斯细胞（Retzius cell）大部分位于中枢神经系统内，沿脊髓背部形成连续排列的两行细胞。感觉纤维来自皮肤，运动纤维分布到肠壁肌肉（内脏运动细胞），类似植物性神经纤维。腹神经根从神经管腹面发出，由分离的数条神经根组成，专管运动，分布于肌节上。其实，文昌鱼的腹根也颇为特殊，在腹根内并不包含神经纤维，而是含有一束极细的肌丝，这些肌丝是由体壁横纹肌肌纤维延伸而来，它们通过腹根进入脊髓，在脊髓内和神经纤维接触，直接感受刺激。由于左右肌节呈交错排列，因此左右脊神经分布也不对称。脊神经根和腹神经根之间没有联系，并不合并为一混合脊神经。

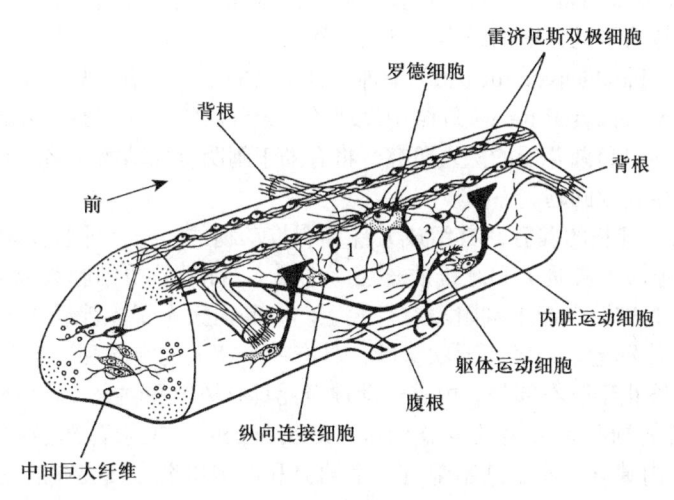

图15-7 文昌鱼脊髓结构

感受系统由连续的雷济厄斯双极细胞（bipolar cells of Retzius）及各种小细胞组成。这些受体细胞（1、2和3）被认为与脊椎动物背根神经节相似；其他类型受体细胞是罗德细胞（Rohde cell），它具有大的轴突和精细的树突系统，有些罗德细胞可能还有外周轴突连接到背根。内脏运动细胞按体节排列，每节一个，躯体运动细胞位于脊髓腹部不同水平，脊髓中其他细胞为各种联络细胞

文昌鱼脑泡大部分由单层上皮细胞构成。脑泡可以分成4个区域（图15-8）。前区即第1区位于第2对背神经根前，它接受由口笠和触须感受器、嗅窝及眼点传送来的感觉纤维，经第1对背神经根进入其中。中区即第2区位于第2~4对背神经根之间，含有位于背部的大的神经元和许多小神经元。后区即第3区位于第4~6对脊神经根之间，含有许多位于背部的大的神经细胞，其中有些细胞具有下行轴突。最后一区即第4区位于第6~7对脊神经根之间，为连接脑泡和脊髓的部分，主要由纤维纵束（longitudinal tract）组成。在第3区腹部由一些具纤毛的柱状细胞组成的漏斗器（infundibular organ）。漏斗器上纤毛的运动方向和脑泡其他部分纤毛的运动方向相反。再者，雷斯纳纤维（Reissner's fibre）也是由漏斗器产生的。雷斯纳纤维是一条不具细胞结构的纤维，存在于所有脊椎动物的神经管中央。在文昌鱼中，雷斯纳纤维由神经管前

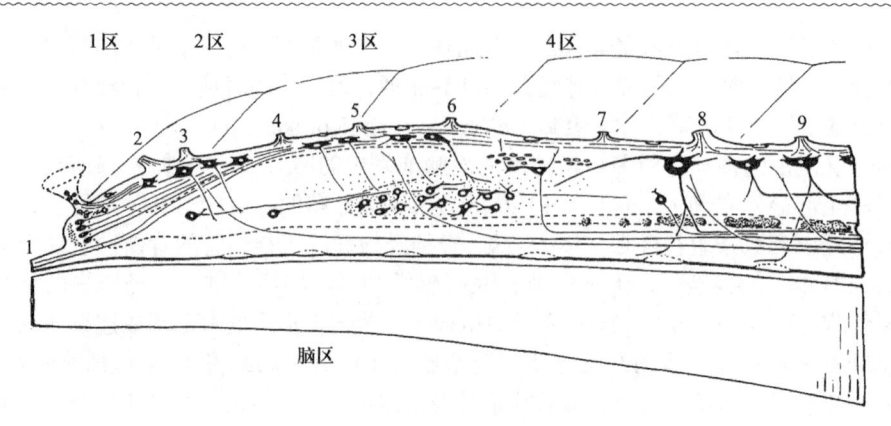

图 15-8　文昌鱼脑和前端脊髓示意图
1～9为背神经根的编号

端漏斗器分生出来，向后延伸，最后并入脊髓后段一囊内，而在脊椎动物中，它由位于间脑背部的下连合器（subcommissural organ）的室管膜分泌细胞产生。显然，文昌鱼漏斗器的雷斯纳纤维和脊椎动物下连合器的雷斯纳纤维具有相似性。

用聚乙醛品红（paraldehyde fuchsin）染神经分泌物的结果表明，漏斗器细胞含有类似于在脊椎动物垂体束（hypophysial tract）纤维中发现的神经分泌物。漏斗器很可能占据神经控制系统的中心位置。对文昌鱼漏斗器的深入研究，将有助于阐明脊椎动物间脑控制系统的起源及其意义等许多重要的生物学问题。

文昌鱼脊髓为一细长的腔管，其组成元件和脊椎动物的一样，即紧挨着脊髓腔的室管膜（ependyma）及细胞层（灰质）和纤维质外层（白质）。神经胶质细胞大部分位于室管膜中，其细胞体靠近中央管腔，突起末端附着在外膜上。脊髓内无血管。神经元不像在脊椎动物中那样排列成角状。体壁运动神经元形状奇特，具有一个宽大的突起和一个分支末端；突起连到中央管腔，末端终止于肌肉部分。内脏运动神经元具有树突和轴突，均位于脊神经根内。

脊髓内最显著的细胞是大型的罗德细胞（Rhodes cell），位于背部前端和后端，但在第13～19肌节的脊髓内缺乏。罗德细胞都有一个轴突和许多树突；轴突在前端向后延伸，但都贯通脊髓全长。罗德细胞的轴突可能和体壁运动细胞相连。最前端的罗德细胞最大，向腹部正中发出一个根大纤维，分布于内脏运动细胞附近。

文昌鱼的周围神经和脊椎动物的周围神经系统不同。这主要表现在以下几个方面。文昌鱼脊神经根和腹神经根不合并为一个混合神经；文昌鱼神经纤维周围没有包含肌束（myolin）的神经鞘包被，而由神经外膜（epineurium）和结缔组织细胞包围，但在神经纤维周围找不到施万细胞（Schwann cell）；文昌鱼脊神经根上无神经节；其脊神经根兼有感觉和运动神经纤维；其左右脊神经不对称。

七、感觉器官

文昌鱼感觉器官不发达，尚没有形成集中的嗅觉、视觉和听觉等器官，这可能与文昌鱼栖息于沙中且缺少活动的生活方式有关。沿文昌鱼整条神经管两侧有一系列黑色小点，被称为脑眼或单眼（ocellus）。每个单眼都由一个感光细胞和一个色素细胞组成。感光细胞具有不规则的感光膜，且每个感光细胞都有一部分被色素细胞包围（图15-9）。感光细胞和色素细胞之间的连接方式及其功能尚不清楚。据认为光线可以透过文昌鱼半透明的身体，投射到单眼上。因此，单眼可以起到感光的作用，这可能有助于文昌鱼在游泳和钻沙的时候确定位置。

在神经管的前端还有一个色素点，比单眼大。实验证明它没有感光功能。文昌鱼经常竖着插立在海底沙中，前端露出沙面。因此，有人认为色素点可以遮挡住光线，避免光线透过它而直射到单眼上面。

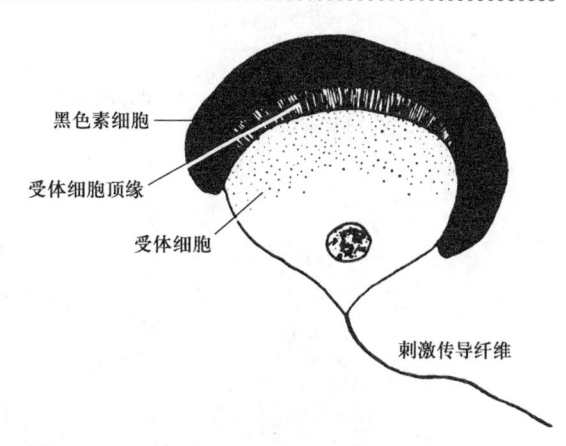

图15-9　文昌鱼脊髓的单眼（光感受器）（Kent，1992）

文昌鱼的嗅窝是幼体时脑泡神经孔的残余，成体已与神经管失去联系，仅为脑泡上面稍偏左侧的一个凹陷，由具纤毛的上皮细胞构成。嗅窝曾一度被认为有嗅觉功能。现在，普遍认为它可能没有嗅觉功能，因为其中未发现有特殊的感觉细胞。

位于口笠里面，背部中央处的哈氏窝，在发生上是左侧第1个体腔囊直通外界的开口，曾经被认为有味觉的功能。但是，最新的研究结果表明，它和脊椎动物脑垂体具有同源性，在神经内分泌调控系统中起重要作用。

漏斗器是位于脑泡底部的一个凹陷，由具长纤毛的柱状上皮组成（图15-10）。有人认为，漏斗器的功能是感知神经管内液体压力的变化。此外，文昌鱼表皮内散布有零星的感觉细胞，特别在口笠和触须上的一些感觉细胞多为化学感受器（图15-11），能感知水的化学性质，也能感知进入口内的水流。

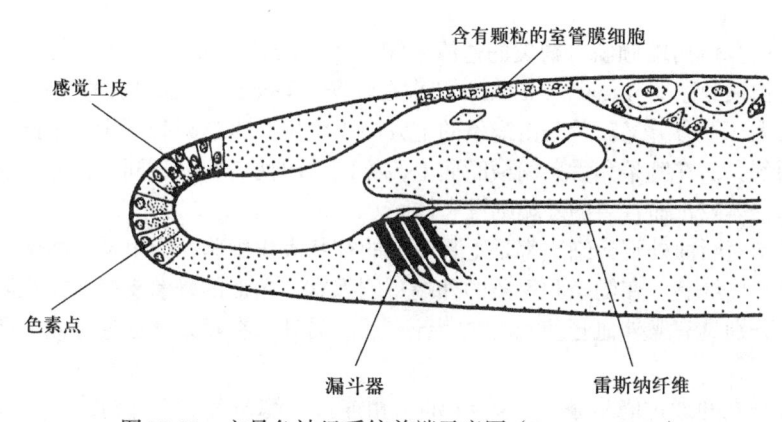

图15-10　文昌鱼神经系统前端示意图（Young，1981）

八、呼吸系统

文昌鱼没有专门的呼吸器官，呼吸作用主要通过鳃裂完成。文昌鱼咽部鳃裂的长度一般占围鳃腔的2/3，约为整个身体长度的一半。鳃裂和身体纵轴基本垂直，但遇到刺激时，围鳃腔

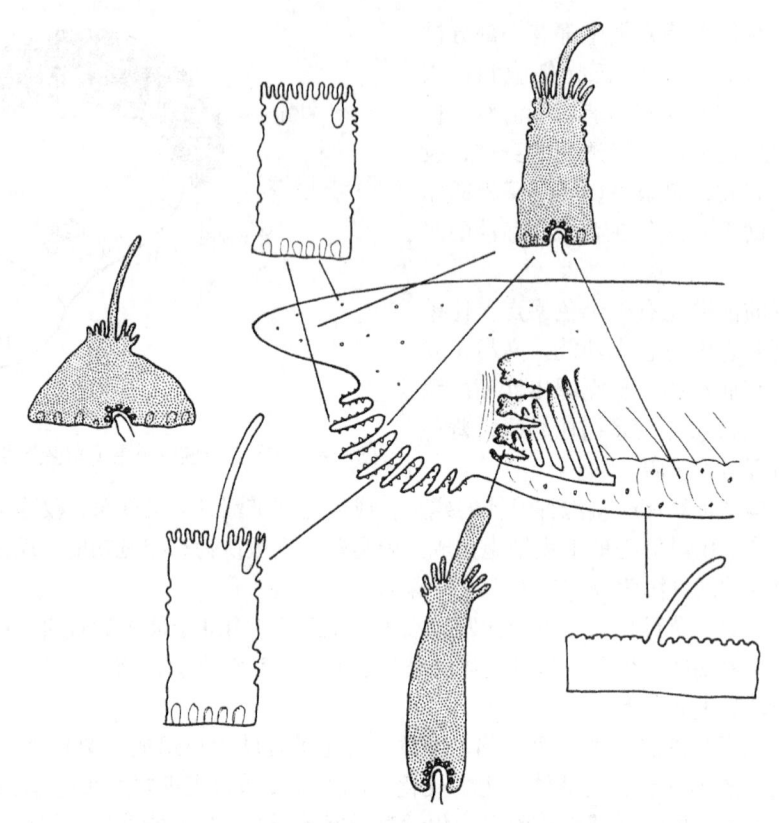

图15-11　文昌鱼身体前端的感觉细胞（灰暗）分布（Bone and Best, 1978）
其他纤毛细胞为非感觉细胞

收缩，鳃裂会向身体后端倾斜。鳃裂的边缘是鳃条（gill bar）和舌条（tongue bar）。鳃条和舌条也分别称为初级鳃条（primary gill bar）和次级鳃条（secondary gill bar）。鳃条产生较早，形状也比舌条略大，下方分叉。舌条由鳃条的上方向下生出，直达鳃裂下缘。因此，每个鳃裂被舌条纵分成两部分。在鳃条和舌条的横断面上，可以看出两者明显不同。在鳃条靠围鳃腔一侧外端含有一部分体腔，而舌条的外端则没有体腔。

鳃条和舌条横断面外端的细胞都是不具鞭毛的柱状表皮细胞，而里端和两侧的细胞都是具有鞭毛的柱状表皮细胞。在鳃条和舌条的外端一侧都有三角形的骨骼支撑着。在鳃条和舌条的外端与里端，分别具有鳃外血管和鳃内血管各一条。另外，在鳃条体腔的外侧，还有一条鳃体腔外缘血管。

鳃条和舌条之间通过鳃横条（synapticula）相连接。鳃横条的内部构造和舌条相似，具有支撑的骨骼和两条血管。血管可使鳃条的血液向舌条内流动。

进入文昌鱼口中的海水，借着鞭毛的摆动流经咽部鳃裂到达入围鳃腔，最后由围鳃腔孔流出体外。在这一过程中，含有氧气的水流经鳃裂与咽壁血管中的血液进行气体交换，水中的氧气进入血液中，而血液中的二氧化碳排到水中。含有二氧化碳的海水由围鳃腔经围鳃腔孔排出体外。需要指出的是目前尚无足够证据说明文昌鱼血液的氧合作用是在鳃中完成的。文昌鱼表皮也可能执行部分呼吸运动。据认为，文昌鱼可以通过靠近皮肤表面特别是腹褶处的淋巴窦直接从海水中吸收氧气进入血液。

九、脊索

文昌鱼体内没有骨质的骨骼，脊索是支撑身体的主要结构。文昌鱼的脊索是一根富有弹性的棒状支撑结构，中段稍粗、两头较细。脊索位于神经管下方和左右两排肌节之间，周围有脊索鞘包围。文昌鱼脊索纵贯身体全长，由吻端开始，直达尾部末端；前端比神经管长出一段，也就是说神经管前端稍短于脊索。这是文昌鱼所独有的结构，在其他脊索动物中都不存在。也正是因为这一点，文昌鱼才获得"头索动物"（cephalochordate）这一称谓。

文昌鱼脊索主体由一串扁平盘状细胞从身体前端向后端排列构成（像横放的一摞硬币一样）。脊索背部和腹部各有一条纵向延伸的沟，分别称为背沟（dorsal canal）和腹沟（ventral canal）。在背沟和脊索鞘及腹沟和脊索鞘之间，都含有不同于脊索扁平盘状细胞的米勒细胞（Müller cell）。米勒细胞很长，彼此连接在一起，沿身体从前向后分布。脊索背面的米勒细胞间发出细长的胞质分枝（cytoplasmic arborization），穿过背沟，伸向扁平盘状细胞背缘。此外，在脊索扁平盘状细胞侧面和脊索鞘之间，也能发现一些米勒细胞。

构成文昌鱼脊索的扁平盘状细胞其实是液泡化的盘状肌肉细胞，细胞核被挤压到细胞背部或腹部。扁平盘状肌细胞内都有条纹（striation）贯穿。超微结构研究表明，脊索细胞含有粗、细两种纤维。粗纤维具有14.5nm横纹周期，而细纤维直径约5nm，不具横纹。在偏振光（polarized light）下观察，粗纤维显示双向折射性，细纤维显示单向折射性。粗纤维和软体动物闭壳肌（adductor muscle）相似，由副肌球蛋白（paramyosin）组成（Flood et al., 1969），而细纤维则相当于横纹肌的肌动蛋白丝。

文昌鱼的脊索鞘是含有胶原纤维的结缔组织，由外周中胚层细胞分泌形成，本身并无细胞结构（Harrison and Ruppert, 1997）。脊索和外面的脊索鞘使得文昌鱼难以纵向收缩，但可以向侧面弯曲。脊索和肌肉都与文昌鱼波浪式的摆动运动有关。脊索鞘除包围着脊索之外，还包围脊索上方的神经管及更上方的鳍条室。鳍条室含有类似软骨的支撑物，它和脊椎动物鳍的支撑物之间有什么关系尚不清楚。文昌鱼骨骼系统除脊索之外，还包括口须、口笠、触须和鳃中类似软骨的支撑物及结缔组织。

十、循环系统

文昌鱼的循环系统属于闭管式，即血液完全在血管中流动，与脊椎动物的血液循环情况基本相同，但比较原始，如文昌鱼循环系统模式图（图15-12）。一般认为，文昌鱼没有心脏（heart），但其咽部有4根主要血管：背部成对的2根背大动脉（dorsal aorta）、肝盲囊后面的肝门静脉（hepatic portal vein）和位于内柱基部的内柱动脉（endostyle artery）。内柱动脉是一根可收缩的血管，也称为腹主动脉（ventral aorta）。腹主动脉的位置和脊椎动物位于腹部的心脏处相当。从腹主动脉向上分出许多成对的鳃动脉（branchial artery），进入鳃间隔。鳃动脉基部略膨大，形成所谓的"鳃心"（branchial heart）。鳃动脉不再分为毛细血管。经过气体交换后的血液汇入成对的背动脉根。背动脉根向前为身体前端提供新鲜的血液，向后则在身体后部合并成为背大动脉（dorsal aorta）。背大动脉也发出脏壁动脉分布到肠壁上，并在肠壁上形成毛细血管。文昌鱼的静脉系统和脊椎动物胚胎时期的静脉系统相似。在身体前端由体壁返回的血液经成对的体壁静脉（parietal vein）集中于一对前主静脉（anterior cardinal vein）；在身体后部返回的血液经体壁静脉汇入一对后主静脉（posterior cardinal vein）。左右前主静脉和左右后主静

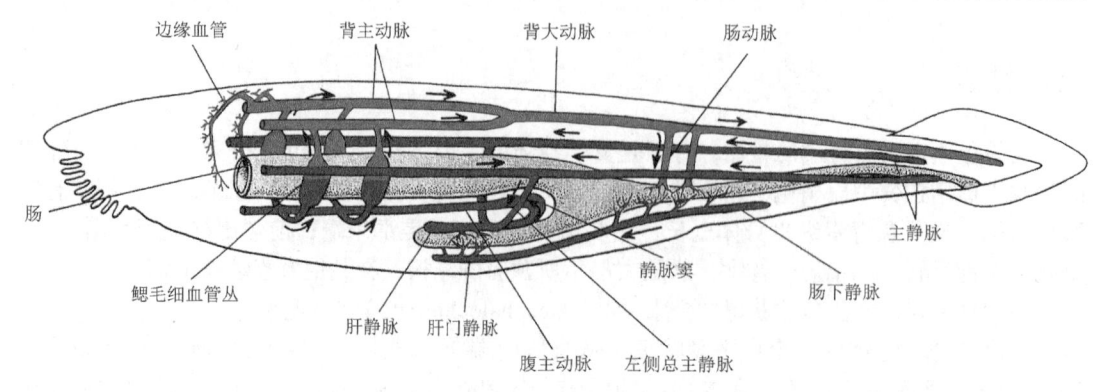

图 15-12　文昌鱼循环系统模式图

脉汇入一对总主静脉，又称居维叶氏管（ductus cuvieri）。左右总主静脉汇合处称静脉窦（sinus venosus），然后注入腹大动脉。由肠壁返回的血液汇集成为肠下静脉，向前流至肝盲囊处又形成另一毛细血管网。这条血管由于两端都是毛细血管，故称为肝门静脉。自肝盲囊毛细血管再汇合成肝静脉（hepatic vein），最后汇入静脉窦。

文昌鱼的腹大动脉、"鳃心"、内柱动脉和肠下静脉都能独立地进行收缩，它们之间好像没有什么调控系统能够协调彼此的收缩。收缩节律很慢，一般为1~2min收缩一次。

文昌鱼的血液无色，不含任何呼吸色素，血液中也没有可以自由流动的血细胞。不过，文昌鱼血管内可能存在着粒细胞（granulocyte）和巨噬细胞（macrophage）。文昌鱼的血液除在具有管壁的血管内运行外，也存在于淋巴窦（lymphatic sinus）中。文昌鱼所需要的氧气可能有相当一部分是通过靠近体表的淋巴窦中的血液直接吸取水中的氧而获得的。

弄清文昌鱼的循环系统，对了解脊椎动物循环系统的结构和发生具有一定的帮助作用。文昌鱼的循环系统和脊椎动物对比，可以发现如下几个特点：①文昌鱼尚无心脏的分化，但它有一条位于围鳃腔腹部的能够伸缩的腹动脉。有人认为它代表原始的单室心脏，因为脊椎动物胚胎时期的心脏，最初也是简单的一根管子。②脊椎动物胚胎的背部血管开始是成对的，位于脊索两侧，到后来才融合成一条背部中央血管，而文昌鱼却终生保持一对背部血管的原始形态。③文昌鱼肠下静脉管是最重要的静脉系统，它把来自肠的微血管的血送入肝盲囊再分成微血管，因此，在生理上它起门脉的作用，而在形态上还是肠下静脉。类似文昌鱼静脉系统的这种情形，在鱼类和两栖动物的胚胎中都存在，到胚胎后期才消失。可见，低等脊椎动物的胚胎和成体文昌鱼具有相似的肠下静脉系统。另外，与无脊椎动物比较，文昌鱼血液的流动方向正好和无脊椎动物相反，文昌鱼的血液在背部血管向后流，在腹部血管向前流，而无脊椎动物血液在背部血管向前流，在腹部血管向后流。

十一、排泄系统

文昌鱼由90~100对原肾管（pronephric duct）来执行排泄功能。原肾的正常形状在活文昌鱼上比较容易看到（图15-13）。从生殖细胞已排空的文昌鱼个体中，把鳃解剖下来，加一些尼罗蓝（Nile blue）放在显微镜下观察，可以清楚看到原肾结构。原肾位于鳃壁背方的两侧。原肾管是短且弯曲的小管，其一端以纤毛的肾孔开口于围鳃腔，另一端以一组特殊的有管细胞（solenocyte）紧贴血管，而血管壁将有管细胞与体腔上皮分开。有管细胞具有细的内管道，其中有一根鞭毛，它的盲端膨大呈球状。血管分支在原肾区域中特别丰富。鳃条的体腔外缘血管和舌条的鳃外血管到原肾处分成网状，称为"脉球"。原肾就是从这些分支多且活动慢的小血管里把血液中的代谢废物靠渗透作用吸入有管细胞，由鞭毛的摆动驱使废物经开口进入围鳃腔，再靠水流排出体外。

文昌鱼不像脊椎动物那样，肾组织集结在一个共同的基质内，它的原肾是分散的器官。有趣的是低等脊椎动物鲨的胚胎时期，肾的形态和文昌鱼十分相似。文昌鱼原肾不具有公共排泄管，但是我们可以设想围鳃腔就是粗大的排泄管。据估计，文昌鱼每个原肾管约含有500个有管细胞，而每个有管细胞长约50μm。这样，一条文昌鱼按200个原肾管计算，其体内排泄管的总长度应不短于5m（Goodrich，1902）。

过去一直认为文昌鱼有管细胞的形态与机能都与扁形动物或环节动物的焰细胞（flame cell）相似。但是，对有管细胞的电镜观察表明，这些在光镜下被认为类似于焰细胞的有管细胞，其超微结构和典型的无脊椎动物的焰细胞明显不同。文昌鱼原肾管的有管细胞实际上是由体腔上皮细胞衍生而成，这和脊椎动物肾小囊（renal capsule）衬里的足细胞（podocyte）很相似。

除去原肾管外，文昌鱼在口腔背面左侧的头腔中靠近脊索处有一不成对的哈氏肾管（Hatschek's nephridium），它开口于缘膜口之内，也能进行排泄作用。用尼罗蓝染色时，该肾管内有许多颗粒着色，很容易和神经与血管区分开来。另外，在围鳃腔底壁上还有不规则分布的细胞团，称为围鳃腔腺（atrial gland），其内含有颗粒状物质，有人认为这些细胞也有排泄的功能。

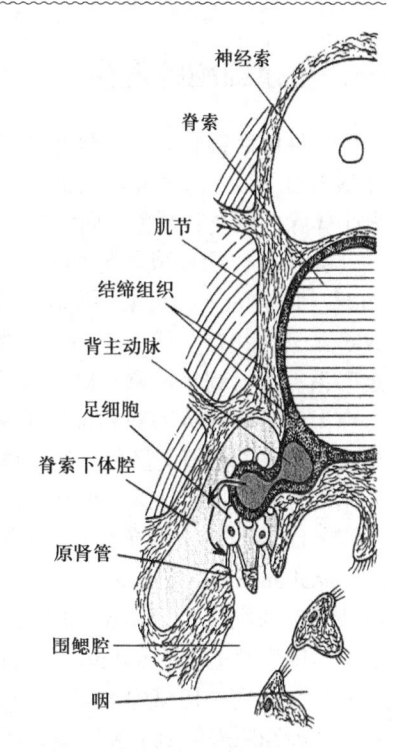

图15-13　文昌鱼原肾（Ruppert et al., 2004）

血液过滤进入脊索下体腔，形成原尿，原尿经脊索下体腔调整后，由纤毛摆动驱入原肾管和围鳃腔，经围鳃腔孔排出体外

第二节　文昌鱼生殖和胚胎发育

文昌鱼为雌雄异体动物，但也有雌雄同体的报道。在繁殖季节卵巢呈橘黄色，精巢呈白色。除此之外，雌雄个体并无外形上的差异。生殖腺平均26对，按体节排列在围鳃腔壁的两侧并向围鳃腔内突入。生殖腺被双层细胞包围：外层是围鳃腔细胞，内层是体腔细胞。文昌鱼缺乏生殖导管，成熟的生殖细胞穿过生殖腺壁和体壁出来，进入围鳃腔，随水流由围鳃腔孔排到体外，在海水中进行体外受精。曾有人报道，文昌鱼可以从口排放卵子。若果真如此，卵子一定是由围鳃腔经过鳃裂到达咽部，然后向前由口中排出。需要指出的是文昌鱼的生殖器官和排泄器官没有任何联系，这一点是与脊椎动物不同的。

文昌鱼是由无脊椎动物演化到脊椎动物的过渡性动物，处于从无脊椎动物到脊椎动物的节点位置。因此，研究文昌鱼的生殖和发育具有重要意义，可以发现无脊椎动物和脊椎动物两者在系统演化中的一些联系。事实上，柯瓦列夫斯基（1867）正是基于对文昌鱼胚胎发育的研究，才确立了文昌鱼在动物界的真正地位。

一、生殖细胞的发生

文昌鱼性腺成熟后，卵巢呈淡黄色，精巢呈乳白色。所以，进入繁殖季节，文昌鱼雌雄个体从表面上很容易区分。但是，文昌鱼并不存在真正的两性异形（sexual dimorphism），因为雌雄个体除性腺及其颜色不同之外，身体其他组织结构看不出任何区别。

文昌鱼初次性成熟与体长、年龄之间的关系比较复杂，即使是同一种文昌鱼情况也是如此。据Willey（1894）报道，体长5mm的欧洲文昌鱼幼体内性腺已经开始发育。但是，Wickstead（1975）认为文昌鱼幼体的性腺何时开始发育，与身体长度无关，而与变态存在一定联系。意大利墨西拿（Messina）港附近的文昌鱼变态完成时体长约3.5mm，而同一种文昌鱼在温度较低的英国普利茅斯港附近在体长达到5mm之后才开始变态。迄今为止，还没有见到在变态完成前的文昌鱼，幼虫体内性腺已开始发育的报道。因此，与其说文昌鱼幼体内性腺开始发育的时间和身体大小有关，不如说它与变态完成有关。

上面讲的是文昌鱼性腺何时开始发育及初次性成熟的问题。那么，文昌鱼的性腺原基（gonadal anlagen）是怎样形成的？Boveri（1892）曾观察到，在欧洲文昌鱼前端第11～36对肌节基部的肌节腔（myocoel）上皮，向肌节腔前部凸出，形成一个囊状结构。由肌节腔衬里上皮，即生殖上皮（germinal epithelium）细胞形成的原生殖细胞（primordial germ cells）就位于囊状结构内，构成生殖腺囊（gonadal pouch）。包含有原始生殖细胞的生殖腺囊，即性腺原基，逐渐和原来的肌节腔脱离，吊系于紧挨着的前一个肌节腔内（图15-14）。随着性腺原基的

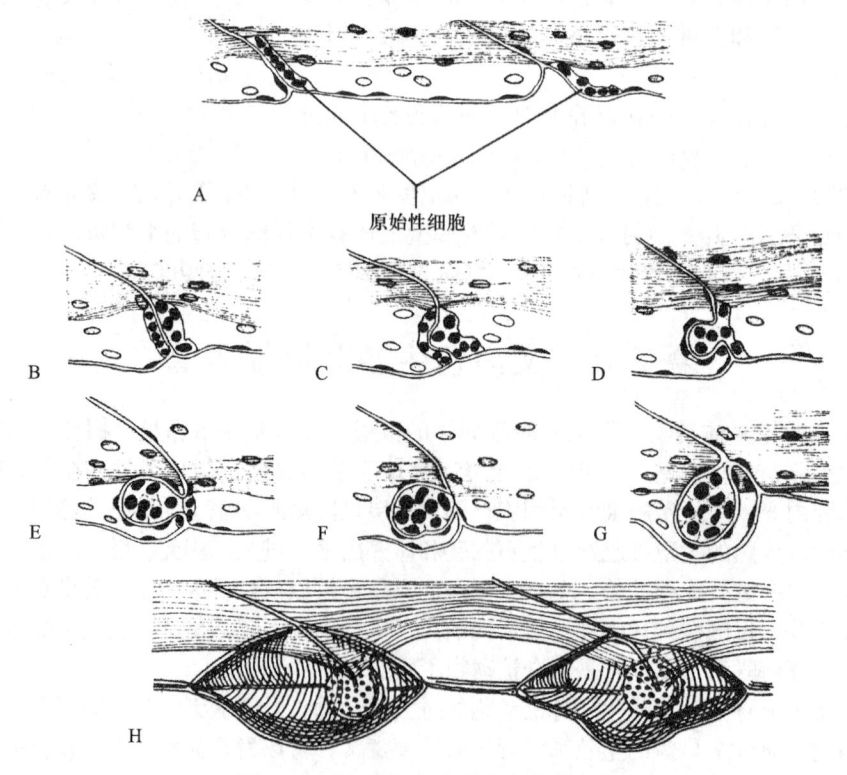

图15-14 文昌鱼生殖器官发育模式图

A～G. 侧面观，显示原始生殖细胞来自肌腔上皮；H. 侧面观，显示一个13mm文昌鱼中，突出到围鳃腔的菱形肌腔囊中的生殖腺

生长发育，其体积不断增大，最终形成彼此紧靠在一起的精巢或卵巢，内部充满成熟的精子或卵子。

（一）精子发生

文昌鱼精子发生和其他动物精子发生一样，没有什么特别之处。文昌鱼精原细胞（spermatogonia）来源于生殖上皮细胞。精原细胞经有丝分裂产生初级精母细胞（primary spermatocyte）。初级精母细胞生长达一定体积时，进行第1次成熟分裂，由此每个初级精母细胞形成2个次级精母细胞。次级精母细胞经第2次成熟分裂形成精细胞（spermatid），再进一步发育形成精子（spermatozoa）。

对文昌鱼精子的形态，早在19世纪初，Retzius（1905）就在光镜水平进行过观察。后来，Franzén（1956）证实了Retzius的观察结果。这些早期观察都发现，文昌鱼精子具有稍圆的细胞核、顶体（acrosome）和少量线粒体，并认为它属于后生动物"原始精子"（primitive sperm）的类型之一。据陈大元等（1988）观察，文昌鱼精子还存在颈部，但是，颈部被细胞核包裹而不显露出来。精子头部前端具有一个锥形的顶体，它分成内外两部分，外侧的电子密度强，内侧电子密度较弱；顶体下方为细胞核，其中央部分电子密度最强，周围部分电子密度较弱；细胞核下方为中心粒。近端中心粒正前方向嵌入细胞核凹陷中，远端中心粒与精子主轴平行，其后端与尾部轴丝相连。头部的外面被质膜包裹，顶体顶部质膜较平坦，核区质膜有隆起和皱褶。尾部又分为中段、主段和末段。中段镶嵌在核区的后方，由一个大型线粒体形成的鞘包围主轴（图15-15）。在中段和主段连接处，线粒体鞘内陷，质膜褶曲形成终环（end ring）和隐窝（recess）。这是精子演化中的一个标志。中环和隐窝只有在较高等的脊椎动物精子中才存在，而在绝大多数无脊椎动物的精子中是不具备的。

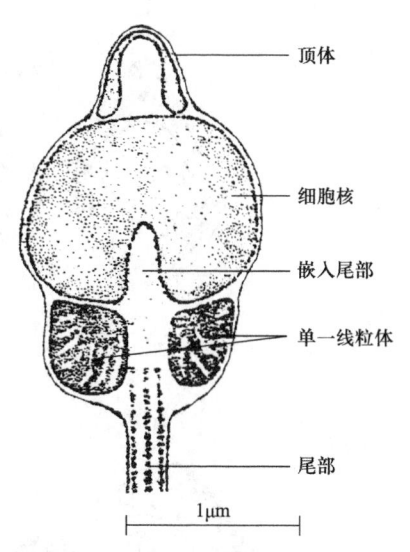

图15-15　文昌鱼精子超微结构模式图（Wickstead, 1975）

（二）卵子发生

文昌鱼卵子发生初期和精子基本相同。卵原细胞（oogonium）来源于生殖上皮细胞。卵原细胞经有丝分裂形成初级卵母细胞（primary oocyte）。初级卵母细胞不断生长发育，其体积不断增大，内部逐渐积累大量卵黄和其他早期胚胎发育所需的信息物质，最终达至卵子最大体积，称为长足的初级卵母细胞，也常称作"卵巢卵"（ovarian egg）。据Cerfontaine（1906）的观察，"卵巢卵"通过生殖上皮排至"次级卵巢腔"（secondary ovarian cavity），并经第1次成熟分裂而形成次级卵母细胞。随后，次级卵母细胞进行第2次成熟分裂，并终止于成熟分裂中期，而成为可受精发育的卵子。

Cowden（1963）曾用细胞化学的方法研究卡氏文昌鱼（*B. caribaeum*）的卵母细胞发育，并把卵母细胞的发育分为3个时期：第1期为卵黄生成（也叫卵黄形成）前期，第2期为卵黄生成期，第3期为成熟期。第1期的主要特点是大量合成RNA，第2期的主要特点是积累卵黄，第3期的主要特点是卵子皮层和皱缩核膜（crenated nuclear membrane）的发育（图15-16）。Reverberi（1971）对欧洲文昌鱼卵子发生进行电镜观察时，也沿用Cowden的分期方法。电镜观察结果进一步证明了Cowden的观察。

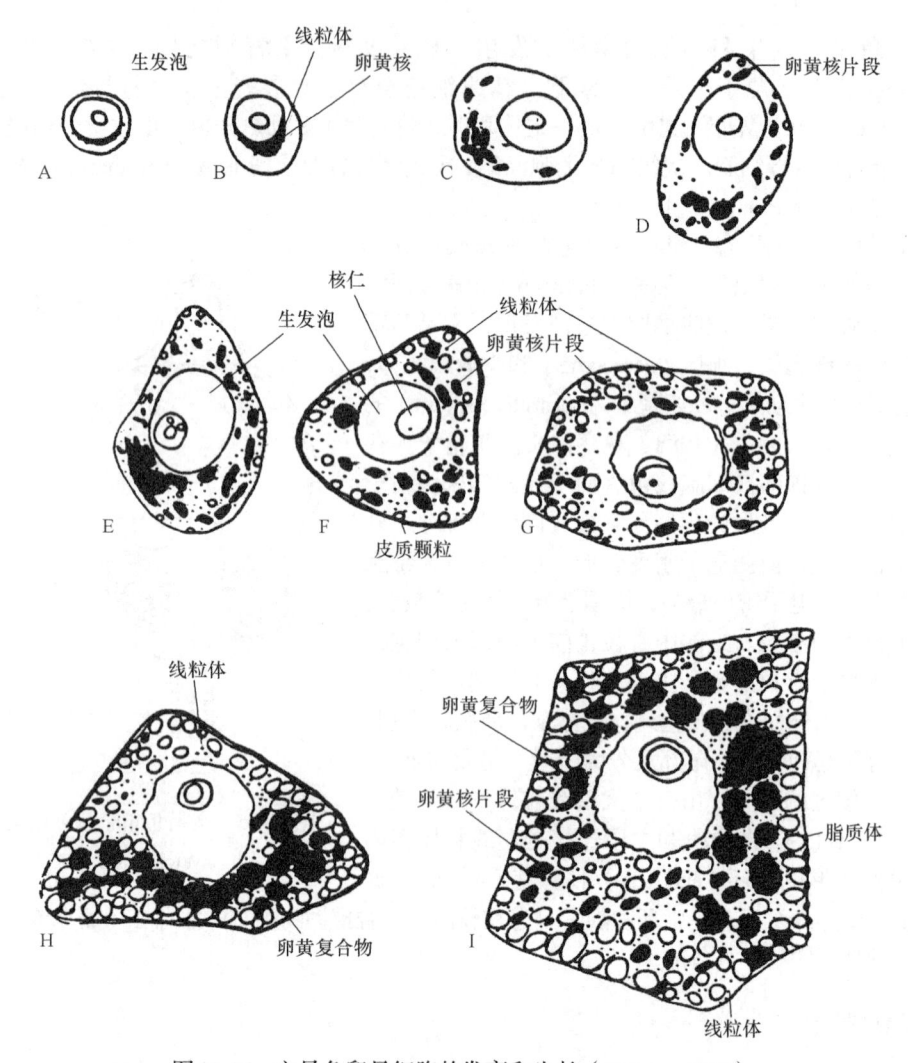

图15-16　文昌鱼卵母细胞的发育和生长（Guraya, 1983）

文昌鱼卵子皮层以内的细胞质中含有许多核糖体和线粒体。此外，还有卵黄颗粒均匀分布于其间，因而文昌鱼卵子被称为均黄卵（isolecithal egg）。文昌鱼卵内卵黄颗粒直径为2~5μm。

二、胚胎发育

对文昌鱼胚胎发育的研究始于柯瓦列夫斯基（Kowalevsky, 1867），他发现文昌鱼的发育方式，特别是胚胎期和神经系统的形成，与低等脊椎动物的发育非常相似。之后，Hatschek（1893）、Cerfontaine（1906）和Conklin（1932）等著名学者，对文昌鱼胚胎学作了更为精准的描述。到20世纪50~60年代，我国学者童第周等在文昌鱼实验胚胎学方面进行了系统研究，取得了许多重要成果。到20世纪90年代，日本和美国的一些学者对文昌鱼胚胎发育的超微结构观察（Hirakow and Kajita，1991，1994；Stokes and Holland，1995），进一步完善了对文昌鱼胚胎发育的描述。

（一）受精

文昌鱼精子维持受精能力的时间相对比较长。厦门文昌鱼精子排到海水中后，平均可存活21min，即在21min内，仍具有剧烈运动的能力。一般认为，文昌鱼精子的运动方式为按顺时针方向转圈或做直线运动。我们发现，青岛文昌鱼精子运动形式比较复杂。它们在精浆中不运动，在与精浆等渗的生理溶液中也不运动。把精液用海水稀释后，精子运动便被激活。文昌鱼精子运动的激活是Ca^{2+}和渗透压（变小）协同作用的结果（Hu et al.，2006）。

文昌鱼和多数脊椎动物一样，精子只有在卵子第2次成熟分裂中期才能进入卵中。过去一度认为，文昌鱼精子由卵子植物极附近进入卵内。精子进入卵子后，头部旋转180°，同时，精子的中心粒形成星光，由此带动雄原核向动物极移动。精子进入卵子后引起皮层反应，首先皮层颗粒由精子入卵处发生破裂，然后波及整个卵子表面（Sobotta，1897；Cerfontaine，1906；Conklin，1932）。但是，Holland和Holland（1992）发现，文昌鱼精子的入卵点，其实靠近动物极附近，皮层反应在多数卵子中几乎同时在整个卵子表面发生。

文昌鱼卵子受精后20~30s，卵黄膜开始举起，由此在卵子质膜和卵黄膜之间出现的空隙称为卵周隙（perivitelline space）。多数情况下，卵黄膜在整个卵子表面同时举起。在卵黄膜开始举起的同时，整个卵子表面的皮层颗粒都开始向外排放内容物。皮层颗粒内容物的排出，先是皮层颗粒的外膜囊泡化，然后与卵子质膜融合、破裂，释放出内部物质。皮层颗粒物质排出后，在卵子质膜上留下空泡状凹陷。皮层颗粒排出的物质充斥卵周隙，卵周隙逐渐变大，卵黄膜被挤压逐渐变薄。与此同时，由皮层颗粒排出的部分物质和卵黄膜内表面结合，形成一层由致密细颗粒构成的新膜。它与卵黄膜和卵黄膜外面的胶质层一起构成受精膜（fertilization membrane）。显而易见，文昌鱼的受精膜由三层膜构成，即由最外面的胶质层、位于中间的卵黄膜和最内层即由皮层颗粒排出的部分物质结合到卵黄膜内表面形成的膜构成。有人将卵黄膜称为受精膜外层，而把皮层颗粒排出的部分物质结合到卵黄膜内表面所形成的膜称为受精膜内层。

皮层颗粒释放到卵周隙的物质除部分参与形成受精膜内层之外，大部分于受精后80s左右会合形成透明层（hyaline layer）。Sobotta（1897）最早对透明层做过详细描述。透明层平均厚10μm，主要由弥散的低密度的纤维颗粒状物质构成。透明层内散布着许多可能来自卵子表面的微绒毛碎片。

文昌鱼精子带着尾部进入卵黄膜。卵黄膜可能具有诱导精子发生顶体反应的作用。精子进入卵内的时间一般发生在精子和卵子接触后的30~45s。刚进入卵内的精子位于动物极质膜下方。至受精后大约45s时，精子核膜消失，细胞核开始膨大，染色体由周围向内逐渐变松散。此外，植物极的片层结构聚集到一起，位移到植物极一侧卵黄颗粒较少的区域。Holland和Holland（1992）将文昌鱼受精卵内的片层结构及其周围细胞质称为极质（pole plasm）。极质在卵裂期间被分配到一个分裂球中，据认为极质可能具有决定文昌鱼原始生殖细胞形成的功能。

文昌鱼精子入卵后，立即由动物极向植物极移动，并于受精后2~6min，在卵子植物极皮层部分形成雄原核，同时星光出现。接着，在受精后6~10min，雄原核又从植物极皮层部分向卵子中央迁移。

受精后约8min，卵子排出第2极体，留在卵细胞质中的染色体都有双层膜包裹，位于靠近卵子动物极皮层内侧。随后，染色体的膜彼此融合、膨大，逐渐形成雌原核（Holland and Holland，1992）。从时间上看，文昌鱼雌原核的形成晚于雄原核，通常是在雄原核由植物极皮层向卵子中央迁移时，雌原核才形成。雌原核形成后即由动物极向卵子中央移动。

受精后约16min，雌原核和雄原核迁移到赤道偏上的动物极部分，并相遇融合。雌原核和雄原核融合形成的合子核（zygote nucleus）大小约为8μm×12μm，其内侧各有一个中心粒，随后形成有丝分裂纺锤体，开始第1次卵裂。

Conklin（1932，1933）曾报道，和海鞘受精卵一样，文昌鱼受精卵内决定内胚层、中胚层和外胚层形成的物质已经出现区域性分布。他具体描述道，"在第1次卵裂前，卵子后端有一块染色较深呈新月形的细胞质，将来形成中胚层，称为中胚层新月（mesoderm crescent）。中胚层新月前面的植物极部分含大量卵黄，将来形成内胚层。与中胚层新月相对的卵子前端部分是一个轮廓不清的新月区，将来形成脊索和神经板。动物极的绝大部分将来形成外胚层。未来幼虫的前后轴和卵子主轴倾斜交叉，幼虫前端和极体呈35º～40º。无论从哪方面讲，文昌鱼卵内的物质分布和海鞘卵内的物质分布是相同的"。以后，这一结果被不断引用。但是，青岛文昌鱼受精卵内显然观察不到Conklin所描述的可见的不同胚层物质分布情况。对文昌鱼受精卵所进行的超微结构观察也表明，在受精卵内并不存在类似于海鞘受精卵内的胞质区域性分布现象（Holland and Holland，1992）。

（二）卵裂

文昌鱼卵裂为全裂。卵裂方式为辐射卵裂（radial cleavage）。卵裂的速度与温度密切相关。青岛文昌鱼在24.5℃海水中，受精后50min开始第1次卵裂。第1次卵裂为经裂，所形成的2个分裂球大小一般相等。第2次卵裂也为经裂，分裂面与第1次垂直，形成4个分裂球。第3次卵裂为纬裂，形成大小几乎相等的上层动物极4个分裂球和下层植物极4个分裂球（图15-17）。

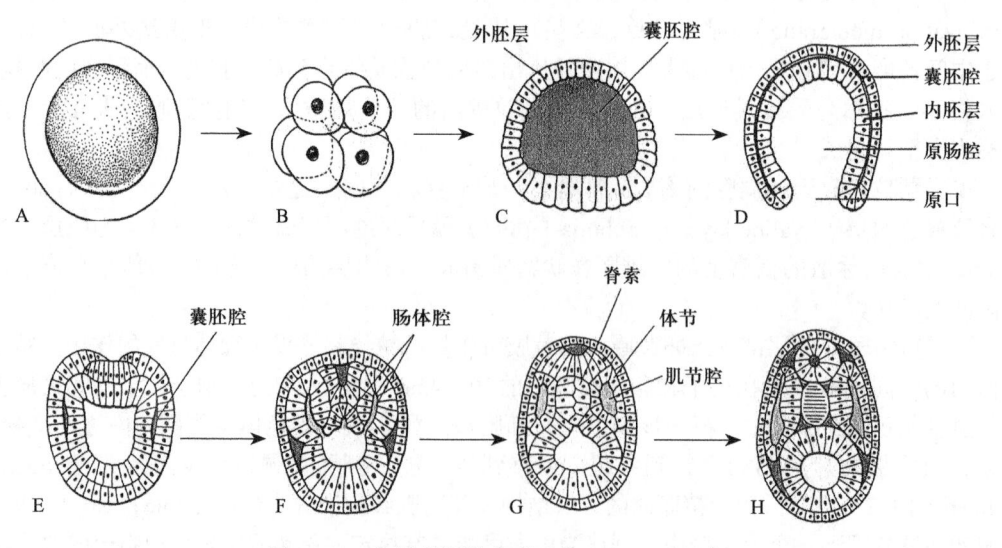

图15-17 文昌鱼胚胎发育（仿Willey，1894）

A. 受精卵；B. 8细胞期胚胎；C. 囊胚；D. 原肠胚；E. 神经和体节开始形成期胚胎；F. 脊索形成期胚胎；G，H. 器官形成期

有时，可明显辨别出上面的动物极4个分裂球较小，下面的植物极4个分裂球较大。在欧洲文昌鱼中，动物极和植物极分裂球的大小区别更明显，动物极分裂球较小，约占卵的1/3，植物极分裂球较大，约占卵的2/3。文昌鱼第4次卵裂又为经裂，结果形成动物极8个小分裂球和植物极8个较大的分裂球。第5次为纬裂，形成由4层分裂球组成的胚胎，每层有8个分裂球。从动物极到植物极，这4层分裂球被分别命名为an1层、an2层、veg1层和veg2层（Tung et al., 1958）。

在第2次卵裂形成4个细胞时就可看到分裂球之间存在小缝隙，即卵裂腔，也叫囊胚腔（blastocoel），其两极均与外界相通。随着卵裂进行，囊胚腔逐渐增大。在32个细胞时，动物极处囊胚腔和外界相通的孔首先封闭；64个细胞时，囊胚腔和外界相通的孔相继闭合，这样就形成了一个圆球状的囊胚腔（图15-17）。文昌鱼受精卵前7次卵裂（形成128个细胞的胚胎），所有分裂球的分裂都是同步进行的。从第8次卵裂开始，分裂球的分裂速度就不一致了，植物极分裂球的分裂较动物极分裂球慢。文昌鱼胚胎很可能从第8次卵裂开始，进入类似斑马鱼胚胎的中期囊胚转换期。

Conklin（1993）曾认为，欧洲文昌鱼8细胞期胚胎如同海鞘8细胞期胚胎一样，可以根据分裂球的大小和内部所含物质的不同区分出未来胚胎的前端和后端，以及背部和腹部。对于青岛文昌鱼来说，8细胞期动物极4个分裂球有时略小于植物极4个分裂球，但是，分裂球内所含物质除植物极分裂球具有较多卵黄颗粒外，光镜下看不出明显的区别。因此，虽然文昌鱼未来胚胎的前后端及背腹部在8细胞期可能是存在的，但是，形态上并不能根据分裂球大小和所含物质的不同区分出来。Conklin（1933）还根据受精卵内他所认为的不同胚层物质的分布及其卵裂时在不同分裂球内的分配情况，绘制了文昌鱼8细胞期器官原基分布图，它与Conklin本人所绘制的海鞘8细胞期器官原基分布图极其相似。根据Conklin所绘制的器官原基分布图，文昌鱼胚胎的中胚层新月物质主要分布在植物极后端2分裂球内靠近第3次分裂面的地方，还有一小部分分布在植物极前端2分裂球内；脊索物质位于中胚层新月对面，主要分布在植物极前端2分裂球内靠近第3次分裂面的地方，还有一小部分分布于动物极前端2分裂球内；神经物质位于脊索物质上方，主要分布在动物极前端2分裂球内靠近第3次分裂面的地方，还有一小部分分布于植物极前端2分裂球内；外胚层物质分布在动物极分裂球的其余部分，而内胚层物质则分布于植物极分裂球的其余部分。值得指出的是虽然文昌鱼受精卵内不存在Conklin所描述的胞质定位现象，但是，他所绘制的8细胞期器官原基分布图是基本正确的。

和其他动物胚胎情形一样，文昌鱼胚胎的卵裂方向由纺锤体轴决定，而纺锤体的旋转则依赖于微丝的存在。在第1次卵裂的分裂沟刚出现时，用细胞松弛素处理文昌鱼卵子，结果卵裂被抑制。但是，洗去卵内细胞松弛素，卵裂又继续进行。不过，卵裂方向却发生了改变，形成的4个分裂球呈"一"字形排列，与对照胚胎明显不同。据认为，微丝是纺锤体旋转的动力。在刚开始分裂时，用细胞松弛素处理受精卵，这时受精卵的纺锤体虽已形成，但由于微丝被细胞松弛素处理而解聚，纺锤体不能行使功能，染色体也就不能向两极移动，一方面，纺锤体的运动需要肌动蛋白和肌球蛋白之间相互作用；另一方面，细胞松弛素可以破坏分裂沟处的收缩环（微丝组成），使分裂沟消失，所以卵裂停止。把卵内细胞松弛素洗去后，虽然微丝重新聚合，但是，纺锤体已错过旋转的"良机"，不再旋转，因而第2次分裂平面由一个变成两个，出现了与正常情况完全不同的4个分裂球排列成一条直线的现象。

（三）囊胚

卵裂和囊胚之间并无明显界限。早在4细胞期，文昌鱼分裂球之间已出现囊胚腔。到64细胞期，囊胚两极和外界相通的孔全部封闭。一般认为，文昌鱼胚胎到第8次卵裂时，即分裂球的分裂不再同步时，囊胚完全形成（图15-17）。欧洲文昌鱼囊胚呈球形，中间为空腔即囊胚腔，四周被一层细胞包围。文昌鱼囊胚的囊胚腔内充满胶质，它可能由分裂球分泌。胶质不断吸水，使囊胚腔和囊胚逐渐膨大，以致囊胚的直径较卵子直径大出约1/3。但是，青岛文昌鱼囊胚腔中并未发现有胶质，可囊胚腔和囊胚还是同样膨大。可见，囊胚腔和囊胚的膨大与胶质的存在似乎没有直接的关系。

文昌鱼胚胎分裂球的大小差异在第3次卵裂时就已出现，到64细胞期则变得更为明显，从植物极到动物极的分裂球逐渐由大变小。到囊胚期时，从切片上可以看出，外胚层细胞含卵黄较少，细胞较小，位于动物极；内胚层细胞含卵黄较多，细胞略大，位于植物极。在囊胚期，第2极体仍然位于动物极附近，可以据此确定胚胎方向。

（四）原肠胚

文昌鱼原肠作用开始时，组成胚胎的细胞大约为400个（Hirakow and Kajita，1991）。原肠作用首先是囊胚的植物极变扁平，随后整个植物极凹陷，所以在原肠早期背唇和腹唇很不容易分辨。植物极内陷的细胞层逐渐排挤囊胚腔而与动物极细胞靠近，形成一双层壁的杯状结构，其外面一层为外胚层，将来形成神经系统和表皮层，里面一层为中内胚层（mesendoderm），将来形成脊索、中胚层和内胚层。双层杯状结构所围成的腔叫原肠腔（archenteron），它与外界相通的孔称为胚孔（blastopore）。起初，原肠胚的边缘处内外两细胞层之间仍保留有一个小腔，为残余的囊胚腔，最后它随着原肠胚的发育而消失。

中胚层细胞在侧唇部分随内胚层细胞内陷，同时向脊索细胞两侧集中，一起向内卷入（图15-17）。另外，在原肠胚外面的外胚层细胞迅速增生，向前、向后进行外包。当原肠作用完成时，整个原肠胚的外表除背部中央部分被神经细胞占据外，其余部分均被外胚层细胞所包围。脊索细胞位于原肠腔上方背部中央，中胚层细胞位于其两翼，原肠腔的两侧和腹部均由内胚层细胞构成。随后胚胎沿胚轴伸长，在原肠胚外面的未来神经细胞向背中线处集中形成加厚的一条带，刚好位于脊索上方。此后，胚胎背部逐渐变平坦，胚孔逐渐收缩变小，但仍为一圆形。胚孔处细胞为未分化细胞，它们可以迅速分裂，为胚胎的伸长及补充三胚层和相应器官的增长供应所需的细胞。

文昌鱼胚胎原肠作用的细胞运动方式主要有5种：内陷、内卷、集中、伸展和外包。它们往往相互配合，协同进行，但有时以一种方式为主，辅以别的方式。原肠胚形成后，胚胎的外胚层产生纤毛，由于纤毛的摆动，胚胎一直在卵膜内转动。青岛文昌鱼受精后约12h，当形成7~8个肌节时，胚胎开始孵化。文昌鱼胚胎孵化后，离开卵膜进入海水，并依赖外胚层细胞上纤毛的摆动游泳。靠纤毛摆动而自由游泳的文昌鱼幼虫好像是无脊椎动物和脊椎动物之间联系的一个纽带，因为无脊椎动物胚胎外胚层具有纤毛，靠纤毛的摆动游泳是非常普遍的现象，而在脊椎动物中，只有文昌鱼幼虫外胚层具纤毛并由纤毛摆动进行游泳（Willey，1894）。文昌鱼幼虫体表的纤毛可能到变态完成时才消失（Wickstead，1967）。

（五）神经胚

神经胚的形成，首先是原肠胚背部预定的神经组织变扁平，细胞层加厚形成神经板

(neural plate)，接着神经板中央下陷，形成神经沟（neural groove）。从胚胎的后端（胚孔处）开始向前，在神经沟的两侧出现两条纵褶，即神经褶（neural folds）。它们向上在背部中央合并形成神经管（neural tube）。神经褶的合并首先是在第1对体节处完成，然后向前、向后继续进行合并。在胚胎后端，神经管并不完全闭合，而是与胚孔相通，这一通道被称为神经肠管（neurenteric canal）。神经肠管在胚胎的发育早期仍保留着，到尾部形成时才消失。神经肠管的存在意义尚不明确，但在鱼类、两栖动物和鸟类的胚胎发生中，均可见到这种现象。神经胚的前端神经管也保留有一孔，开口于体外，即神经孔（neuropore），它在成体中发育成所谓的嗅窝。

当神经板开始下凹、两侧形成神经褶时，其边缘仍与表皮层相连。当神经褶在背中线合并形成神经管时，它便与表皮层脱离。接着，表皮层向上伸展，并在中线处从后向前逐渐合拢，结果表皮层覆盖在神经管背面并连成一片，这样向前一直延伸到神经孔为止。

在形态上，神经胚的神经外胚层和表皮外胚层看不出任何区别，并且它们都可以表达酚氧化酶（phenol oxidase）。但是，当神经板形成时，神经外胚层中的酚氧化酶活性开始减少。到神经外胚层和表皮外胚层完全分离时，神经外胚层中的酚氧化酶活性已经检测不到（Li et al., 2000）。因此，酚氧化酶是区分文昌鱼神经外胚层和表皮外胚层一个很好的标记。

神经管在脊索的背面形成，这是从脊索动物才开始出现的新现象。背神经管是所有脊索动物的一个代表性特征。

（六）器官形成

原肠腔顶部中央有一条窄的细胞带，即脊索，其两侧为中胚层细胞带。当中胚层与其内侧的脊索带及其外侧的内胚层脱离时，脊索带便暂时与内胚层相连。接着，脊索带中央向背部拱起形成一沟，称为脊索沟（notochordal groove），其凹面朝向原肠腔（图15-17），并逐渐与两侧相连的内胚层细胞脱离而形成一实体的脊索棒，脊索沟随之消失。脊索棒的形成开始于第1对肠体腔囊处，从该处向前、向后延伸，形成棒状的脊索。在第9～10对体节形成之后，脊索与内胚层开始分离，到第15～16对体节形成时完全与内胚层脱离。脊索细胞开始时与中胚层和内胚层细胞相似，以后逐渐产生许多液泡，其内充满胶状物质，出现了脊索的特征。当脊索与内胚层脱离时，两侧的内胚层就相连形成完全由内胚层所组成的消化管。

在神经板开始形成神经管时，原肠背部两侧的中胚层带开始与脊索和内胚层分离，同时中胚层带出现分节，每节由许多呈方形的细胞组成。在中胚层带的腹部产生向背外侧拱起的一条纵沟，其凹面朝向原肠腔，并随着中胚层带分节逐渐加深，而后断开，结果每一中胚层节均形成一个具开口的囊状凹陷，封闭后成为肠体腔囊（enterocoel pouches）。之后，中胚层带、脊索及内胚层完全脱离而位于外胚层、脊索及内胚层之间。需要指出的是文昌鱼胚胎中胚层带形成肠体腔囊的情况只限于前面的2对体节，后面的中胚层带与内胚层分离之前，并不产生明显的肠体腔囊，而是产生一条缝隙或以实心的细胞团分出，然后再在细胞团内产生新的体腔囊，即裂体腔囊（schizocoel pouches）。当中胚层从消化管分出之后，它们在两侧向腹面生长，最后于消化管的腹中线处相遇。在背部的中胚层仍保持分节，将来发育成为成体体节，但其外侧腹面不分节。这样，整个中胚层就分为背中胚层（体节）和侧中胚层。起初，背中胚层和侧中胚层之间，有一空腔相通，以后两者之间产生一隔将两者完全分开，于是背中胚层中的空腔成为肌节腔（myocoel），而侧中胚层中的空腔成为体腔（coelom）。

背中胚层（体节）的最上部为生肌节（myotome），由它产生成体的肌节。在生肌节的背方分出的细胞形成一薄层，即生皮节（dermatome），由它分化为成体的真皮组织。在生肌节的腹内侧，位于生肌节和脊索之间的中胚层，构成生骨节（sclerotome），将来形成脊索和神经周围的鞘膜和其他支持组织。

侧中胚层由外侧的体壁中胚层（somatic mesoderm）和内侧的脏壁中胚层（splanchnic mesoderm）组成，前者形成腹腔衬里的腹膜（peritoneum），后者形成消化管和大血管的脏壁组织。体壁中胚层和脏壁中胚层两者之间的空腔即为体腔；体腔在开始时也随中胚层分节而各不相通，以后才连通成一连续的体腔，包围在消化管的周围。

在脊索、中胚层和内胚层脱离之后，原肠（消化管）全由内胚层细胞所构成。位于第1对体节之前的消化管背部形成一个两侧对称的突起，即前肠盲突（anterior diverticulum）。这对盲突开始十分相似，以后逐渐分开，大小和位置都发生改变。最后，右边盲突变成一个壁薄而大的突起，并向前延伸至消化管前方的中线处，位于脊索和外胚层之间，将来形成漏斗状的口前腔（preoral cavity），也称头腔（head cavity）；而左边盲突变成一个较小的突起，但其壁较厚，并转向背面将来成为口前窝（preoral pit）。在口前窝后面的左侧，内胚层和外胚层互相贴紧，以后开口，即为成体的口。在前肠盲突分开之后，消化管前部腹面形成一个槽状凹陷，即咽下沟（hypopharyngeal groove）或称内柱（endostyle）。在内柱后面消化管的腹部和右侧形成一个和背腹呈横斜方向的外突（evagination），即棒状腺（club-shaped gland）。在棒状腺后面，消化管腹部右侧上皮加厚，成为鳃器官形成区，其壁先形成皱褶，然后产生鳃裂；鳃裂两边的上皮较厚并有纤毛。在受精后120h的幼虫，尚未形成肝盲囊；大约到较晚时期，才从中段消化管前部腹面向右前方突出一盲囊，即肝盲囊，也叫肝胰脏。当神经肠管消失时，该处内胚层和外胚层相通，成为肛门，原先位于腹面，后由于尾鳍的生成而移至左边。

总而言之，文昌鱼是早已适应海洋环境的一种古老的脊索动物，其形态、结构和发育方式都与脊椎动物存在诸多的相似性。同时，文昌鱼介于无脊椎动物和脊椎动物之间，在系统演化上占据关键节点位置，所以，长期以来，一直被视为研究包括我们人类自身在内的脊椎动物起源和演化的珍贵模式动物。

第十六章
贝类组织胚胎学

双壳纲（Bivalvia），又名斧足纲或瓣鳃纲，属软体动物门（还包括无壳类和单壳类）。双壳纲因有两片贝壳而得名。双壳纲最早出现于寒武纪，现存超过 15 000 种，多数为海生。双壳纲动物头部退化，足部呈斧状，身体两侧各有 1 对瓣状的鳃。壳侧生，开壳是被动的，关闭则需要相关肌肉的收缩。纤毛抖动在鳃部扬起漩涡，使得水及其中的颗粒进入鳃部。口通过一条黏膜道及触须吸取营养颗粒。国内常见的品种包括三角帆蚌、石鳖、腹足类、头足类（鱿鱼和章鱼）、蛤类、牡蛎、贻贝、扇贝等。该纲动物的鳃（栉鳃）具有摄食和呼吸的功能。

第一节 外部形态和皮肤

一、双壳类解剖学

双壳类最显著的特征是具有两个对称或不对称的壳，内部的软体部被部分或完全包裹。种类不同，其形态和颜色也表现出多样性。贝壳主要由碳酸钙组成，分为三层：内层（珍珠层）；中间层（棱柱层），是贝壳的主要层；外层（骨膜），是褐色的角质层，起保护作用。

壳顶或者铰合部为背部，相对的面为腹部，壳有前后背腹之分，体现物种外形的特性（图16-1）。有些种类有明显的水管，如蛤类的足在腹部的前面，水管在腹部的后面，牡蛎后面具有铰合韧带，扇贝的后面是足所在的位置。

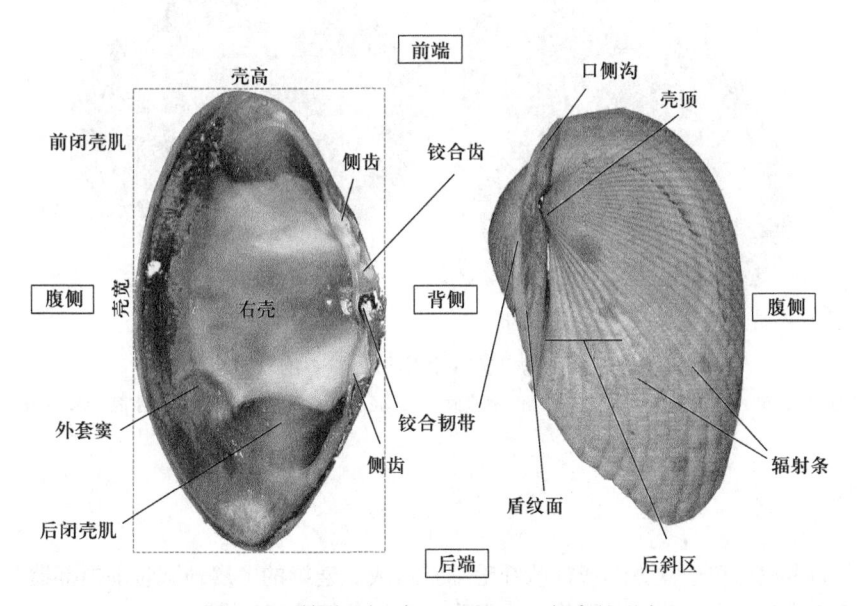

图16-1　翼形亚纲（Pteriomorphia）壳的形态

贝类的内脏组织和器官（表16-1）相对脊椎动物简单，种间形态变化明显，常见有以下9个不同的系统。

表16-1　贝类的内脏组织和器官

系统分类	器官
体壁/肌肉骨骼（body wall/musculoskeletal）	外套膜（mantle）、外套线（pallial line）、外套膜边缘（mantle edge）、角质层（periostracum）、闭壳肌（adductor muscle）、铰合韧带（hinge ligament）、齿（tooth）、壳顶（umbo）、足/斧足（foot）、虹吸管（siphon）、缘膜（velum）
消化（digestion）	触须（palp）、食道（esophagus）、胃（stomach）、晶杆（style）、胃盾（gastric shield）、肠（intestine）、直肠（rectum）、肛门（anus）、消化腺（digestive gland）、鳃（辅助捕食）
排泄（excretory）	心肾复合体（heart-kidney complex）
循环（circulation）	心脏（heart）、动脉（artery）、静脉（vein）、开放血管系统（open vascular system）
免疫（immune）	血淋巴（hemocyte）
呼吸（respiration）	鳃（gill）
生殖（reproductive）	精巢（testis）、卵巢（ovary）、生殖管（genital duct）
神经（nerve）	三个成对的神经节［大脑神经节（cerebral ganglia）、足神经节（pedal ganglia）和内脏神经节（visceral ganglia）］、环外套神经（circumpallial nerve）
感觉器官（senses organ）	外套触须（pallial tentacle）、外套眼（pallial eye）或单眼（ocelli）、平衡囊（statocyst）、大脑眼（cerebral eye）或头眼（cephalic eye）

去掉一瓣壳，可以观察贝内部软体部的结构，如牡蛎和扇贝软体部的外观有明显不同（图16-2）。

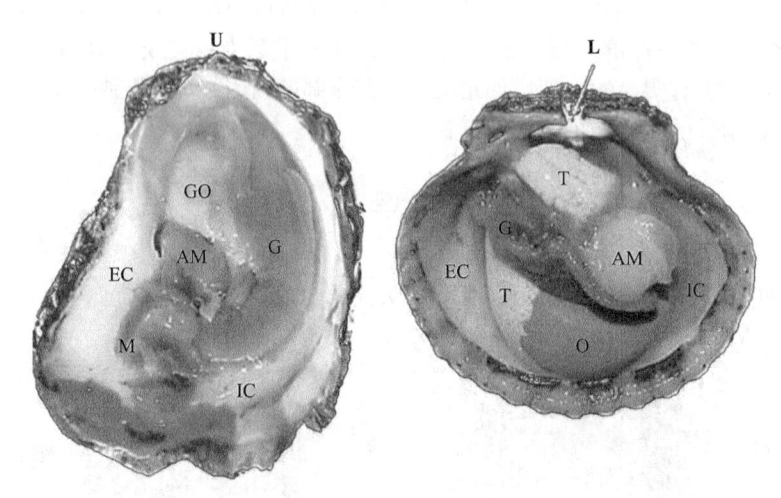

图16-2　牡蛎（左）和扇贝（右）的软体部

AM. 闭壳肌；G. 鳃；GO. 性腺；L. 韧带；M. 外套膜；U. 壳顶；IC. 进水腔；EC. 出水腔；O. 卵巢；T. 精巢

二、皮肤

双壳类的表皮由单层立方形或柱状纤毛细胞组成。连续的上皮细胞包围内部器官。上皮中散布着黏液细胞和感觉细胞。基膜将上皮细胞与下面的结缔组织分开。

外套膜的主要功能是分泌贝壳，其还具有感觉功能，并能在外界环境不良时关闭贝壳，另外还有呼吸功能。扇贝的外套膜还能控制水流在体内的循环，以增强运动能力。

外套膜分为不同的区：中央区（central zone），也称为套膜区（pallial zone）或膜区（membranous zone），由结缔组织和两层上皮组成。外套膜的外上皮层（靠近壳的上皮）产生瓣膜，主要由立方上皮及柱状细胞组成，具有丰富、长且紧密排列的纤毛。面向外套膜腔的纤毛立方内皮包含产生黏液的杯状细胞，其细胞质中有许多圆形内含物。外套膜（图16-3）的外（壳）上皮附着于壳的内表面。

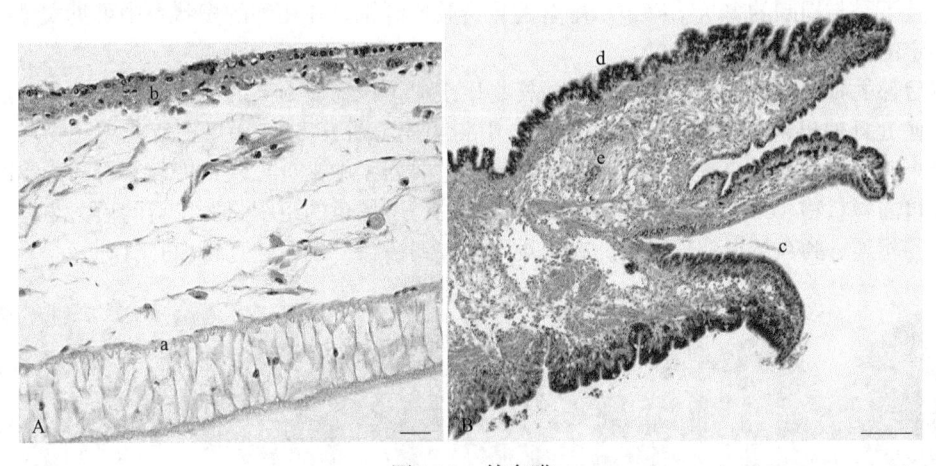

图16-3 外套膜

A. 中央区的外套膜，标尺＝20μm；B. 东方牡蛎的外套膜边缘的3个小叶；标尺＝100μm。
a. 壳上皮；b. 外套膜腔纤毛上皮；c. 角质层；d. 内叶；e. 神经

第二节 内部器官

一、消化系统

软体动物的消化道和消化腺比较发达。消化道由前肠（口、口腔、咽、食道）、中肠（胃、盲囊、肠）和后肠（直肠、肛门）组成。消化腺包括唾液腺（部分物种无）、消化盲囊（digestive cecum，也称肝或胰）等，分泌消化液促进细胞外消化，并在消化盲囊中进行细胞内消化、营养物质的吸收及存储。口腔底部有齿舌囊（radula sac），内有齿舌（radula），齿舌为软体动物所特有的器官，它由许多角质齿有规则地排列而成，似锉刀，在每一排角质齿中，有1个中央齿（median tooth）、一到数对侧齿（lateral tooth）、一对或多对缘齿（marginal tooth）。齿舌上角质齿的排列方式用一组数字表示，即齿式。齿舌之下，支撑齿舌的软骨（chondroid tissue）为齿担［也称为舌突起（odontophore）］，齿舌和齿担在多束肌肉的控制下，作前后伸缩运动，以刮取食物。齿舌上小齿的形状和数目在不同种类间各异，为分类的重要特征之一。

双壳纲动物适应于滤食生活，齿舌次生性消失，有些软体动物（如乌贼）除齿舌外，还有角质颚可切碎食物。滤食或植食性软体动物常具一晶杆（crystalline style），晶杆位于胃后部外突成的晶杆囊（crystalline sac）中，晶杆上有与消化有关的水解酶，可溶解后释放到胃中。一些软体动物胃壁有几丁质的胃盾（gastric shield）和纤毛分选区（cilia sorting field），胃盾处于与晶杆囊相对的位置，保护胃壁免受晶杆的摩擦；食物颗粒经纤毛分选区的"过滤"，小颗粒进入消化盲囊中进行消化，大颗粒则被移入肠中消化。

鳃除了负责呼吸，还可以用来过滤食物或者将食物直接送给口周围的唇瓣，食物通过分选进入口中。双壳类有从水中过滤和分选食物的能力，用黏液黏成食物团，由触手判断是进入口还是排出体外。

食道连接口和胃，食道皱褶状，由含有大量黏液细胞的纤毛假复层上皮覆盖。

胃分为前部和后部。胃的内层也有所不同，但在大多数区域由单层纤毛或假复层柱状上皮组成，其下是与周围的窦状结缔组织融合的致密胶原纤维。在相邻的窦状隙中可见大量棕色细胞（固定的吞噬细胞）（图16-4）。

胃后部的胃屏障由扁平的层状甲壳质样物质组成，该物质由高纤毛柱状上皮产生。晶杆从胃的外倾处延伸出来，通过一条细的通道与中肠相连（图16-5）。如果把双壳类动物从水中取出几个小时，晶杆会很快减少或者消失，如果把它放回水中又会很快地恢复。胃为中空的，有几个开口的囊状物。胃的周围布满消化腺，周围的一个黑色的组织是肝。胃的后面与有很多弯曲的小肠相连。肠在蛤类延长到足，在扇贝则延伸到性腺，最后是直肠和肛门。

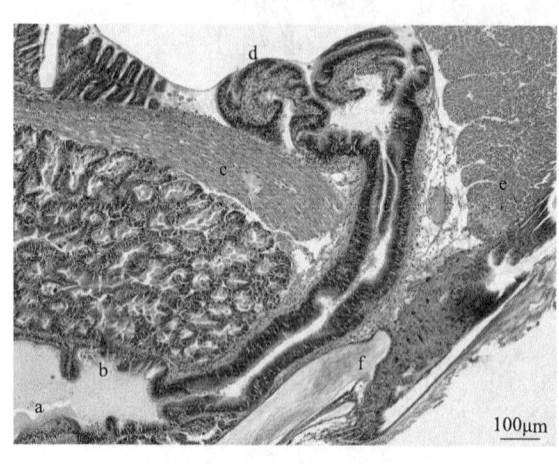

图16-4　幼蚌的矢状切面
a. 胃盾；b. 胃腔；c. 牵开肌；d. 触须的远侧表面；
e. 内收肌；f. 贝壳韧带

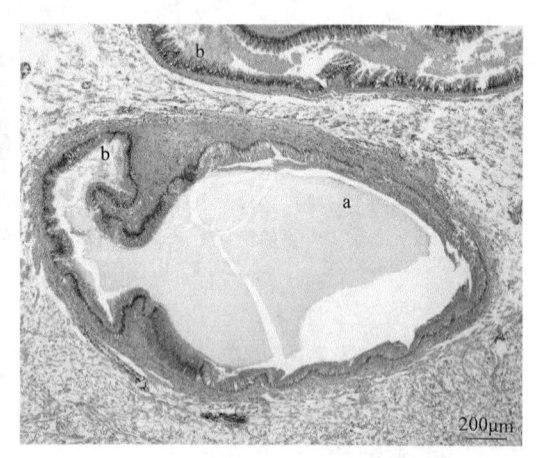

图16-5　文蛤（hard clam）晶杆囊
a. 晶杆囊内的晶杆；b. 肠腔

二、呼吸系统

鳃或称栉鳃是一种大的叶状器官，是软体动物鳃的基本形式。在中央鳃轴（ctenidial axis）处有入鳃血管和出鳃血管，在鳃轴的一面或两面有板状（有时为丝状）的鳃板（又称鳃叶）呈栉齿状平行排列。通过鳃板表层的纤毛上皮进行气体交换。

两套鳃位于身体的两侧，在前端有两对唇瓣，包在口的周围将食物直接送入口中。

贝类的外套腔内，两侧各有两个片状的瓣鳃组成全鳃。每一片鳃的两侧都衬有上皮细胞，这些上皮细胞通过由腔隙细胞和充满血淋巴的窦状隙组成的结缔组织相互连接。

在变态发育前期，全鳃折叠成W形，W形的所有三个背侧边缘都附着在内脏团上。变态后个体全鳃分为两个V形结构，即半鳃（hemibranch），它们一起形成W形（全鳃）。W的每个V由一个上升段和一个下降段鳃小片组成。V形的每一侧由称为鳃小片间连接的桥状组织相连。

鳃小片间连接处也含有窦状结缔组织，从而连接了半鳃两侧的血管系统（图16-6）。

排列在V形内侧的半鳃表面形成了水管。管上皮由沿层间连接的假复层柱状纤毛细胞和沿小管其余部分的低立方细胞组成。黏液细胞在衬于层间连接处的上皮中很突出。半鳃的外表面（即暴露于外套膜腔的一侧）发育成皱襞，该皱襞可分出主鳃丝和普通鳃丝。

每个皱襞都伸入外套膜腔形成凹陷，这些凹陷有助于将食物引导至腹侧食物沟。皱襞细丝之间规则间隔的口（孔）引导水从外套腔通过半鳃的外表面进入水管。水流到蛤的背侧水管，或流到牡蛎的鳃上腔，在那里水返回外套膜腔。

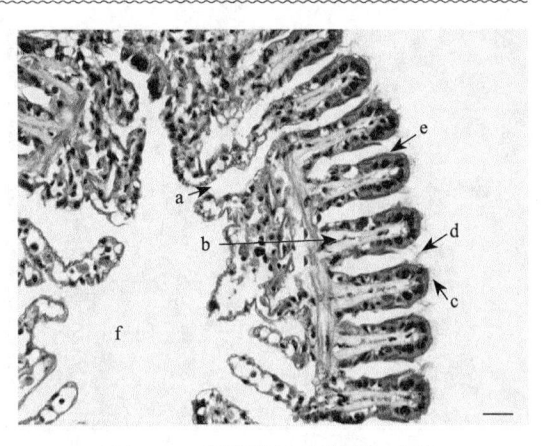

图16-6　硬壳蛤鳃皱襞和鳃小片
a. 气门裂（ostia）；b. 支持鳃丝的胶原杆；c～e. 表示不同位置的纤毛细胞；f. 水管；标尺＝20μm

皱襞的每根纤维都包含两根支撑性胶原棒。每隔一段时间，杆就伸长，并由肌肉连接，肌肉可以调节开口的大小。排列在丝状体皮层一侧的细胞专门用于收集食物颗粒，在不同的物种中有不同的名称。但最常见的这些细胞被命名如下：位于细丝顶端的是前纤毛低柱状细胞，接着是沿两侧的前侧纤毛细胞，然后是侧旁纤毛细胞。黏液细胞存在于纤毛细胞簇之间。细丝纤毛上捕获的食物与黏液混合，并通过纤毛的摆动移动到每个半鳃亚纲的腹侧食物槽（末端槽）（图16-7）。

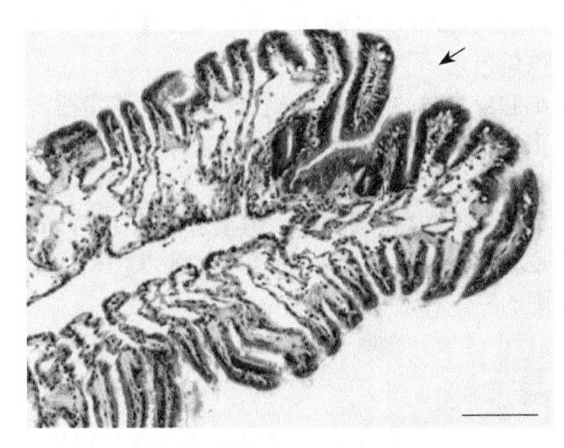

图16-7　硬壳蛤半鳃的切片
显示半鳃底部的食物槽（箭头）；标尺＝100μm

三、循环系统

双壳类具有简单的循环系统，但是它的分布相当复杂。心脏是个透明的囊，外有膜包被，在单闭壳肌类中它紧贴闭壳肌，由两个心耳和一个心室组成，前大动脉和后大动脉直到心室，把血液输送到全身。静脉由一系列小的血窦构成，血液经静脉系统回到心脏。

贝体内有两种基本类型的血细胞：无粒细胞（agranulocyte）（透明细胞）和颗粒细胞（granulocyte），如硬壳蛤的结缔组织内血细胞（图16-8）。血细胞来源未被确定，但在幼体血窦中发现了血细胞的可能祖细胞。胞内线粒体的直径为4～10μm，小而圆，具有透明或淡蓝色到粉红色的细胞质（HE或Giemsa染色）。它包含约占细胞体积一半的细胞核，当细胞在载玻片上铺展时，产生叶状伪足。

两类血细胞在吞噬作用中都有活性，并且都迁移到感染区域和伤口形成聚集体或团块，这些过程中粒细胞被认为比无粒细胞更活跃。

粒细胞在感染或组织破坏的部位脱颗粒，释放消化酶，如果不能吞噬外来物质，则转化成

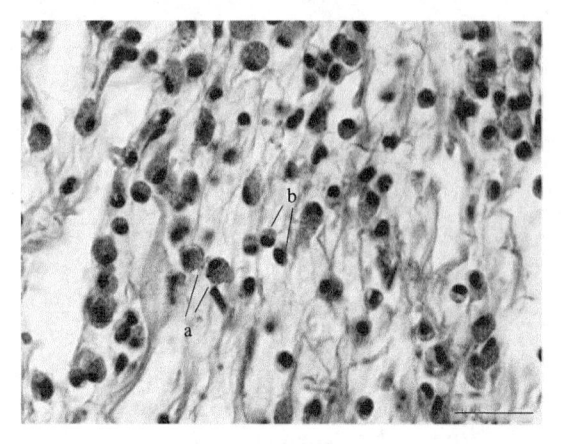

图16-8 硬壳蛤的结缔组织内血细胞
a. 颗粒细胞；b. 无粒细胞；标尺=20μm

包围或"隔离"外来物质的纤维样细胞。这些病灶类似于哺乳动物的肉芽肿。

血细胞表面有凝集素受体，可能是识别非自体的主要手段。血细胞相互吞噬，在某些疾病的情况下，在组织学上可以看到连续的吞噬作用。多核巨细胞并不常见，但在某些疾病中会出现。

血细胞是双壳类消化系统的重要组成部分。它们能够在上皮表面渗出，并能够返回，带着被消化的胞饮物质重新进入血淋巴，然后将营养分配到动物的深层组织。此外，含有棕色残余颗粒的衰老血细胞通过上皮表面排出体外，特别是胃和直肠上皮。还可以看到衰老的血细胞聚集在外套膜的血管周围，使衰老个体的外套膜变黄。血细胞除一些特殊物种［如血贝（Anadara sp.）］外都不包含血红蛋白。在少数双壳类动物的血淋巴中发现了血红蛋白，而血蓝蛋白是双壳类动物血淋巴中最常见的携氧色素。

心脏的心房由分散的肌细胞束组成，这些肌细胞束由薄的结缔组织结合在一起。房室瓣将心房与单心室分开。心室中的肌束比心房中的肌束厚，并且细胞储存糖原。有报道认为心肌是平滑肌或横纹肌。矮立方细胞形成心房和心室的心外膜。

双壳类中的大动脉具有比较完整的血管壁，具有环形和纵向肌肉层，其随着血管在体内的分支和尺寸减小而减少。动脉内衬单层扁平状内皮，血窦和主动脉球没有单层扁平状内皮。窦状隙流入的大静脉类似于动脉结构，但具有不规则的腔，管壁相对较薄。

四、神经系统和感觉器官

无脊椎动物会形成脑，软体动物还分化出触角、眼、嗅检器（osphradium）、平衡囊（statocyst）、磁受体（magneto receptor）等感觉器官。其神经系统结构复杂，不易观察。一般包括脑、足和内脏中枢系统三部分。

双壳类动物的神经节形态都是相似的。其外层为神经节细胞体（ganglionic cell body），内核由神经纤维形成一个髓质区域（neuropile region），即神经纤维网、神经毡。大神经离开神经节，并与其他神经节及身体的其他部分联系。血红蛋白存在于几种蛤蜊的神经节中，当存在时，为神经节和神经提供橙红色。除了三对神经节、虹吸管（siphon）和外套膜边缘上的许多感觉触角（sensory tentacle）外，成年双壳类动物中还存在另外两种重要的感觉结构——嗅检器（osphradium）和眼。平衡囊也可能保留到成体内。

头部的眼（cephalic eye）由杯状的纤毛细胞、色素细胞组成，中间有光感细胞，通过神经纤维连接到脑神经节上。晶状体的有无是有争议的，可能是因为其不易观察到。

不同物种外套眼（触角眼）［pallial (tentacular) eye］的结构差异很大，从一些蛤蜊的简单结构（类似于头眼）到扇贝中复杂的颚眼。

扇贝的外套膜眼位于外套膜中叶分裂处的肌肉柄上，可以迅速缩回到壳中。眼睛由纤毛柱状细胞角膜组成，周围被色素立方细胞包围。在角膜下面是附着在细胞晶状体上的一薄层集合组织。将晶状体与两层视网膜分开的是隔膜（septum）。视网膜受体的近端层被分类为横纹肌感受器（rhabdomeric），远端层被分类为睫状体感受器（ciliary）。轴突离开视网膜细胞并在两层周围行进，最终形成穿过眼柄并加入外套膜的环皮神经的视神经。视网膜下面（靠近眼柄）是另外两层。第一种是绒毡层样结构，由含有大量折射鸟嘌呤晶体的细胞组成。眼睛的最内层由色素细胞组成，这些细胞附着在下面的结缔组织上。

嗅检器（osphradium）是覆盖内脏神经节（visceral ganglia）的特殊区域。嗅检器中的上皮由具有延伸至内脏神经节和支持细胞的突起的感觉细胞组成。对它的功能知之甚少，但研究认为嗅检器作为化学感觉器官在探测产卵位置方面很重要。

五、泌尿生殖系统

双壳类的生殖系统分雌雄同体和雌雄异体两种情况。性腺在扇贝和蛤类中比较明显，在繁殖季节占内脏团体积的大部分。牡蛎在繁殖季节性腺能占体腔的1/2。扇贝和贻贝等双壳类，当性腺丰满时，性别可以通过性腺的颜色来区分，雌性的性腺呈红色，雄性的呈白色，在雌雄同体种类中也如此。而有些种类的性别则需要用显微镜检测。在雌雄异体双壳类中也存在一定数量的雌雄同体。双壳类有时会有雄性先出现的性逆转现象。有些种类的雄性较雌性发育早，在性腺发育初期表现为雄性，但随着个体的生长逐渐转变为雌性。一些种类，如欧洲牡蛎等，在第一次性成熟时是雄性，但到下一次性腺成熟时则会产生卵子，变为雌性。

在双壳类中肾脏观察起来比较困难，但在扇贝中却比较明显。扇贝有两个小的、褐色的囊状体，依靠在闭壳肌的前部。肾脏通过一个大的裂口与外套腔相通。扇贝性腺排出的精子和卵子通过输送精卵的小管进入肾腔然后再进入外套腔。

在大部分双壳类中，性腺的成熟主要与个体大小有关，而非依赖于年龄。个体大小不仅与种类有关，还与分布区域有关。配子的发育过程与双壳类的大小、温度及食物的质量和数量都有直接的关系。性腺由很多分支状的、具纤毛的细管组成，无数的叫作滤泡的囊泡组织与性腺的小管相通。配子由生殖细胞发育而来，它在滤泡里成列排列。性腺持续发育直到饱满成熟，发育过程分为：静止期、发育期、成熟期和精卵部分排放和排放期。配子通过在性腺里可以观察到增大的生殖管进入体腔。发育到这个时候的双壳类即为性成熟，如贻贝的Ⅱ期性腺（图16-9）。

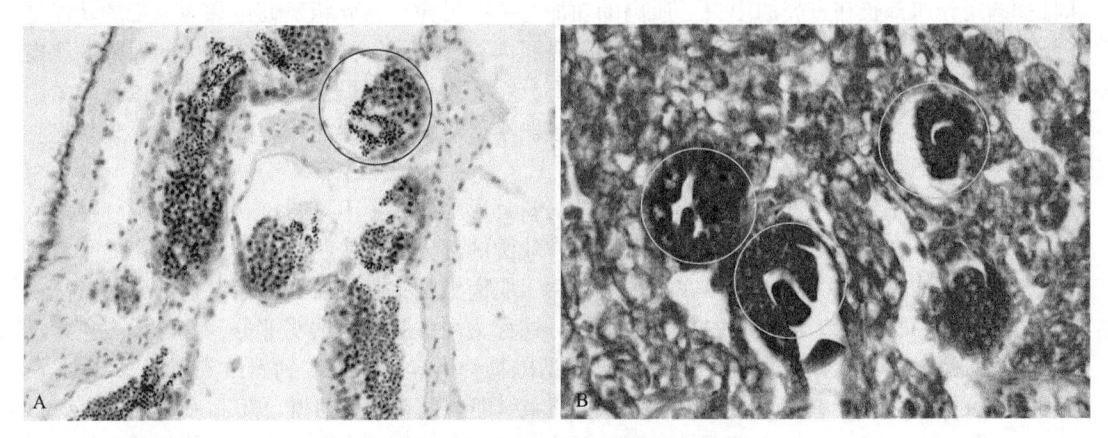

图16-9 贻贝的Ⅱ期性腺

A. 精巢，生精小管内有不同发育时期的生殖细胞；B. 卵巢，同一发育时期的卵细胞聚集在滤泡中

双壳类第一次性成熟时，虽然性腺已经发育成熟，但是产生配子的数量是有限的，而且有些还不能发育。之后，再次达到性成熟时，排卵量会大幅度地增加。自然种群产卵的时间随种类和地理位置的不同而异。温度、化学因素、物理因素和水流等很多环境因子的刺激都可以诱导双壳类产卵。精子通常能诱导同类动物其他个体产卵。有些生长在热带水域的双壳类全年都有成熟的配子，虽然持续一年，但是每次的产卵量很有限。温带地区产卵通常被限定在一年里的某一个特定的时间段内。大多数双壳类都是在短暂的特定时期内大量产卵。事实上性腺的全部内含物在短暂的产卵活跃期内就会释放完毕。但是有的双壳类排卵期比较长，有的甚至可延续几周，这些种类在产卵期里伴有1或2个排卵高峰。还有些种类在一年里明显有一个以上的产卵期。在雌雄同体种类中，雄性或雌性性腺不同步成熟，产卵时精子和卵子依次排出，以减少自体受精的概率。

大多数具有经济价值的双壳类，它的配子都是排放在开放的环境中并在开放的环境中受精。精子通过出水管排出，形成一条细的、稳定的线状物。卵子的排放有间歇性，它似云雾状从水管的出水口喷出。雌性扇贝或牡蛎通常会借助双壳的闭合促使卵子排出。这样可以使卵子不粘在鳃上。排完卵后性腺呈现空管状，肉眼已经很难分辨它们的雌雄性别。排卵后的性腺就进入静止期。排卵期比较长的种类，它们的性腺一般不会排空。

有些种类，如欧洲平牡蛎，发育阶段的幼虫通常会出现在雌性牡蛎的外套腔内。产卵时，卵子通过鳃之后保留在外套膜腔里。精子通过入水管吸入，幼虫阶段的一部分时间是在外套腔里度过，另一阶段幼虫就自由地生活在水里，时间的长短与种类有关。有些种属，如 *Tiostrea* 牡蛎的幼虫仅有一天的浮游期。

有时候，特别是在温带地区，可能某些年份有的双壳类不会产卵。产生这种现象的原因可能有很多种，但是在很大程度上与温度有关，温度太低使性腺不能发育。当这种现象在牡蛎上发生时，卵子和精子就被性腺组织重新吸收作为糖原储存起来。但是，蛤类和扇贝的性腺会保持现有的成熟程度，直到第二年性腺成熟。

六、其他器官和组织

1. 闭壳肌 有的种类如蛤和贻贝等具有前后两个闭壳肌（adductor muscle），而有些种类，如牡蛎和扇贝等只有一个闭壳肌。通常闭壳肌都长在贝壳的后端和前端，大的单柱的扇贝和牡蛎的闭壳肌都长在贝壳的中央。肌肉的功能是关闭贝壳，与此相反韧带和内韧带的功能是张开贝壳，当肌肉放松时贝壳张开。单柱的闭壳肌内有清晰可见的两部分，较大的那部分肌肉又称快肌，收缩时会使贝壳快速关闭，较小的部分主要用来保持贝壳处于关闭状态或者半关闭状态。生活在砂泥中的部分蛤类由于闭壳肌比较弱小，需要靠外界的压力关闭贝壳。如果将它放在水中，贝壳就会张开。

蛤蜊的闭壳肌分为两部分。较小的，通常是新月形的捕获（不透明/白色）肌肉反应缓慢，用于将动物保持在摄食位置。内收肌较大，通常较圆的部分包含快肌纤维，由蛤蜊中的平滑肌组成，用于快速关闭外壳的阀门。在蛤蜊中，由于肌肉细胞中含有血红蛋白，这部分通常呈粉红色。在扇贝和牡蛎中，内收肌的"快速"部分被称为内收肌的半透明部分，并且没有色素沉着。值得一提的是构成闭壳肌两部分的肌肉类型因物种而异（从横纹到斜纹到平滑），因此没有种间一致性。肌纤维被纤细的肌内膜包围，肌束被肌外膜包围。血淋巴窦和血管渗透组织。

2. 足 足（foot）在内脏团的基部，蛤类的足进化的比较完善，足的功能是帮助蛤类潜入生活的基质和定位，蛤蜊、蚶和贻贝都有一只足。足部收缩时，纤毛柱状上皮覆盖足部。上皮细胞之下为包含肌纤维的致密结缔组织，与足部物质相连，许多成束的肌肉组成，沿圆周、纵向和横向延伸。扇贝和贻贝足的功能有所退化，在成年扇贝和贻贝中仅有很小的作用，但是在幼体和稚贝阶段足仍然是重要的器官，主司运动。牡蛎的足已经退化。在足的中部，有一开口的足丝腺，它可以在体内分泌线状的足丝将自己固定到基质上。对于扇贝和贻贝来说，它可使自己的身体附着在一定的位置。

足外表面的致密结缔组织内部有丰富、突出的单细胞黏液腺，其导管通向足表面。窦状隙渗透到足部的肌肉组织中，当足部被切开时，其中的一些足够大以至于肉眼可见。在足神经节的脚腹侧有一个大的足趾腺，它通过一个突出的导管与脚的后"跟"相连，如硬壳蛤的足（图16-10）。

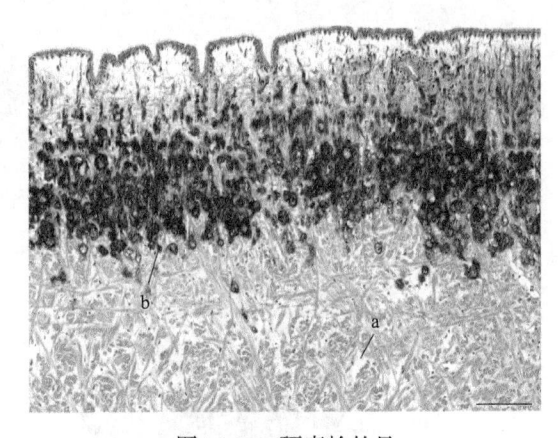

图16-10 硬壳蛤的足
a. 足的血窦；b. 足上皮下层的黏液腺；标尺＝100μm

3. 虹吸管 虹吸管（siphon）存在于蛤蜊、蚶和贻贝中，在蛤蜊中发育得最好。它们可以非常大，可以显著地伸展和收缩。流入和流出的虹吸管内部排列着简单的立方形至低柱状上皮。

在上皮细胞的正下方有一个突出的圆形肌肉层，其内部有许多单细胞腺体。虹吸管的物质由肌肉束和正弦曲线组成，如足部所示。在一些蛤蜊物种中，阀出现在流出虹吸通道中。虹吸管的外表面与内表面相似，但在一些蛤蜊中，增厚的骨膜（皮肤或鞘）附着在下面的上皮上。感觉触须排列在虹吸管的口唇上，尤其是内弯的虹吸管。在一些蛤蜊物种中，虹吸管的流入和流出部分沿着它们的长度部分彼此分开。

另外，值得一提的是囊泡细胞（vesicular cell），其为双壳类内脏团中包围和连接大多数器官的结缔组织细胞。它们类似于脊椎动物中的脂肪细胞，储存脂质和糖原。在组织切片中，由于加工过程中内容物的损失，它们看起来是中空的。

它们通常有一个中央到偏心核。在喂养良好的动物或即将产生配子的动物中，囊泡细胞如上所述。在饥饿、经历配子产生或生病的动物中，囊泡细胞收缩变小。

七、胚胎和幼体发育

软体动物大多数为雌雄异体，少数为雌雄同体，一些种类雌雄异形。卵子在受精时要进行减数分裂，使染色体的数目减少至单倍数直到精卵的核融合形成受精卵。减数分裂时释放出两个极体就表明受精成功。细胞的分裂开始于受精后三十分钟内，受精卵进入两细胞期。由于卵比水重，所以会沉到池底，在池底继续进行细胞分裂。

卵裂形式多为完全不均等卵裂，多属螺旋型，也有不完全卵裂。个体发育中经担轮幼虫和面盘幼虫（veliger larva）两期幼虫，担轮幼虫的形态与环节动物多毛类的幼虫近似，面盘幼虫发育早期背侧有外套的原基，且分泌外壳，腹侧有足的原基，口前纤毛环发育成缘膜（velum）或称面盘。淡水蚌类有特殊的钩介幼虫（glochidium）。

幼虫的发育无论是在开放环境条件下，还是在雌贝的体腔内，发育过程都是相似的。

胚胎和幼虫的发育时间具有种属的特异性，同时也取决于发育环境的温度（图16-11）。受精卵在24h之内要经过囊胚期和原肠胚期,并且将在24～36h发育成能游动的担轮幼虫。担轮幼虫呈卵原形,为60～80μm,并且中部周围有一排纤毛和一条长的顶部鞭毛司游泳功能。

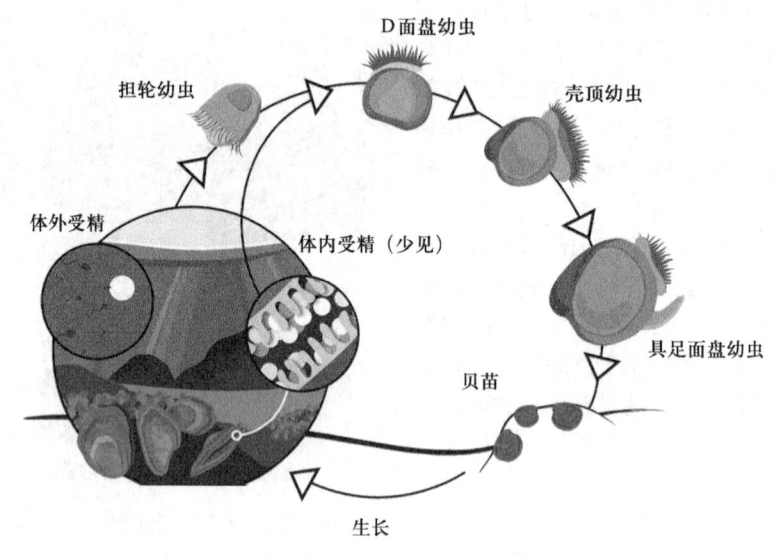

图16-11 贝的不同发育阶段

早期的幼虫被称为直线铰合幼虫、D形幼虫或者前双壳Ⅰ期幼虫。最初的D形幼虫的壳长随种类的不同而不同,大体上在80～100μm(牡蛎会大一些)。幼虫有两个壳,一个完整的消化系统及一个双壳幼虫特有的称为面盘的器官。这个器官呈圆形并且可以从两壳之间突显出来。其外边缘有纤毛包被,使幼虫能够游泳。当幼虫在水体中游泳时,面盘就会收集浮游植物作为幼虫的食物。

幼虫不断的游泳、摄食和成长,并且在一周之内,突出于壳铰合部附近的壳顶开始发育。随着幼虫的发育壳顶变得越来越突出,并且进入壳顶幼虫期或前双壳Ⅱ期。前双壳Ⅱ期的幼虫具有截然不同的形状。在实践中,对于浮游的幼虫是可以辨别它的种类的。这点在渔业上已经被生物学家用来预测牡蛎在自然环境中繁殖的趋势。幼虫期的长短因种类和环境因子而异,如随温度的变化而变化,一般在18～30d。成熟的幼虫大小也有种间差异,大多数在200～330μm。

当幼虫趋近成熟时,足也逐步发育成熟,并且鳃的雏形也开始显现出来。有一些种类的眼点,在每一个壳的中心部位发育出来。在游泳行为的间歇,幼虫下沉到池底,并使用足在池底上爬行。当找到合适的附着基时,幼虫开始变态并开始营附着生活。成熟的牡蛎幼虫依靠足部的足丝腺分泌的黏着剂,把左壳黏着在附着基上。它们以后就一直生活在那个固定的位置上。对于其他种类,幼虫靠足丝腺分泌的足丝,把自己暂时性的黏附在附着基质上。这时的幼虫就可以变态了。

主要参考文献

陈晓武，赵金良. 2021. 鳜组织学彩色图谱. 上海：上海科学技术出版社.

楼允东. 2000. 组织胚胎学. 2版. 北京：中国农业出版社.

周阳，王友发，沈伟良，等. 2017. 大黄鱼肝脏的显微及超微结构. 宁波大学学报（理工版），1：42-46.

Bone Q, Best A C G .1978. Ciliated sensory cells in amphioxus (Branchiostoma). Journal of the Marine Biological Association of the UK, 58(2): 479-486.

Dos Santos-Silva A P, De Siqueira-Silva D H, Ninhaus-Silveira A, et al. 2015. Oogenesis in Laetacara araguaiae (Ottoni and Costa, 2009) (Labriformes: Cichlidae). Zygote, 24(4): 502-510.

Eliasson T. 2015. Dairy waste - Feed for fish?. First cycle, G2E. Uppsala: SLU, Dept. of Animal Nutrition and Management.

Genten F, Terwinghe E, Danguy A. 2009. Atlas of fish histology. Enfield: Science Publishers.

Guraya S S. 1983. Cephalochordata//Adiyodi K G, Adiyodi R G. Reproductive Biology of Invertebrates. New York: John Wiley & Sons, 735-752.

Kent G C. 1992. Comparative Anatomy of the Vertebrates. 7th ed. Boston: Mosby-Year Book, Inc.

Kirschbaum F, Formicki K. 2019. The Histology of Fishes. Boca Raton: CRC Press.

Meijide F J, Vázquez G R, Piazza Y G, et al. 2016. Effects of waterborne exposure to 17β-estradiol and 4-tert-octylphenol on early life stages of the South American cichlid fish Cichlasoma dimerus. Ecotoxicology and Environmental Safety, 124:82-90.

Mokhtar D M. 2021. Fish Histology: From Cells to Organs. 2nd ed. New York: Apple Academic Press.

Ruppert E E, Fox R S, Barnes R D.2004. Invertebrate Zoology: A Functional Evolutionary Approach // Barnes R D.7th ed. Invertebrate Zoology. Belmont, CA: Brooks/Cole.

Subrahmanyam M N V. 2013. Marine ichthyology Academic Publication. https://www.researchgate.net/publication/260012333_Marine_Ichthyology_Academic_Publication.

Wickstead J H. 1975. Chorda: Acrania (Cephalochordata)//Giese A C, Pearse J S. Reproduction of Marine Invertebrates. New York: Academic Press, 283-319.

Willey A. 1894. Amphioxus and the ancestry of the vertebrates. London: Macmillan.

Wilson J M, Laurent P. 2002. Fish gill morphology: inside out. Journal of Experimental Zoology, 293(3):192-213.

Yonkos L T, Kane A S, Reimschuessel R. 2000. Fathead minnow histology atlas: worldwide web outreach and utilization. Marine Environmental Research, 50(1-5):312.

Young J Z. 1981. The Life of Vertebrates. 3rd ed. Oxford: Clarendon Press.